"十二五"职业教育国家规划教材
经全国职业教育教材审定委员会审定
普通高等教育"十一五"国家级规划教材
全国高等专科教育自动化类专业规划教材

自动控制原理

第 3 版

主　编　陈铁牛
副主编　黄　玮　胡学芝
参　编　王瑛淑雅　陈　震
主　审　张云生

机械工业出版社

本书是普通高等教育"十一五"国家级规划教材、"十二五"职业教育国家规划教材的修订版。本书从贴近实际应用出发，系统地介绍了自动控制原理的基本理论及其应用，并引入目前控制领域广泛使用的 MATLAB 软件进行辅助分析。全书共分 7 章，包括：自动控制系统的基本概念，自动控制系统的数学描述方法，控制系统的时域分析法，控制系统的根轨迹分析法，控制系统的频域分析法，控制系统的校正及非线性系统分析。每章开头明确了本章学习目标，每章后面配有本章小结和本章知识技能综合训练以及思考题与习题。另外在附录中介绍了自动控制系统辅助分析工具——MATLAB 软件及其应用。

本书强调理论的工程应用，突出物理概念的理解和掌握，尽量减少繁琐的数学推导，前后知识衔接紧密，表述深入浅出，通俗易懂，易于教学和自学。

本书可作为高等职业院校本、专科电气工程及自动化类专业及相关专业的教材，也可作为应用型本科、成人教育相关专业教材，还可供有关工程技术人员参考。

为方便教学，本书配有免费电子课件、习题解答等，凡选用本书作为授课教材的教师，均可登录机械工业出版社教育服务网（www.cmpedu.com），注册后免费下载。

图书在版编目（CIP）数据

自动控制原理／陈铁牛主编 . — 3 版 . — 北京：
机械工业出版社，2024.8（2025.8重印）. —（"十二五"职业教育国家规划教材：修订版）（普通高等教育"十一五"国家级规划教材：修订版）. — ISBN 978-7-111-76432-8

Ⅰ . TP13

中国国家版本馆 CIP 数据核字第 2024EY1248 号

机械工业出版社（北京市百万庄大街22号　邮政编码100037）
策划编辑：于　宁　　　　　　责任编辑：于　宁　王宗锋
责任校对：张　薇　张　征　　封面设计：陈　沛
责任印制：李　昂
三河市骏杰印刷有限公司印刷
2025年8月第3版第3次印刷
184mm×260mm · 15.75印张 · 388千字
标准书号：ISBN 978-7-111-76432-8
定价：49.00元

电话服务　　　　　　　　　网络服务
客服电话：010-88361066　　机　工　官　网：www.cmpbook.com
　　　　　010-88379833　　机　工　官　博：weibo.com/cmp1952
　　　　　010-68326294　　金　书　网：www.golden-book.com
封底无防伪标均为盗版　机工教育服务网：www.cmpedu.com

第 3 版 前 言

  为进一步适应高等职业院校相关专业对控制技术和控制理论的需求，我们对《自动控制原理》2015 年第 2 版再次进行了修订。秉承国家人才强国战略，进一步强化大国工匠和高技能人才的培养目标和要求，我们对上一版教材中的"知识技能要求及目标"进行了修订，补充完善了"知识目标""技能目标"及"素质目标"，并对教材中的一些笔误和疏漏进行了修改和完善。教材的再次修订仍然坚持了理论的实践性，从有利于培养提升学生理论联系实际、综合分析问题和解决问题的能力出发，同时考虑到作为原理性课程的特点，修订中仍保持了原理性课程的系统性和完整性，基本内容、基本原理、基本分析方法没有做重大变动。本课程作为自动化类的专业基础课程，其宗旨是为相关专业的后续课程打下必要的理论基础。本教材的教学参考学时为 48~56 学时。

  由于编者水平有限，再次修订书中错误和疏漏仍在所难免，恳请各位读者批评指正。

编 者

第 2 版 前 言

本书是普通高等专科教育自动化类专业系列教材《自动控制原理》的修订本。该书于 2006 年出版（第 1 版），2011 年进行了局部修改，本次修订是为了更好地适应高职高专教学尤其是理实一体化的教学需要。本次修订中保持了原来的基本内容、基本原理和基本分析方法，在不失原理性课程基本内容的完整性基础上，每一章增补了"知识技能要求及目标"和"知识技能综合训练"，并对部分章节的"本章小结"进行了补充完善，以达到读者在学习过程中对所学知识点和技能要求明确，对所学过的知识点和技能能综合应用，突出高职高专教学以应用为主的要求和特点。

本书修订再版，真诚地希望得到广大读者及专家的支持和关爱，对书中存在的不足和错误，恳请予以批评指正。

编 者

第1版 前言

本教材是在教育部高等学校高职高专自动化技术类专业教学指导委员会的指导下，为适应高职高专电气工程及自动化类专业人才培养而编写的新一轮规划教材，可兼顾三年制和两年制高职高专电气工程及自动化类专业的教学要求。

该教材重点介绍了自动控制原理的经典控制理论部分，基本内容包括：自动控制系统的基本概念，自动控制系统的数学描述方法，控制系统的时域分析法，控制系统的根轨迹分析法，控制系统的频域分析法，控制系统的校正及非线性系统分析等章节，并在附录中介绍了自动控制系统辅助分析工具——MATLAB 软件及其应用。

本教材在结构上保持了作为原理性课程教材的系统性和完整性要求，同时把贴近生产实际的应用作为教材内容的引入点和出发点。在分析手段上引入了目前控制领域广泛使用的 MATLAB 软件，强化了在传统理论中计算机的辅助分析和设计作用。在教学内容安排上坚持了理论"够用为度"的原则，对传统的学科式教育教学内容进行了较大的精练和压缩。教材内容前后知识衔接紧密，表述深入浅出，通俗易懂，每章后配有"本章小结"和"思考题与习题"，便于学生巩固所学知识及自学。

参加本教材编写工作的有：昆明冶金高等专科学校陈铁牛（第1、5章）、黄玮（第2、7章）、王瑛淑雅（第6章）；黄石理工学院胡学芝（第3、4章）；河南机电高等专科学校陈震（附录）。全书由陈铁牛统稿。

本教材由昆明理工大学张云生教授担任主审，对该书进行了认真细致的审阅，提出了许多宝贵的修改意见，在此表示衷心的感谢。在本教材的编写过程中，查阅和参考了大量的文献资料，得到了许多有益的启发和教益，在此谨向参考文献的作者致以诚挚的谢意。

限于编者水平，书中缺点错误在所难免，恳请广大读者提出宝贵意见，以便修改。

为方便教学，凡选用本书作为授课教材的学校，均可来电索取免费电子课件、习题解答等，垂询电话：010 - 88379375。

编 者

目 录

第 3 版前言
第 2 版前言
第 1 版前言
第 1 章　自动控制系统的基本概念 …………1
　学习目标 ……………………………………1
　1.1　自动控制及自动控制理论
　　　的发展简述 ……………………………1
　1.2　自动控制的基本原理与方式 …………2
　1.3　自动控制系统的分类 …………………8
　1.4　对自动控制系统的基本要求 …………9
　本章小结 …………………………………11
　本章知识技能综合训练 …………………11
　思考题与习题 ……………………………12

**第 2 章　自动控制系统的数学
　　　　　描述方法** ……………………13
　学习目标 …………………………………13
　2.1　控制系统的微分方程 …………………14
　2.2　传递函数 ………………………………26
　2.3　动态结构图与梅森公式 ………………34
　2.4　控制系统的几种常用传递函数 ………44
　2.5　数学模型的 MATLAB 变换 ……………46
　本章小结 …………………………………51
　本章知识技能综合训练 …………………52
　思考题与习题 ……………………………53

第 3 章　控制系统的时域分析法 …………57
　学习目标 …………………………………57
　3.1　典型输入信号和时域性能指标 ………57
　3.2　一阶系统的时域分析 …………………60
　3.3　二阶系统的时域分析 …………………62
　3.4　控制系统的稳定性分析 ………………69

　3.5　控制系统的稳态误差分析 ……………76
　3.6　MATLAB 在时域分析中的应用 ………83
　本章小结 …………………………………91
　本章知识技能综合训练 …………………91
　思考题与习题 ……………………………94

第 4 章　控制系统的根轨迹分析法 ………97
　学习目标 …………………………………97
　4.1　根轨迹的概念与根轨迹方程 …………98
　4.2　绘制根轨迹的基本规则和方法 ……100
　4.3　用根轨迹分析控制系统 ……………105
　4.4　根轨迹的改造 ………………………108
　4.5　用 MATLAB 软件绘制和
　　　分析根轨迹图 ……………………110
　本章小结 …………………………………113
　本章知识技能综合训练 …………………114
　思考题与习题 ……………………………115

第 5 章　控制系统的频域分析法 …………117
　学习目标 …………………………………117
　5.1　频率特性的基本概念 …………………117
　5.2　典型环节的频率特性 …………………122
　5.3　系统的开环频率特性 …………………127
　5.4　频域法分析闭环系统的稳定性 ………135
　5.5　用开环频率特性分析系统的性能 ……142
　5.6　MATLAB 在频域分析中的应用 ………146
　本章小结 …………………………………152
　本章知识技能综合训练 …………………153
　思考题与习题 ……………………………155

第 6 章　控制系统的校正 …………………158
　学习目标 …………………………………158

6.1 系统校正概述 …………………… 158
6.2 串联超前校正 …………………… 161
6.3 串联滞后校正 …………………… 166
6.4 串联滞后-超前校正 ……………… 169
6.5 串联校正的期望特性法 ………… 173
6.6 PID 校正装置及 PID 串联校正 …… 176
6.7 反馈校正 ………………………… 179
6.8 MATLAB 用于系统校正设计 …… 183
本章小结 ……………………………… 191
本章知识技能综合训练 ……………… 191
思考题与习题 ………………………… 192

第 7 章 非线性系统分析 …………… 195
学习目标 ……………………………… 195

7.1 非线性微分方程的线性化 ……… 195
7.2 典型非线性特性及其对系统性能的影响 …………………… 197
7.3 描述函数法 ……………………… 199
7.4 用描述函数法分析非线性控制系统 …………………………… 206
本章小结 ……………………………… 211
本章知识技能综合训练 ……………… 212
思考题与习题 ………………………… 212

附录 自动控制系统辅助分析工具——MATLAB 软件及其应用 ………… 214

参考文献 …………………………… 244

第1章 自动控制系统的基本概念

学习目标

❖ **知识目标：**

1) 了解本课程在本专业的地位和学习内容。
2) 了解自动控制的基本概念、任务。
3) 了解自动控制系统的基本组成、自动控制系统的分类、自动控制系统的性能要求等。

❖ **技能目标：**

1) 掌握描述自动控制系统的术语及变量表示。
2) 掌握对于实际生活及工业生产中简单自动控制系统的基本分析方法，能够分析其控制原理，正确绘制出原理框图。

❖ **素质目标：**

1) 拓展知识面，从自动化的发展历程理解科技强国的意义和作用。
2) 建立综合分析看待事物的思路和方法。

自动控制原理的研究对象是自动控制系统。为了使读者对本课程的学习有一个初步的认识，本章首先介绍自动控制系统及自动控制理论的简单发展情况，然后介绍自动控制的基本原理与方式、自动控制系统的分类及对控制系统的基本要求等。

1.1 自动控制及自动控制理论的发展简述

自动控制作为技术改造和技术发展的重要手段，在工业、农业、国防乃至日常生活和社会科学领域中都起着极其重要的作用，尤其是在航天、制导、核能等方面，自动控制技术更是不可缺少。随着现代科技的发展，特别是高端装备制造、大数据及人工智能的应用，为自动化技术及控制拓展了更广阔的运用空间。

所谓自动控制，是指在无人直接参与的情况下，利用外加的设备或装置（称控制装置或控制器），使机器、设备或生产过程（统称被控对象）的某个工作状态或参数（即被控量）自动地按照预定的规律运行。例如，造纸机卷取系统的张力恒定控制、轧钢机机架速度的控制、炉窑的温度控制、火炮系统的自动跟踪控制以及人造卫星的轨道控制等。这些都是自动控制的结果。

对于不同的控制对象，所要实现的控制要求不同，它们的功能与结构也各有不同，但它们都是由控制器、被控对象等部件组成，且都是为了一定的目的有机地连接在一起的一个整体,这个整体即称为自动控制系统。

自动控制理论是研究自动控制共同规律的技术科学。它的发展初期,是以反馈理论为基础的自动调节原理,主要用于工业控制。1788年瓦特发明蒸汽机的同时,发明了离心式调速器,使蒸汽机转速保持恒定,这是最早的被用于工业的自动控制装置。在第二次世界大战期间,对于军用装备,如飞机及船用自动驾驶仪、火炮定位系统、雷达跟踪系统以及其他基于反馈原理的军用装备等的设计与制造的强烈需求,进一步促进并完善了自动控制理论。第二次世界大战后,完整的自动控制理论体系(即所谓的经典控制理论)已基本形成,它以传递函数为数学工具,频率法为主要研究方法,研究单输入－单输出的线性定常系统的分析和设计问题,并在工程上比较成功地解决了如恒值控制系统与随动控制系统的设计与实践问题。

20世纪60年代初期,随着现代应用数学新成果的推出和电子计算机技术的应用,特别是制导、宇航等技术的发展,推动自动控制理论跨入了一个新阶段——现代控制理论。它主要研究多输入－多输出、时变和非线性等控制系统的分析与设计问题,其基本方法是基于时域的分析方法,研究内容十分广泛,主要有线性系统、最优控制、最佳滤波、自适应控制、系统辩识和随机控制等。

近年来,随着科学技术的不断进步和大规模复杂系统的不断运用,已促使自动控制理论开始向第三代发展,即以控制论、信息论、仿生学为基础的大系统理论和智能控制理论方向深入。

作为自动化类专业的一门专业基础课教材,本书将重点放在经典控制理论。

1.2 自动控制的基本原理与方式

1.2.1 人工控制与自动控制

自动控制作为一种重要的技术手段,在工程技术和科学研究中起着极为重要的作用。什么是人工控制?什么是自动控制?为说明这些概念,首先用控制一台直流电动机转速不变的例子来说明。

图1-1所示为人工控制直流电动机转速的示意图。人通过肉眼观察电动机同轴的转速表,看电动机转速是否符合希望的转速值,如果某种原因使转速偏离了希望值,人根据偏差作出判断,并及时向正确方向调节电位器,使电动机转速恢复到(或接近)希望值。上述过程中,人起到了"观测、比较、执行"的作用,因此在这种控制系统中人是主导因素。这一过程可用框图1-2表示。图中箭头方向表示各部分的联系。

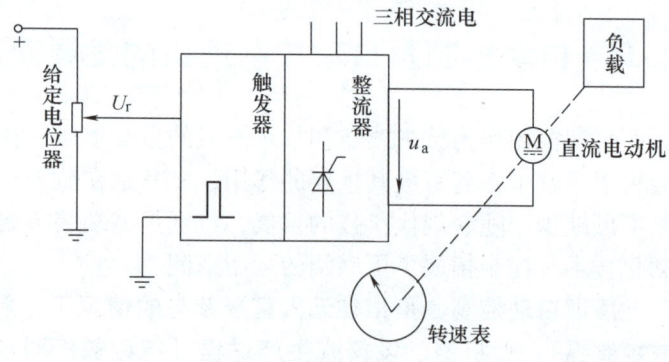

图1-1 人工控制直流电动机转速的示意图

通过研究上述人工控制电动机转速的过程可以看到,所谓控制就是使某个对象中的某些物理量按照一定的目标来动作。本例中,对象指电动机,其中物理量指电动机的转速,一定

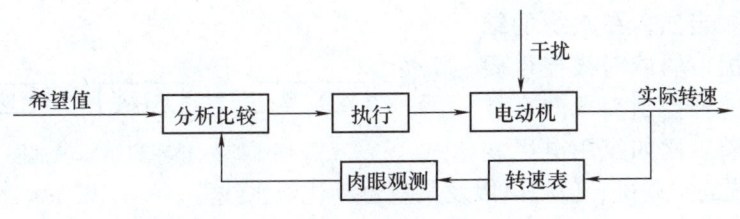

图 1-2　人工控制框图

目标就是事先要求的转速希望值。显然若要求电动机的转速稳定精度高，由人来控制就很难满足要求，这时就需要用控制装置代替人，形成转速自动控制系统，如图 1-3 所示。

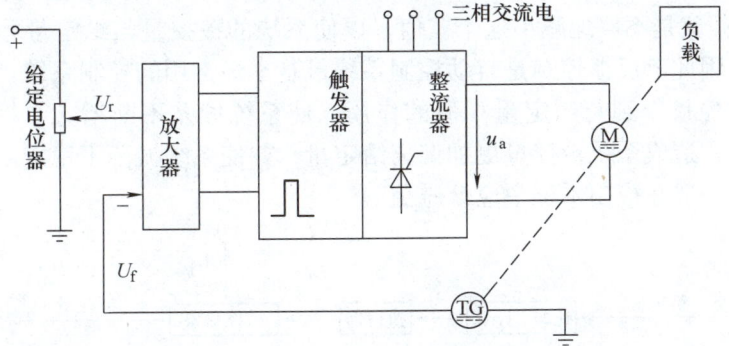

图 1-3　直流电动机转速自动控制系统

该系统中测速发电机 TG 为测速装置，将电动机的转速测量出来并转换为电压信号 U_f，与输入给定电压 U_r 比较，得到的偏差电压经放大器放大后送去控制电动机，以缩小转速的偏差。其自动控制的信号流动及相互关系，可由图 1-4 所示的框图表示。

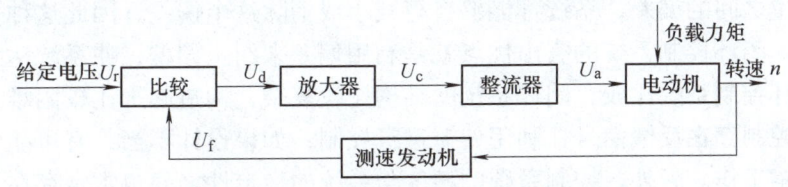

图 1-4　直流电动机转速控制系统的原理框图

自动控制和人工控制的基本原理是相同的，它们都是建立在"测量偏差，修正偏差"的基础上，并且为了测量偏差，必须把系统的实际输出反馈到输入端。**自动控制和人工控制的区别在于自动控制用控制器代替人完成控制。**

1.2.2　开环控制和闭环控制

1. 开环控制　开环控制系统是指无被控量反馈的系统，即在系统中控制信息的流动未形成闭合回路。这种控制方式需要控制的是被控量，而系统可以调节的只是给定值，系统的信号由给定值至被控量单向传递。其原理框图如图 1-5 所示。

显而易见，这种控制较简单，但有较大的缺陷，即当被控对象受到干扰影响而使被控量偏离希望值，或工作过程中特性参数发生变化时，系统无法实现自动补偿。因此，系统的控制精度难以保证。当然，在系统的结构参数稳定，干扰很弱或对被控量要求不高的场合，这种控制简单的系统还在被广泛应用着。比如家用电风扇的转速控制、传统的空调机、包装机以及某些自动化流水线等。

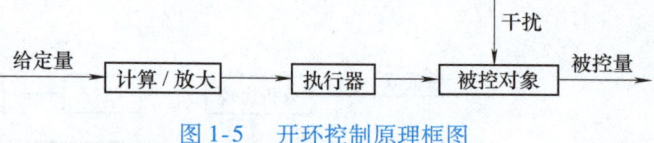

图1-5　开环控制原理框图

2. 闭环控制　闭环控制就是有被控量反馈的控制，其原理框图如图1-6所示。从系统中信号流向看，系统的输出信号沿反馈通道又回到系统的输入端，构成闭合通道，故称闭环控制，或反馈控制。

反馈控制又分为**正反馈**和**负反馈**两种情况。负反馈使被控量起到与给定量相反的作用，其控制思想是通过给定量与被控量之间的差值作用于控制系统的控制器（执行器），控制器（执行器）的任务就是不停地减小这个差值，以使系统的被控量与给定量尽量接近，并促使系统趋于稳定。因此负反馈控制是自动控制系统最基本最常用的控制系统。

正反馈使被控量起到与给定量相似的作用，使系统偏差不断增大，控制器（执行器）的输出不断增大，造成系统被控量更加偏离给定量，并使系统振荡不稳定。因此正反馈是助长系统的扰动，一般在控制系统中应该避免。

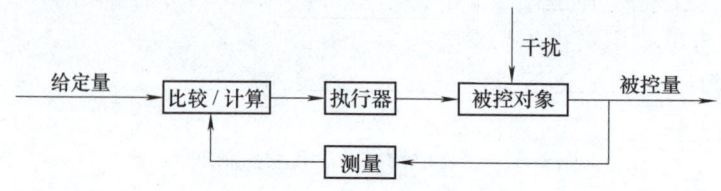

图1-6　闭环控制原理框图

在闭环负反馈控制中，无论是由于外界干扰造成的、还是由自身结构参数的变化引起的被控量与给定量之间的偏差，系统都能够自行减小或消除这个偏差，因此这种控制方式也称为**按偏差调节**。闭环控制系统的突出优点就是利用偏差来纠正偏差，使系统达到较高的控制精度。但与开环控制系统比较，闭环系统的结构比较复杂，构造起来比较困难。需要指出的是，由于闭环控制存在反馈信号，利用偏差进行控制，如果设计不当，有可能引起系统振荡使系统无法正常工作。另外，控制系统的精度与系统的稳定性之间也常常存在矛盾。

1.2.3　自动控制系统的组成

自动控制系统主要由两大部分组成，即控制器及被控对象。如图1-7所示，其中控制器根据其在系统中的功能可分为3个部分，即检测装置、执行装置和校正装置。图中各部分的功能如下。

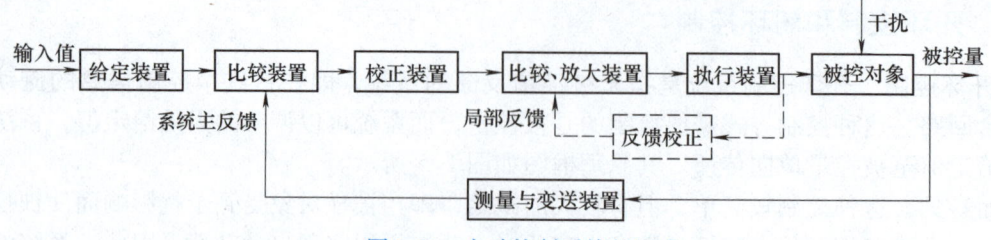

图1-7　自动控制系统的组成

（1）给定装置。给定装置的功能是设定与被控量相对应的给定量，并要求给定量与测量变送装置输出的信号在种类和纲量上一致。

（2）比较、放大装置。比较、放大装置的功能是首先将给定量与测量值进行运算，得到偏差量，然后再将其放大到足以推动下一级工作的程度。

（3）执行装置。执行装置的功能是根据前面环节的输出信号，直接对被控对象作用，以改变被控量的值，从而减小被控量的偏差，最好能消除偏差。

（4）测量与变送装置。测量与变送装置的功能是检测被控量，并将检测值转换为便于处理的信号（常见的如电压、电流等），然后将该信号输入比较装置。

（5）校正装置。当自控系统由于自身结构及参数问题而导致控制结果不符合工艺要求时，必须在系统中添加一些装置以改善系统的控制性能。这些装置就称为校正装置。

（6）被控对象。被控对象是指控制系统中所要控制的对象，一般指工作机构或生产设备等。

1.2.4 自动控制系统实例分析

下面通过实例来了解自动控制系统的分析方法。自动控制系统的分析，首先从了解系统的组成及工作原理开始，进而画出组成系统的原理框图。自动控制系统的原理框图既是分析系统的结果，又是以后建立数学模型的基础。由于实际系统往往比较复杂，建立系统原理框图时各部件究竟属于组成框图中的哪一个单元，往往不明显，因此常使人感到无从下手。常用的方法是先明确以下问题：

（1）哪个是控制对象？被控量是什么？影响被控量的主扰动量是什么？

（2）哪个是执行装置？

（3）测量被控量的装置是什么？反馈环节在哪里？

（4）输入量是由哪个装置给定的？反馈量与给定量是如何进行比较的？

（5）还有哪些装置（或单元）？它们在系统中起什么作用？

然后依次画出各单元的框图，标明各变量的传递关系，分析清楚给定量、反馈量、扰动量、各中间变量的位置，依次把各单元框图联系组合起来，最后形成给定量置于系统框图的最左边，被控量置于系统框图的最右边，即得其系统的控制原理框图。

1. 炉温控制系统

炉温控制系统是工业领域中最为常见的控制类型和广泛应用的系统。如图 1-8 所示是一燃油炉的炉温控制系统的工作原理图，其控制任务是使炉温保持恒定。

现在的任务是：

（1）画出系统的原理框图。

（2）正确分析系统的控制原理。

分析： 燃油炉的实际温度 t 由热电偶传感器测量，将温度信号转换为电压信号 U_t，燃油

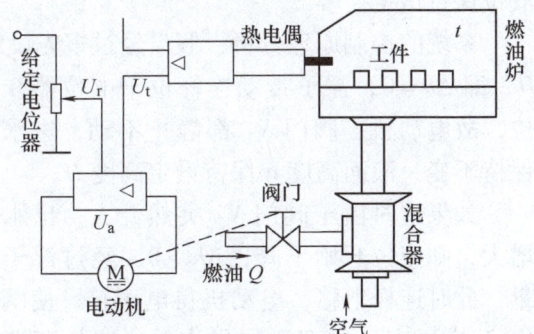

图 1-8 炉温控制系统的工作原理图

炉期望温度由电压 U_r 给定，并与实际温度 U_t 比较得到温度偏差信号 $\Delta U = U_r - U_t$，温度偏差信号经功率放大器放大后，用以驱动执行电动机转动，从而带动燃油阀门转动，调节燃油

量的供给,实现炉温的调节,直到温度达到给定值为止。此时偏差信号 $\Delta U = 0$,电动机停止转动。由此可见:

系统被控对象:燃油炉。

被控量:炉温。

给定装置:给定电位器。

测量变送装置:热电偶。

比较放大装置:电压功率放大器。

执行装置:电动机、阀门。

扰动:工件的数量、燃油压力、环境温度等的变化。

根据以上分析,可得到图 1-9 所示的炉温控制系统的原理框图。

如果这时负载(工件的数目)突然增大或燃油减小,则炉温开始下降,经过热电偶转换得到的与炉温相应的电压 U_t 便会减小,故 $\Delta U > 0$,电动机正转,使阀门开度增大,从而增加燃油流量,炉温渐渐回升,直至重新等于设定温度(此时 $U_t = U_r$,$\Delta U = 0$)。可见该系统在负载增大的情况下仍能保持希望温度。

再来看看相反的情况,如果负载(工件的数目)突然减小或燃油流量增大,则炉温开始上升,经过热电偶转换得到的与炉温相应的电压 U_t 也变会随之增大,故 $\Delta U < 0$,电动机反转,使阀门开度减小,从而减小燃油流量,炉温渐渐下降,直至重新等于设定温度(此时 $U_t = U_r$,$\Delta U = 0$)。可见系统在此情况下也能保持希望温度。

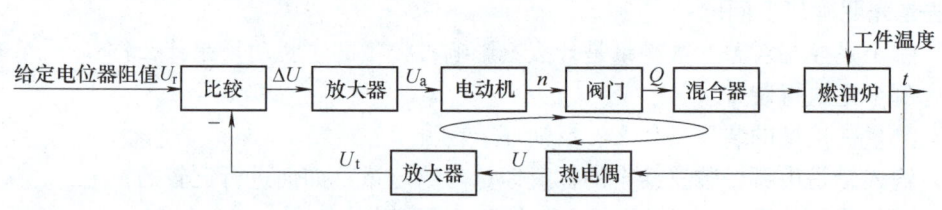

图 1-9 炉温控制系统的原理框图

2. 液位控制系统 液位控制系统的工作原理图如图 1-10 所示,其控制任务是使水池的液位保持恒定。

系统的控制原理分析:假设经过事先设定,系统在开始工作时液位 h 正好等于给定高度 H,即 $\Delta h = 0$,浮子带动连杆位于电位器 0 电位,故电动机、阀门 V_1 都静止不动,进水量保持不变,液面高度 h 保持设定高度 H。

如果这时由于阀门 V_2 突然开大,出水量增大,则液位开始下降,$\Delta h > 0$,经过浮子测量,此时连杆上移,电动机得电正转,使阀门 V_1 开度增大,从而增加进水量,液位渐渐上升,直至重新等于设定高度。

如果这时由于阀门 V_2 突然关小,出水量减小,则液位开始上升,$\Delta h < 0$,经过浮子测

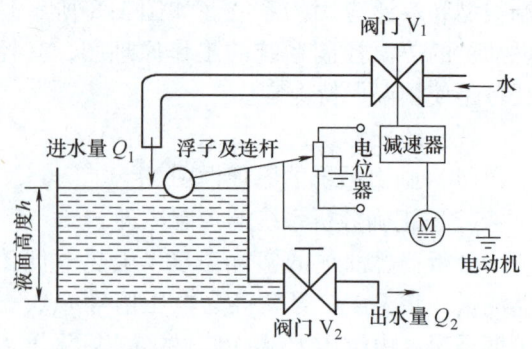

图 1-10 液位控制系统的工作原理图

量,此时连杆下移,电动机得电反转,使阀门 V_1 开度减小,从而减少进水量,液位渐渐下降,直至重新等于设定高度。可见系统在此两种情况下都能保持希望高度。

通过以上分析可以得出:此系统是通过测量液面实际高度与给定液面高度的偏差值来进行控制工作的,也是按偏差调节的控制系统。同时不难看出:该系统的被控对象是水池;被控量是液面高度;设定装置是电位器;测量变送装置是浮子连杆;干扰是出水量;执行装置是电动机、减速器、阀门 V_1。这样就得到了如图1-11所示的液位控制系统的原理框图。

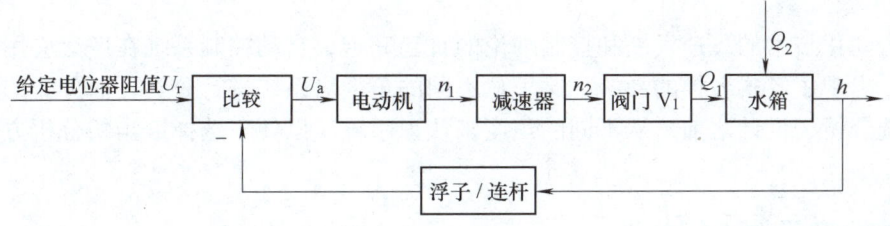

图1-11 液位控制系统的原理框图

3. 舵轮随动系统 舵轮随动系统的任务是使轮船的尾舵随时跟随舵轮的角度而旋转,其工作原理图如图1-12所示。由图可见,在船只航行时,如果船的尾舵转角与舵轮的转角相等时,两电位器A、B的电压相等,此时的 $\Delta U = 0$,电动机不动,系统处于平衡状态。如果舵轮的输入角度 θ_r 变化了,而尾舵仍处于原位,则 $\Delta\theta \neq 0$,两电位器A、B的电压就不相等了,此时的 $\Delta U \neq 0$,电动机开始旋转,拖带尾舵朝所要求的方向旋转,直至尾舵的角度 θ_c 与舵轮的输入角度 θ_r 相等,ΔU 又恢复为零值,电动机停转。系统即在新的位置上重新保持平衡直到舵轮的角度再次发生变化。也就是说此类系统是使被控量一直随给定量的变化而变化,而给定量的变化规律又无法事先确定。**这种能够任意操纵和跟踪的系统就称为随动系统。**其原理框图如图1-13所示。

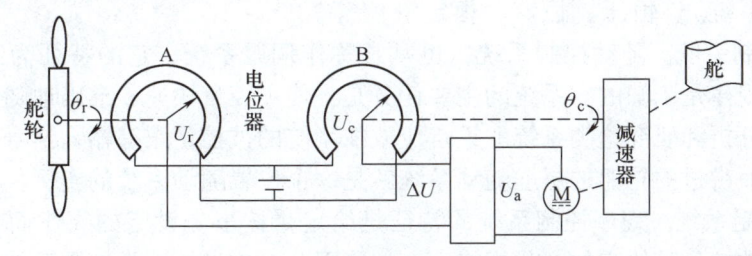

图1-12 舵轮随动系统的工作原理图

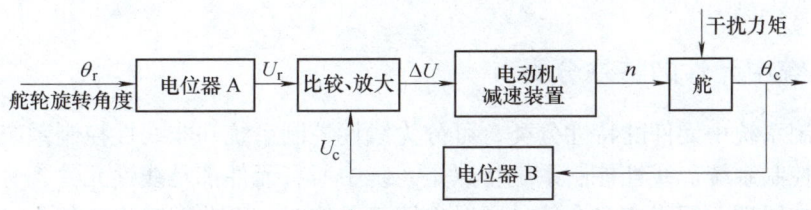

图1-13 舵轮随动系统的原理框图

以上 3 个实例都有以下特点：需要控制的是被控对象的被控量，而测量的是被控量与给定量之间的偏差。无论是外界干扰造成的，还是由自身结构参数的变化引起的被控量出现的偏差，系统都能够自行减小或消除偏差，这也是为什么称这种控制方式为按偏差调节的原因。

1.3 自动控制系统的分类

随着自动化技术的飞速发展和控制理论的日趋完善，自动控制系统在广泛应用的同时也日趋复杂，出现了各式各样的系统。这里从不同的角度对系统进行分类，而分类的目的是为了在对系统分析、设计之前，从不同的角度来认识系统，以便于选择恰当的分析方法和设计手段。

1.3.1 按给定量的特征分类

按给定量的特征分类，自动控制系统可分为恒值给定控制系统、随动控制系统、程序控制系统。

（1）恒值给定控制系统。恒值给定控制系统的特征是给定量一经设定就维持不变。系统的主要任务是：当被控量在扰动作用下偏离给定量时，通过系统的控制作用尽快地恢复到给定量。即使由于系统本身的原因不能完全恢复，误差也应该控制在规定的允许范围内。注意，若生产工艺要求被控量改变，可通过改变给定量来实现，但这种改变是控制系统根据工艺要求重新设定的过程，而且一经设定，长时间不再变化，即生产工艺要求不会频繁改变。因此，对被控量能否快速而准确地跟踪给定量的变化可不作重点研究。分析和研究该类系统的重点应放在系统能否有效、快速地克服各类干扰量对被控量的影响使被控制量维持在给定量上。这类系统有恒速（直流电动机调速系统）、恒温（炉温自动控制系统）、恒压、恒流、恒定液位等。

（2）随动控制系统。随动控制系统，也常常称作伺服系统，它的特征为给定量是变化的，而且其变化规律是未知的。系统的主要任务是：使被控量快速、准确地随给定量的变化而变化。因此，分析和研究这类系统的重点应放在系统的被控量跟踪输入信号变化而变化的能力上。例如前面讲过的轮船的尾舵随动系统就是一个位置随动系统的实例。

（3）程序控制系统。程序控制系统的特征是给定量按事先设定的规律而变化。系统的主要任务是：使被控量随给定的变化规律而变化。因此，在设计该类控制系统时需要先设计一个给定器，用来产生按一定规律变化的信号，作为系统的给定量。这类系统有仿形机床、程序控制机床等。

1.3.2 按系统中元件的特性分类

按自动控制系统中元件的特性分类，可分为线性控制系统和非线性控制系统。

（1）线性控制系统。线性控制系统特点是系统中所有元件都是线性元件，分析这类系统时可以应用叠加原理，即当有多个信号同时作用于系统时，系统总输出为每个输入信号作用于系统的输出之和。同时，该类系统的状态和性能可以用线性微分方程来描述。

（2）非线性控制系统。非线性控制系统的特点是系统中含有一个或多个非线性元件。

实际应用的自动控制系统都不同程度存在非线性。严格地说，任何物理系统的特性都是非线性的，但是在允许的误差范围里，将非线性化元件进行线性化处理后，就可以使用线性控制理论来研究。

1.3.3 按系统中信号的形式分类

按自动控制系统中信号在时间或空间上是连续还是离散的形式来分类，可分连续控制系统和数字控制系统。

（1）连续控制系统。连续控制系统的特点是系统中所有的信号都是连续时间变量的函数。这类系统的运动状态是用微分方程来描述的。目前大多数闭环控制系统都属这类形式，这类系统也是本教材讨论的重点。

（2）数字控制系统。数字控制系统的特点是系统中各种参数及信号是以在时间上离散的数码或脉冲序列形式传递的，所以可以采用数字计算机来参与控制。这种系统的运动状态是用差分方程来描述的，因此，在分析这类系统时，有与连续系统的分析方法不同的特点。例如，图1-14就是数字控制系统的一种组成结构。

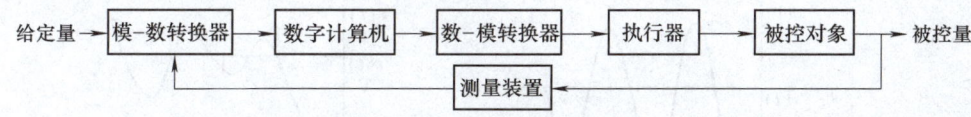

图1-14　数字控制系统原理框图

1.4　对自动控制系统的基本要求

自动控制系统在实际应用中，由于服务的对象千差万别，对系统性能的具体要求也就不尽相同。但是所有自动控制系统要达到的控制目标是一致的，即在理想情况下，希望自动控制系统的被控量 $c(t)$ 和给定量 $r(t)$，在任何时候都相等或保持一个固定的比例关系，没有任何偏差，而且不受干扰的影响，也可以用如下恒等式表达：

$$c(t) \equiv r(t)$$

或者

$$c(t) \equiv Kr(t)$$

然而，实际的自动控制系统，难免会受干扰的影响，比如机械部分存在质量、惯量，加之电路中存在电感、电容，以及能源功率的限制等，使得生产机构运动部件的加速度不可能很大。所以其速度和位移不会瞬间达到希望值，而要经历一段时间，即存在一个变化过程。在理论上，通常把系统受到外加信号（给定值或干扰）作用后，被控量随时间变化的全过程称为系统的**动态过程或过渡过程**。系统控制性能的优劣，便可以通过动态过程中 $c(t)$ 的变化较充分地显示出来。图1-15所示为被控量的几种变化情况。

由图1-15a、b可以看出，曲线是振荡收敛的，系统最后可以达到控制要求，它们是实际控制系统常见的过渡过程。而图1-15c、d的曲线是等幅振荡的、发散的，处于这两种情况下的系统是无法工作的，在实际应用中是不允许的。

综上所述，一个高质量的自动控制系统，在其整个控制过程中，被控量与给定量之间的偏差应该越小越好。考虑到动态过程被控量在不同阶段的特点，工程上常常从稳定性、快速性、准确性 3 个方面来评价自控系统的总体控制性能。

1. 稳定性 稳定性是指控制系统动态过程的振荡倾向和重新恢复平衡工作状态的能力，是评价系统能否正常工作的重要性能指标。

如果系统受到干扰后偏离了原来的稳定工作状态，而控制装置却不能使系统恢复到希望的稳定状态，如图 1-15c 中过程所示；或当指令变化以后，控制装置再也无法使受控对象跟随指令运行，并且是越差越大，如图 1-5d 中过程所示，则称这样的系统为**不稳定系统**，显然这是根本完不成控制任务的，甚至会造成设备的损坏。

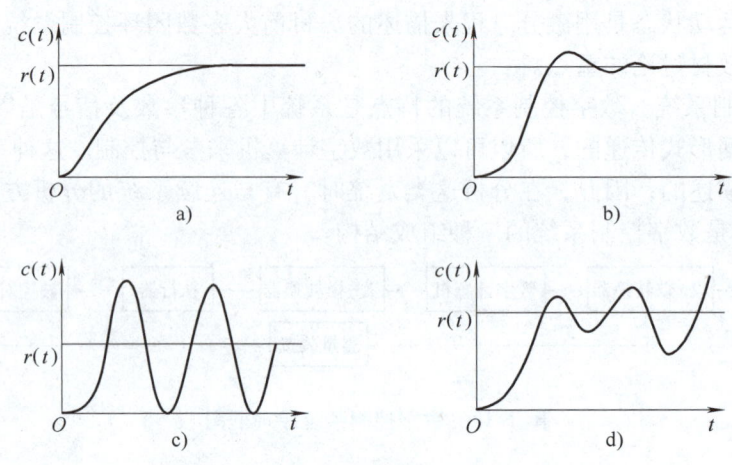

图 1-15 系统的阶跃响应

反之，如果系统受到干扰后或指令变化后，经过一段过渡过程，控制装置能使系统恢复到希望的稳定状态，或受控对象能够跟随变化的指令运行，如图 1-15a、b 中过程所示，则称这样的系统为**稳定系统**。在系统稳定的前提下，要求其动态过程的振荡越小越好，且振幅和频率应有所限制，否则过大的波动将使系统中的运动部件由于超载而松动或被破坏。

2. 快速性 快速性是指控制系统过渡过程的时间长短，是评价稳定系统暂态性能的指标。过渡过程的时间过长，则系统长时间地处在大偏差状态中，这就说明系统响应迟钝，也就很难复现、跟踪快速变化的输入信号。因此，在实际控制系统中，人们总是希望在满足稳定性要求的前提下，系统的过渡时间越短越好。

3. 准确性 准确性是指控制系统过渡过程结束后，或系统受干扰重新恢复平衡状态时，最终保持的精度，是反映过渡过程后期性能的指标。人们总是希望此时被控量与给定量之间的偏差越小越好。

上面所提到的 3 个性能指标是自控系统基本控制性能要求，具有普遍性。但在实际应用中，由于被控对象的具体情况不同，最终对控制性能的要求侧重点也各不相同。例如随动系统对快速性要求最高，而调速系统最为关心的则是系统的稳定性。

同一个系统的稳定性、快速性、准确性是相互制约的。若要提高系统的快速性，就可能引起系统强烈的振动，从而降低了稳定性；若要改善系统的稳定性，又会延长系统的控制过程，影响了系统的快速性。分析和解决这些矛盾、优化系统的控制性能，将是本学科讨论的重要内容。

本章小结

1. 自动控制原理是分析设计自动控制系统的理论基础,可分为经典控制理论和现代控制理论两大部分。本书主要介绍经典控制理论,它也是现代控制理论的基础。

2. 自动控制原理的研究对象是自动控制系统。自动控制系统最基本的控制方式是闭环控制,也称反馈控制,它的基本原理是利用偏差纠正偏差。

3. 自动控制系统按给定量的特征可分为:恒值给定控制系统、随动控制系统、程序控制系统;按元件特性可分为:线形控制系统、非线形控制系统;按系统中的信号形式可分为:连续控制系统和数字控制系统。

4. 自动控制系统的原理框图是对自动控制系统物理特性的抽象表示,它描述了系统被控量、给定量以及中间变量与各控制装置、检测装置等之间的传递关系,是分析系统控制过程的重要模型,也是进一步深入研究控制系统的基础。

5. 自动控制系统讨论的主要问题是系统动态过程的性能,其主要性能归纳起来就是3个字:稳、快、准。

本章知识技能综合训练

任务目标要求:在所列控制系统中(或自选生产、生活中的控制系统),自己选择一个系统,分析系统的组成,画出系统控制原理框图,正确描述系统控制原理,并判断系统的类型。

(1) 抽水马桶自动控制系统。
(2) 自动保温电热水壶自动控制系统。
(3) 家用电冰箱温度控制系统。
(4) 车床主轴转速控制系统。
(5) 仓库大门自动控制系统。

综合训练任务书见表1-1。

表1-1 综合训练任务书

训练题目		
任务要求	1)画出系统的原理框图 2)正确分析系统的控制原理 3)说明系统的控制类型	
训练步骤	1)系统组成分析	系统被控对象: 被控量: 给定量(给定装置): 反馈量(反馈装置): 比较装置: 执行装置: 其他装置: 扰动量:

（续）

训练步骤	2）原理框图	
	3）系统的控制原理描述	
	4）系统控制类型说明	
检查评价		

思考题与习题

1-1 试列举开环控制和闭环控制系统的例子，并说明其工作原理。

1-2 请说明开环系统和闭环系统的主要特点，并比较两者的优缺点。

1-3 闭环控制系统由哪些主要环节构成？各环节在系统中的职能是什么？

1-4 直流电动机转速控制系统的工作原理如图 1-16 所示。试分析系统自动稳速的控制原理，并画出原理框图。

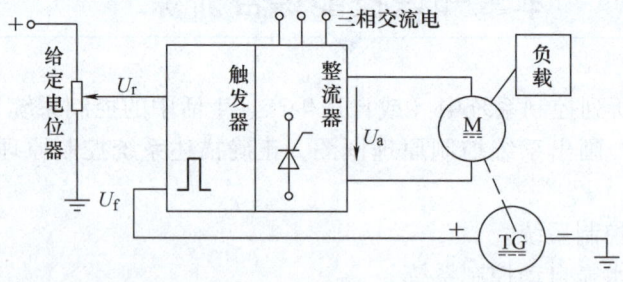

图 1-16　习题 1-4 图

1-5 温度自动记录仪的工作原理如图 1-17 所示，记录笔所记录的是被测温度的变化，该温度由热电偶采自工作现场。试说明其控制原理并画出原理框图。本系统是恒值给定系统还是随动系统？

1-6 有一晶体管稳压电路如图 1-18 所示，试分析该电路，并说出系统的给定量、被控量和干扰信号是什么？哪些元件起着测量、放大、执行的作用？最后请根据分析画出其原理框图。

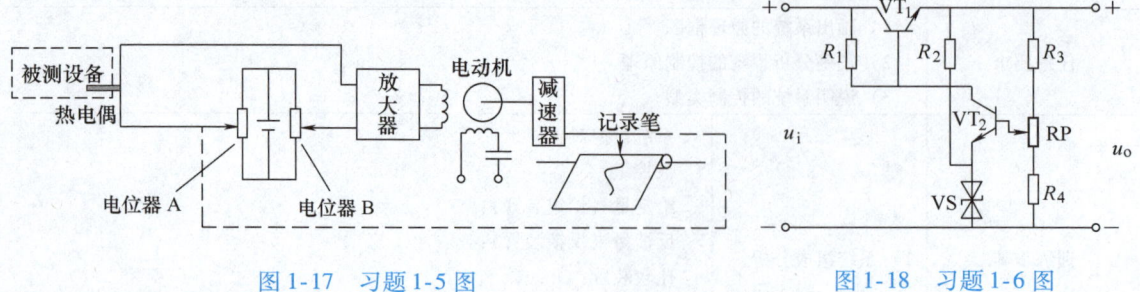

图 1-17　习题 1-5 图　　　　　　图 1-18　习题 1-6 图

第 2 章
自动控制系统的数学描述方法

学习目标

❖ **知识目标：**
1) 懂得描述自动控制系统的三种数学模型：微分方程、传递函数、动态结构图。
2) 掌握系统（元件）微分方程的建立方法。
3) 掌握系统（元件）传递函数的定义及求取方法。
4) 掌握系统（元件）动态结构图的组成、求取方法及简化方法。
5) 掌握微分方程、传递函数、动态结构图三者之间的关系及转换方法。
6) 了解 MATLAB 软件用于三种数学模型求取和分析的方法。

❖ **技能目标：**
1) 能运用所学过的物理知识、电路知识、力学知识等建立简单元件或装置的微分方程。
2) 熟练掌握典型环节的传递函数，会建立一般自动控制系统的传递函数。
3) 会根据系统组成建立一般控制系统的动态结构图。
4) 会运用 MATLAB 软件辅助求解系统的微分方程及传递函数。

❖ **素质目标：**
1) 通过对典型自动控制环节（装置）的数学模型建立，了解工程领域系统研究问题的思路和方法。
2) 拓展综合运用各学科知识解决实际问题的能力。

自动控制系统是由控制对象、执行机构、放大器、检测（测量）装置和控制器等组成。要从理论上定性和定量地分析、计算系统的控制性能，必须首先建立描述系统动态关系的数学模型。

控制系统的数学模型是指描述系统或元件输入量、输出量以及内部各变量之间关系的数学表达式，而把描述各变量动态关系的数学表达式称为动态模型。

对系统的分析和研究都依赖于合理的数学模型。在建立系统的数学模型时，应根据系统的实际结构、参数及所要求的计算精度等主要因素建立模型。模型应能准确地反映系统的动态本质，同时又能简化分析计算的工作。常用的动态数学模型有微分方程、传递函数及动态结构图等。

控制系统或元件的数学模型的建立，可以使用解析法和实验法。所谓解析法，是指根据系统及元件各变量之间所遵循的物理、化学定律，列写出各变量间的数学表达式，从而建立起数学模型。所谓实验法，是指对实际系统或元件加入一定形式的输入信号，根据输入信号与输出信号间的关系来建立数学模型的方法。本章仅讨论解析法建模。

2.1 控制系统的微分方程

微分方程是描述自动控制系统动态特性最基本的方法。一个完整的控制系统通常是由若干元件或环节以一定方式连接而成的，系统可以是由一个环节组成的小系统，也可以是由多个环节组成的大系统。对系统中每个具体的元件或环节按照其运动规律可以比较容易地列出其微分方程，然后将这些微分方程联立起来，以得出整个系统的微分方程。

2.1.1 系统微分方程的建立

解析法建立系统或元件微分方程的一般步骤是：

① 根据实际工作情况，确定系统和各元件的输入、输出量。

② 将系统划分为若干环节，从输入端开始，按照信号的传递时序及方向，根据各变量所遵循的物理、化学定律，列写出变化（运动）过程中的微分方程组。

③ 消去中间变量，得到只包含输入、输出量的微分方程。

④ 最后一步为标准化工作，即将与输入有关的各项放在等号的右侧，将与输出有关的各项放在等号的左侧，并按照降幂排列。最后将系数化为具有一定物理意义的形式。

下面通过一些例子来具体说明建立系统微分方程的步骤及方法。

【**例 2-1**】 试列写图 2-1 所示的 RC 无源网络的微分方程。

解：根据电路理论的基尔霍夫电压定律及线性电容元件电压、电流关系，列写方程

$$U_r = Ri + \frac{1}{C}\int i \mathrm{d}t$$

$$U_c = \frac{1}{C}\int i \mathrm{d}t$$

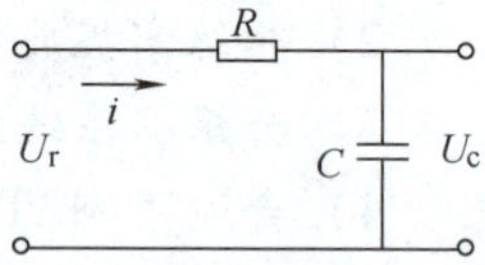

式中，i 为中间变量；U_r 为输入量；U_c 为输出量。

图 2-1 RC 无源网络

消去中间变量得

$$RC\frac{\mathrm{d}U_c}{\mathrm{d}t} + U_c = U_r$$

令上式中的 $RC = T$，则上式变为

$$T\frac{\mathrm{d}U_c}{\mathrm{d}t} + U_c = U_r \tag{2-1}$$

式（2-1）中的 T 称为该网络的时间常数。

可见 RC 无源网络的动态数学模型为一阶常系数线性微分方程。

【**例 2-2**】 试列写图 2-2 所示的两级 RC 无源网络的微分方程。

解：设回路电流为 i_1、i_2 如图所示，根据基尔霍夫电压定律，列写方程：

$$U_r = R_1 i_1 + \frac{1}{C_1}\int (i_1 - i_2) \mathrm{d}t$$

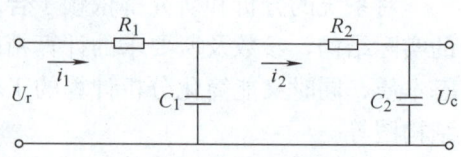

图 2-2 两级 RC 无源网络

$$\frac{1}{C_1}\int (i_1 - i_2)\mathrm{d}t = R_2 i_2 + \frac{1}{C_2}\int i_2 \mathrm{d}t$$

$$U_c = \frac{1}{C_2}\int i_2 \mathrm{d}t$$

消去中间变量 i_1 和 i_2，得到式（2-2）：

$$R_1 C_1 R_2 C_2 \frac{\mathrm{d}^2 U_c}{\mathrm{d}t^2} + (R_1 C_1 + R_2 C_2 + R_1 C_2)\frac{\mathrm{d}U_c}{\mathrm{d}t} + U_c = U_r \quad (2\text{-}2)$$

令式(2-2)中的 $R_1 C_1 = T_1, R_2 C_2 = T_2, R_1 C_2 = T_3$，则

$$T_1 T_2 \frac{\mathrm{d}^2 U_c}{\mathrm{d}t^2} + (T_1 + T_2 + T_3)\frac{\mathrm{d}U_c}{\mathrm{d}t} + U_c = U_r \quad (2\text{-}3)$$

可见两级 RC 网络的数学模型是一个二阶常系数线性微分方程。

【例 2-3】 试列写图 2-3 所示的电枢控制他励直流电动机的微分方程，要求取电枢电压 U_a 为输入量，电动机转速 n 为输出量。图中 R_a、L_a 分别是电枢电路的电阻和电感，T_L 是折合到电动机轴上的总负载转矩，励磁磁通为常值。

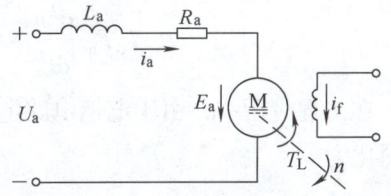

图 2-3　电枢控制他励直流电动机原理图

解： 电枢控制直流电动机的工作实质是将输入的电能转换为机械能。也就是由输入的电枢电压 U_a(t)在电枢回路中产生电枢电流 i_a，i_a 与励磁磁通相互作用产生电磁转矩 T_e，从而拖动负载运动。因此，直流电动机的运动方程可由以下几部分组成。

电枢回路电压平衡方程：

$$U_a = E_a + i_a R_a + L_a \frac{\mathrm{d}i_a}{\mathrm{d}t}$$

电枢反电动势 E_a 与转速 n 成正比，即

$$E_a = C_e n$$

式中，C_e 是电动机的电动势常数（V·min/r）。

电磁转矩方程：

$$T_e = C_m i_a$$

式中，C_m 是电动机转矩系数（N·m/A）。

若电动机轴上的转矩平衡，则有方程：

$$T_e - T_L = \frac{GD^2}{375} \cdot \frac{\mathrm{d}n}{\mathrm{d}t}$$

式中，GD^2 是电动机的飞轮转动惯量（kg·m²）。

在上面的 4 个公式中，若暂不考虑负载转矩 T_L（即令 $T_L = 0$），电枢电流和电动机转矩为中间变量，消去中间变量并进行标准化便可得到式（2-4）

$$\frac{L_a}{R_a} \cdot \frac{GD^2}{375} \cdot \frac{R_a}{C_e C_m} \cdot \frac{\mathrm{d}^2 n}{\mathrm{d}t^2} + \frac{GD^2 R_a}{375 C_e C_m} \cdot \frac{\mathrm{d}n}{\mathrm{d}t} + n = \frac{1}{C_e}U_a \quad (2\text{-}4)$$

令 $T_\mathrm{d} = \dfrac{L_\mathrm{a}}{R_\mathrm{a}}$，$T_\mathrm{d}$ 为电动机电磁时间常数（s）；$T_\mathrm{m} = \dfrac{GD^2 R_\mathrm{a}}{375 C_\mathrm{e} C_\mathrm{m}}$，$T_\mathrm{m}$ 为电动机的机电时间常数（s）。

则有

$$T_\mathrm{d} T_\mathrm{m} \frac{\mathrm{d}^2 n}{\mathrm{d}t^2} + T_\mathrm{m} \frac{\mathrm{d}n}{\mathrm{d}t} + n = \frac{1}{C_\mathrm{e}} U_\mathrm{a} \tag{2-5}$$

式（2-5）即为电动机的动态数学模型，是一个二阶常系数线性微分方程。

如果考虑负载力矩（即 $T_\mathrm{L} \neq 0$），就得到 U_a 和 T_L 与输出 n 的微分方程：

$$T_\mathrm{d} T_\mathrm{m} \frac{\mathrm{d}^2 n}{\mathrm{d}t^2} + T_\mathrm{m} \frac{\mathrm{d}n}{\mathrm{d}t} + n = \frac{1}{C_\mathrm{e}} U_\mathrm{a} - \frac{R_\mathrm{a}}{C_\mathrm{e} C_\mathrm{m}} \left(T_\mathrm{L} + T_\mathrm{d} \frac{\mathrm{d}T_\mathrm{L}}{\mathrm{d}t} \right)$$

如果令上式中的 $U_\mathrm{a} = 0$，就得到 T_L 与输出 n 的微分方程：

$$T_\mathrm{d} T_\mathrm{m} \frac{\mathrm{d}^2 n}{\mathrm{d}t^2} + T_\mathrm{m} \frac{\mathrm{d}n}{\mathrm{d}t} + n = - \frac{R_\mathrm{a}}{C_\mathrm{e} C_\mathrm{m}} \left(T_\mathrm{L} + T_\mathrm{d} \frac{\mathrm{d}T_\mathrm{L}}{\mathrm{d}t} \right)$$

在工程应用中，由于电枢电路电感 L_a 与电枢电阻 R_a 较小，通常忽略不计，因而式（2-5）可简化为

$$n = \frac{1}{C_\mathrm{e}} U_\mathrm{a}$$

或

$$U_\mathrm{a} = C_\mathrm{e} n$$

可见，这时的电动机可作为测速发电机使用，且输出的电压与输入的转速呈正比。

【例 2-4】 试建立图 2-4 所示的电阻炉的动态数学模型，其中电阻炉的温度为 T_1（℃），电阻丝产生的热量为 Q_1（J/s），环境温度为 T_2（℃），电阻炉由内向外的散热为 Q_2（J/s）。

解：根据热平衡原理，可以列出以下两个方程式（以增量的形式表达）。

单位时间炉温的变化与炉子单位时间内散发的热量有关：

$$\Delta Q_1 - \Delta Q_2 = C \frac{\mathrm{d}\Delta T_1}{\mathrm{d}t}$$

式中，C 为热容量（J/℃）。

发散热量与炉内外的温差呈正比：

$$\Delta Q_2 = \frac{1}{R} (\Delta T_1 - \Delta T_2)$$

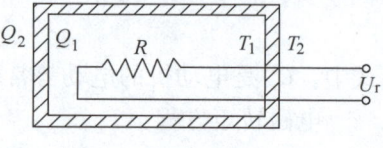

图 2-4 电阻炉原理图

式中，R 为比例系数（℃·s/J）。

如果周围环境温度不变，则上式变为

$$\Delta Q_2 = \frac{1}{R} \Delta T_1$$

电阻通电发热得到 Q_1：

$$Q_1 = 0.24 \frac{U_\mathrm{r}^2}{r}$$

式中，r 为电阻丝电阻（Ω）；U_r 为外加电压（V）。

可以看出，上式为非线性关系，这里采用泰勒级数的方法，取其展开式的第一项有

$$\Delta Q_1 = \frac{0.48 U_{r0}}{r} \Delta U_r$$

综合以上方程可以看出 Q_1、Q_2 为中间变量，消去后得到

$$RC\frac{\mathrm{d}\Delta T_1}{\mathrm{d}t} + \Delta T_1 = \frac{0.48 U_{r0} R}{r} \Delta U_r$$

令 $T = RC$，称为时间常数（s）；$K = \dfrac{0.48 U_{r0} R}{r}$，称为放大系数。并以变量的形式替代其中的增量表达式，则上式变为

$$T\frac{\mathrm{d}T_1}{\mathrm{d}t} + T_1 = K U_r \tag{2-6}$$

式（2-6）即为电阻炉的动态数学模型，是一个一阶常系数线性微分方程。

【例 2-5】 根据图 2-5 所示的直流调速系统的工作原理，列写该系统的微分方程。系统的参考输入为电位计的给定电压 U_r，输出为电动机的转速 n。

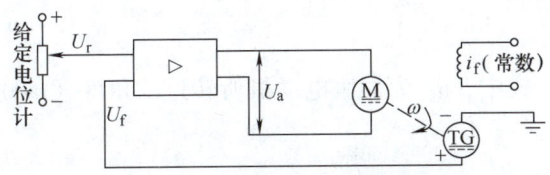

图 2-5 直流调速系统的工作原理图

解：根据系统工作原理，及例 2-3 中分析结论公式（2-5），该系统从输入端开始，依次列出各微分方程如下：

$$U = U_r - U_f$$
$$U_a = K \cdot U$$

式中，K 为信号放大装置的电压放大倍数。

$$T_d T_m \frac{\mathrm{d}^2 n}{\mathrm{d}t^2} + T_m \frac{\mathrm{d}n}{\mathrm{d}t} + n = K_m U_a$$

式中，$K_m = \dfrac{1}{C_e}$。

$$U_f = K_t n$$

式中，K_t 为测速发电机比例系数。

消去上述各式中的中间变量 U、U_a、U_f，即得系统的微分方程：

$$T_m \frac{\mathrm{d}n}{\mathrm{d}t} + (1 + K K_m K_t) n = K K_m U_r$$

【例 2-6】 位置随动系统的工作原理如图 1-12 所示。输入为舵轮的转角 θ_r，输出为尾舵的转角 θ_c，试写出该系统的微分方程。

解：从输入端开始，逐一列写各元件的微分方程

误差检测器（两个电位器）：

$$\theta_e = \theta_r - \theta_c \tag{2-7}$$

式中，θ_e 为舵轮与尾舵转角差值（rad/min）。

$$\Delta U = K_s \theta_e \tag{2-8}$$

式中，ΔU 为两电位器电位差（V）；K_s 为电压与转角转换的比例系数（V·min/rad）。

放大器：
$$U_a = K_a \cdot \Delta U \tag{2-9}$$

式中，K_a 为放大器电压放大系数。

减速器：
$$i = \frac{Z_2}{Z_1} \tag{2-10}$$

式中，i 为减速器减速倍数。

电动机（忽略电枢回路电感 L_a）：
$$T_m \frac{dn}{dt} + n = \frac{1}{C_e} U_a \tag{2-11}$$

$$n = \frac{d\theta_m}{dt} \tag{2-12}$$

式中，θ_m 为伺服电动机所转过的角度（rad）。

$$\theta_c = \frac{\theta_m}{i} \tag{2-13}$$

将式（2-7）、式（2-8）、式（2-9）、式（2-10）、式（2-12）、式（2-13）代入式（2-11），消去中间变量得到

$$T_m C_e \frac{d^2 \theta_c}{dt^2} + C_e \frac{d\theta_c}{dt} + K_a K_s \theta_c = K_a K_s \theta_r \tag{2-14}$$

令 $J = T_m C_e$，$F = C_e$，$K = K_a K_s$，上式可以写为

$$J \frac{d^2 \theta_c}{dt^2} + F \frac{d\theta_c}{dt} + K\theta_c = K\theta_r \tag{2-15}$$

从上面的式子可以看出，位置随动系统的数学模型为二阶常系数线性微分方程，把这类系统简称为二阶系统。

2.1.2 线性微分方程的求解

上面讨论了自动控制系统的动态数学模型——微分方程的建立方法及步骤，接下来的工作应该是以该数学模型为基础，求出微分方程的解，并由此绘出被控量随时间变化的动态过程曲线，最后依据曲线的各种变化特征对自动控制系统的性能进行分析和评价。

目前能够很快得出解的是一阶、二阶微分方程，如果系统的动态微分方程是高阶微分方程，那么直接求解及对参数变化的分析都十分困难。为了简化对控制系统的计算和分析，引入了数学工具——拉普拉斯变换对微分方程进行求解。它可将原来方程中的微、积分运算转化为代数运算，然后再利用拉氏反变换即可得到被控量的时域表达式。

1. 拉普拉斯变换定义 设将实变量 t 的函数 $f(t)$ 乘以指数函数 e^{-st}（$s = \sigma + j\omega$ 为复变量），若其线性积分

$$\int_0^\infty f(t) e^{-st} dt$$

存在，就称其为函数 $f(t)$ 的拉普拉斯变换（简称拉氏变换），记作

$$F(s) = L[f(t)] = \int_0^\infty f(t)\mathrm{e}^{-st}\mathrm{d}t$$

并称 $F(s)$ 为 $f(t)$ 的象函数或拉氏变换函数，$f(t)$ 称为 $F(s)$ 的原函数。

2. 拉氏变换的几个基本定理

(1) 线性定理。如果 $F_1(s) = L[f_1(t)]$，$F_2(s) = L[f_2(t)]$，且 a、b 均为常数，则有

$$L[af_1(t) \pm bf_2(t)] = aL[f_1(t)] \pm bL[f_2(t)] = aF_1(s) \pm bF_2(s) \tag{2-16}$$

(2) 微分定理。如果 $F(s) = L[f(t)]$，则有

$$L\left[\frac{\mathrm{d}f(t)}{\mathrm{d}t}\right] = sF(s) - f(0)$$

$$L\left[\frac{\mathrm{d}^2 f(t)}{\mathrm{d}t^2}\right] = s^2 F(s) - sf(0) - f'(0) \tag{2-17}$$

$$\vdots$$

$$L\left[\frac{\mathrm{d}^n f(t)}{\mathrm{d}t^n}\right] = s^n F(s) - s^{n-1} f(0) - s^{n-2} f'(0) - \cdots - f^{(n-1)}(0)$$

对于本书的研究对象，式 (2-17) 中 $f(t)$ 及其各阶导数在 $t=0$ 时的值都为零。所以式 (2-17) 可以写为

$$L\left[\frac{\mathrm{d}^n f(t)}{\mathrm{d}t^n}\right] = s^n F(s) \tag{2-18}$$

(3) 积分定理。如果 $F(s) = L[f(t)]$，则有

$$L\left[\int f(t)\mathrm{d}t\right] = \frac{1}{s}F(s) + \frac{1}{s}f^{(-1)}(0)$$

$$L\left[\iint f(t)\mathrm{d}t^2\right] = \frac{1}{s^2}F(s) + \frac{1}{s^2}f^{(-1)}(0) + \frac{1}{s}f^{(-2)}(0)$$

$$\vdots$$

$$L\left[\underbrace{\int \cdots \int}_{n} f(t)\mathrm{d}t^n\right] = \frac{1}{s^n}F(s) + \frac{1}{s^n}f^{(-1)}(0) + \cdots + \frac{1}{s}f^{(-n)}(0) \tag{2-19}$$

对于本书的研究对象，式中 $f(t)$ 及其各重积分在 $t=0$ 时的值都为零。所以上式化简为

$$L\left[\underbrace{\int \cdots \int}_{n} f(t)\mathrm{d}t^n\right] = \frac{1}{s^n}F(s) \tag{2-20}$$

(4) 位移定理。如果 $F(s) = L[f(t)]$，则有实域中位移定理

$$L[f(t-\tau)] = \mathrm{e}^{-\tau s} F(s) \tag{2-21}$$

和复域中位移定理

$$L[\mathrm{e}^{at} f(t)] = F(s-a) \tag{2-22}$$

(5) 终值定理

$$\lim_{t \to \infty} f(t) = \lim_{s \to 0} sF(s) \tag{2-23}$$

(6) 初值定理

$$\lim_{t \to 0} f(t) = \lim_{s \to \infty} sF(s) \tag{2-24}$$

3. 几种典型函数的拉氏变换　在实际中，施加在控制系统外的作用（给定量或干扰）一般是不可预知的。但为了能从理论上对其系统性能进行分析，常采用以下这些典型的时间函数作为系统的输入。

（1）阶跃函数。阶跃函数的时间曲线如图 2-6a 所示，其数学表达式为

$$f(t) = \begin{cases} R & (t \geq 0) \\ 0 & (t < 0) \end{cases} \tag{2-25}$$

式中，R 为常数，当 $R=1$ 时称为单位阶跃函数，记为 $1(t)$。

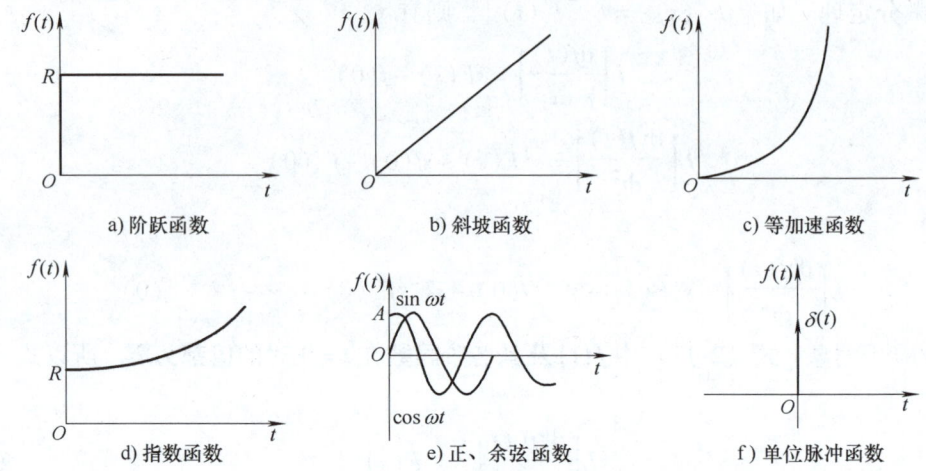

a) 阶跃函数　　b) 斜坡函数　　c) 等加速函数

d) 指数函数　　e) 正、余弦函数　　f) 单位脉冲函数

图 2-6　典型函数时间曲线

则其拉氏变换为

$$F(s) = L[f(t)] = \int_0^\infty R \cdot e^{-st} dt = \frac{R}{s} \tag{2-26}$$

（2）斜坡函数。斜坡函数也称速度函数，其时间曲线如图 2-6b 所示，其数学表达式为

$$f(t) = \begin{cases} Rt & (t \geq 0) \\ 0 & (t < 0) \end{cases} \tag{2-27}$$

则其拉氏变换为

$$F(s) = L[Rt] = \int_0^\infty Rt \cdot e^{-st} dt = \frac{R}{s^2} \tag{2-28}$$

式中，R 为常数，当 $R=1$ 时，称为单位斜坡函数。

（3）等加速函数。等加速函数也称抛物线函数，它是斜坡函数对时间的积分。即它对时间的导数就是斜坡函数，其时间曲线如图 2-6c 所示，其数学表达式为

$$f(t) = \begin{cases} \dfrac{1}{2}Rt^2 & (t \geq 0) \\ 0 & (t < 0) \end{cases} \tag{2-29}$$

则其拉氏变换为

$$F(s) = L\left[\frac{1}{2}Rt^2\right] = \int_0^\infty \frac{1}{2}Rt^2 \cdot e^{-st} dt = \frac{R}{s^3} \tag{2-30}$$

式中，R 为常数，当 $R=1$ 时，称为单位抛物线函数。

(4) 指数函数。指数函数的时间曲线如图 2-6d 所示，其数学表达式为

$$f(t) = \begin{cases} Re^{at} & (t \geq 0) \\ 0 & (t < 0) \end{cases} \tag{2-31}$$

则其拉氏变换为

$$F(s) = L[Re^{at}] = \int_0^\infty Re^{at} \cdot e^{-st}dt = \int_0^\infty Re^{-(s-a)t}dt = \frac{R}{s-a} \tag{2-32}$$

(5) 正、余弦函数。正弦函数的时间曲线如图 2-6e 所示，其数学表达式为

$$f(t) = \begin{cases} A\sin\omega t & (t \geq 0) \\ 0 & (t < 0) \end{cases} \tag{2-33}$$

式中，A 为幅值；ω 为角频率。

则其拉氏变换为

$$F(s) = L[A\sin\omega t] = \int_0^\infty A\sin\omega t \cdot e^{-st}dt = \frac{A\omega}{s^2 + \omega^2} \tag{2-34}$$

余弦函数的时间曲线如图 2-6e 所示，其数学表达式为

$$f(t) = \begin{cases} A\cos\omega t & (t \geq 0) \\ 0 & (t < 0) \end{cases} \tag{2-35}$$

则其拉氏变换为

$$F(s) = L[A\cos\omega t] = \int_0^\infty A\cos\omega t \cdot e^{-st}dt = \frac{As}{s^2 + \omega^2} \tag{2-36}$$

(6) 单位脉冲函数。单位脉冲函数的时间曲线如图 2-6f 所示，其数学表达式为

$$f(t) = \delta(t) = \begin{cases} 0 & (t \neq 0) \\ \infty & (t = 0) \end{cases} \tag{2-37}$$

且定义 $\int_{0^-}^{0^+} \delta(t)dt = 1$，则其 $t = 0^+$ 时的拉氏变换为

$$F(s) = L[\delta(t)] = \int_{0^+}^\infty \delta(t) \cdot e^{-st}dt = 0 \tag{2-38}$$

其 $t = 0^-$ 时的拉氏变换为

$$F(s) = L[\delta(t)] = \int_{0^-}^\infty \delta(t) \cdot e^{-st}dt = 1 \tag{2-39}$$

从式 (2-38) 和式 (2-39) 可以看出，单位脉冲函数在 $t = 0$ 时刻有无穷的跳跃变化。实质上，单位脉冲函数在 [0^-、0^+] 区间内取 0^- 时刻的拉氏变换更为恰当。在 0^- 以前，外作用还没有作用于系统，此时系统所处的初始状态很容易确定。在 0^- 以后，就认为系统开始工作，控制过程也就开始了。因此，**以后不加声明均认为单位脉冲函数的拉氏变换为 1**。

运用前面的定理及典型函数的拉氏变换，已经可以对本书中的一些复杂函数的拉氏变换进行简化运算，下面举一些例题对此进行说明。

【例 2-7】 已知 $f(t) = A$，求 $F(s)$，这里 A 是常数。

解： 因为 A 是常数，所以 $f(t) = A \cdot 1(t)$，根据线性定理则有

$$F(s) = L[A \cdot 1(t)] = AL[1(t)] = \frac{A}{s}$$

【例 2-8】 已知 $f(t) = t-\tau$，且 $t \geq \tau$，求 $F(s)$。

解： 根据实域位移定理则有

$$F(s) = L[(t-\tau) \cdot 1(t-\tau)] = \frac{e^{-\tau s}}{s^2}$$

【例 2-9】 求 $f(t) = e^{-\alpha t}\sin\omega t$ 的拉氏变换。

解： 根据复域位移定理则有

$$F(s) = L[e^{-\alpha t}\sin\omega t] = \frac{\omega}{(s+\alpha)^2 + \omega^2}$$

4. 拉氏反变换 我们将拉氏变换的逆运算

$$f(t) = L^{-1}[F(s)] = \frac{1}{2\pi j}\int_{\sigma-j\infty}^{\sigma+j\infty} F(s)e^{st}ds \tag{2-40}$$

称为拉氏反变换。式（2-40）为复变函数，很难直接计算。该式一般作为拉氏反变换的数学定义，而在实际应用中求拉氏反变换常常采用的方法是：先将 $F(s)$ 分解为一些简单的有理分式函数之和，这些函数基本上都是前面介绍过的典型函数形式；由于拉氏变换和反变换是一一对应的，所以通过反查就可得到原函数。根据这个思路，展开以下讨论。

设 $F(s)$ 的一般表达式为（通常都是 s 的有理分式函数）

$$F(s) = \frac{B(s)}{A(s)} = \frac{b_0 s^m + b_1 s^{m-1} + \cdots + b_{m-1}s + b_m}{s^n + a_1 s^{n-1} + \cdots + a_{n-1}s + a_n} \tag{2-41}$$

式中，a_1、$a_2\cdots a_n$ 以及 b_0、b_1、$b_2\cdots b_m$ 为实数；m、n 为正数，且 $m<n$。

将式（2-41）进行因式分解，并根据其分母的根，分为以下两种情况来讨论。

（1）$F(s)$ 中分母 $A(s)$ 具有不同的根 $-p_i(i=1, 2, \cdots, n)$ 时，式（2-41）可展开为

$$F(s) = \frac{B(s)}{A(s)} = \frac{C_1}{s+p_1} + \frac{C_2}{s+p_2} + \cdots + \frac{C_n}{s+p_n} \tag{2-42}$$

或者

$$F(s) = \sum_{i=1}^{n} \frac{C_i}{s+p_i} \tag{2-43}$$

其中各系数可根据下式求得：

$$C_i = \lim_{s \to -p_i}(s+p_i)F(s) \tag{2-44}$$

或者

$$C_i = \frac{B(s)}{A'(s)}\bigg|_{s=-p_i} \tag{2-45}$$

等所有的系数 C_i 都利用式（2-44）或式（2-45）确定后，由拉氏反变换即可得到原函数的时域表达式

$$f(t) = L^{-1}[F(s)] = L^{-1}\left[\sum_{i=1}^{n}\frac{C_i}{s+p_i}\right] = \sum_{i=1}^{n} C_i e^{-p_i t} \tag{2-46}$$

下面举一些例子来说明上述公式的使用方法。

【例 2-10】 已知 $F(s) = \dfrac{s+5}{s^2+4s+3}$，求其拉氏反变换。

解： 将 $F(s)$ 进行因式分解后得到

$$F(s) = \frac{s+5}{(s+3)(s+1)} = \frac{C_1}{s+3} + \frac{C_2}{s+1}$$

接下来是确定两个待定系数，利用式（2-44）

$$C_1 = \lim_{s \to -3}(s+3)F(s) = \lim_{s \to -3}\frac{s+5}{s+1} = -1$$

$$C_2 = \lim_{s \to -1}(s+1)F(s) = \lim_{s \to -1}\frac{s+5}{s+3} = 2$$

除了上面介绍的方法还可以使用解系数方程的方法

$$F(s) = \frac{s+5}{(s+3)(s+1)} = \frac{C_1}{s+3} + \frac{C_2}{s+1} = \frac{(C_1+C_2)s + C_1 + 3C_2}{(s+3)(s+1)}$$

得到系数方程

$$\begin{cases} C_1 + C_2 = 1 \\ C_1 + 3C_2 = 5 \end{cases}$$

解该方程得到 $\begin{cases} C_1 = -1 \\ C_2 = 2 \end{cases}$，与前面得到的结果相同。

这时有

$$F(s) = \frac{s+5}{(s+3)(s+1)} = -\frac{1}{s+3} + \frac{2}{s+1}$$

将上式进行拉氏反变换得到

$$f(t) = 2e^{-t} - e^{-3t}$$

【例 2-11】 已知 $F(s) = \dfrac{s^2 + 5s + 8}{s^2 + 4s + 3}$，求其拉氏反变换。

解： 将 $F(s)$ 进行因式分解后得到

$$F(s) = 1 + \frac{s+5}{(s+3)(s+1)} = 1 + \frac{C_1}{s+3} + \frac{C_2}{s+1}$$

可见后一项如【例 2-10】所示，这时有

$$F(s) = 1 + \frac{s+5}{(s+3)(s+1)} = 1 - \frac{1}{s+3} + \frac{2}{s+1}$$

将上式进行拉氏反变换得到

$$f(t) = \delta(t) + 2e^{-t} - e^{-3t}$$

【例 2-12】 已知 $F(s) = \dfrac{s+3}{s^2 + 2s + 2}$，求其拉氏反变换。

解： 将 $F(s)$ 进行因式分解后得到

$$F(s) = \frac{s+3}{(s+1-j)(s+1+j)} = \frac{C_1}{s+1-j} + \frac{C_2}{s+1+j}$$

接下来是确定两个待定系数，利用式（2-44）

$$C_1 = \lim_{s \to -1+j}(s+1-j) \cdot F(s) = \lim_{s \to -1+j}\frac{s+3}{s+1+j} = \frac{2+j}{2j}$$

$$C_2 = \lim_{s \to -1-j}(s+1) \cdot F(s) = \lim_{s \to -1-j}\frac{s+3}{s+1-j} = -\frac{2-j}{2j}$$

将上式进行拉氏反变换得到

$$f(t) = \frac{2+j}{2j}e^{(-1+j)t} - \frac{2-j}{2j}e^{(-1-j)t}$$

$$= \frac{1}{2j}e^{-t}[(2+j)e^{jt} - (2-j)e^{-jt}]$$

根据欧拉公式得到

$$f(t) = \frac{1}{2j}e^{-t}[2\cos t + 4\sin t]j = e^{-t}(\cos t + 2\sin t)$$

除了上面介绍的方法，还可以使用复域位移定理来求其原函数

$$F(s) = \frac{s+3}{s^2+2s+2} = \frac{s+1}{(s+1)^2+1} + 2\frac{1}{(s+1)^2+1}$$

这时将上式进行拉氏反变换得到

$$f(t) = e^{-t}(\cos t + 2\sin t)$$

(2) $F(s)$ 中分母 $A(s)$ 含有重根时，如 $-p_1$ 的 m 重根，式（2-41）可展开

$$F(s) = \frac{B(s)}{A(s)} = \frac{C_m}{(s+p_1)^m} + \frac{C_{m-1}}{(s+p_1)^{m-1}} + \cdots + \frac{C_1}{s+p_1} + \frac{C_{m+1}}{s+p_{m+1}} + \cdots + \frac{C_n}{s+p_n} \quad (2\text{-}47)$$

式中，$C_{m+1}\cdots C_n$ 为其中不重根部分的待定系数，可按照式（2-44）或式（2-45）来计算；而 $C_1\cdots C_m$ 为重根系数，可根据下式求得：

$$C_m = \lim_{s \to -p_1}(s+p_1)^m \cdot F(s)$$

$$C_{m-1} = \lim_{s \to -p_1}\frac{d}{ds}[(s+p_1)^m \cdot F(s)] \quad (2\text{-}48)$$

$$\vdots$$

$$C_{m-j} = \frac{1}{j!}\lim_{s \to -p_1}\frac{d^j}{ds^j}[(s+p_1)^m \cdot F(s)] \quad (2\text{-}49)$$

$$\vdots$$

$$C_1 = \frac{1}{(m-1)!}\lim_{s \to -p_1}\frac{d^{(m-1)}}{ds^{(m-1)}}[(s+p_1)^m \cdot F(s)] \quad (2\text{-}50)$$

等所有的系数 C_i 都确定后，由拉氏反变换即可得到原函数的时域表达式

$$f(t) = L^{-1}[F(s)]$$

$$= L^{-1}\left[\frac{C_m}{(s+p_1)^m} + \frac{C_{m-1}}{(s+p_1)^{m-1}} + \cdots + \frac{C_1}{s+p_1} + \frac{C_{m+1}}{s+p_{m+1}} + \cdots + \frac{C_n}{s+p_n}\right]$$

$$= \left[\frac{C_m}{(m-1)!}t^{m-1} + \frac{C_{m-1}}{(m-2)!}t^{m-2} + \cdots + C_2 t + C_1\right]e^{-p_1 t} + \sum_{i=m+1}^{n}C_i e^{-p_i t}$$

$$(2\text{-}51)$$

下面举例说明。

【例2-13】 已知 $F(s) = \dfrac{s+2}{s(s+1)^2(s+3)}$，求原函数 $f(t)$。

解：将 $F(s)$ 进行因式分解后得到

$$F(s) = \frac{C_2}{(s+1)^2} + \frac{C_1}{s+1} + \frac{C_3}{s} + \frac{C_4}{s+3}$$

接下来是确定 4 个待定系数，利用式（2-44）和式（2-48）~式（2-51）可得

$$C_3 = \lim_{s \to 0} s \cdot F(s) = \lim_{s \to 0} \frac{s+2}{(s+1)^2(s+3)} = \frac{2}{3}$$

$$C_4 = \lim_{s \to -3} (s+3) \cdot F(s) = \lim_{s \to -3} \frac{s+2}{s(s+1)^2} = \frac{1}{12}$$

$$C_2 = \lim_{s \to -1} (s+1)^2 \cdot F(s) = \lim_{s \to -1} \frac{s+2}{s(s+3)} = -\frac{1}{2}$$

$$C_1 = \lim_{s \to -1} \frac{\mathrm{d}}{\mathrm{d}s} (s+1)^2 \cdot F(s) = \lim_{s \to -1} \frac{\mathrm{d}}{\mathrm{d}s}\left[\frac{s+2}{s(s+3)}\right] = -\frac{3}{4}$$

或者也可以使用解系数方程的方法，得到系数方程

$$\begin{cases} C_1 + C_3 + C_4 = 0 \\ C_2 + 4C_1 + 5C_3 + 2C_4 = 0 \\ 3C_2 + 3C_1 + 7C_3 + C_4 = 1 \\ 3C_2 = 2 \end{cases}$$

解该方程得到与前面相同结果。将所求得的系数代入 $F(s)$ 中

$$F(s) = -\frac{1}{2} \cdot \frac{1}{(s+1)^2} - \frac{3}{4} \cdot \frac{1}{s+1} + \frac{2}{3} \cdot \frac{1}{s} + \frac{1}{12} \cdot \frac{1}{s+3}$$

这时将上式进行反拉氏变换得到

$$f(t) = -\frac{1}{2} t e^{-t} - \frac{3}{4} e^{-t} + \frac{2}{3} + \frac{1}{12} e^{-3t}$$

5. 用拉氏变换求解系统微分方程或方程组　求解步骤如下：

1）将系统微分方程进行拉氏变换，得到以 s 为变量的变换方程。
2）解出变换方程，即求出被控量的拉氏变换表达式。
3）将被控量的象函数展开成部分分式表达式。
4）对该部分分式表达式进行拉氏反变换，就得出了微分方程的解，即被控量的时域表达式。

下面举例说明。

【例2-14】 已知系统微分方程为 $T \dfrac{\mathrm{d}U_c(t)}{\mathrm{d}t} + U_c(t) = U_r(t)$，其中 T 为时间常数，$U_r(t)$、$U_c(t)$ 分别为系统的输入、输出量，已知 $U_r(t) = \delta(t)$，$U_c(t)$ 在 $t=0$ 时刻的各阶导数均为零。求系统的输出 $U_c(t)$。

解：对该系统的微分方程进行拉氏变换得到

$$TsU_c(s) + U_c(s) = U_r(s) = 1$$

输出量的拉氏变换表达式为

$$U_c(s) = \frac{1}{Ts+1}$$

所以

$$U_c(t) = L^{-1}\left[\frac{1/T}{s+1/T}\right] = \frac{1}{T}e^{-\frac{t}{T}}$$

【例 2-15】 已知系统微分方程为

$$\frac{d^2 x_c(t)}{dt^2} + 2\frac{dx_c(t)}{dt} + 2x_c(t) = \delta(t)$$

$x_c(t)$ 在 $t=0$ 时刻的各阶导数均为零。求系统的输出 $x_c(t)$。

解： 对该系统的微分方程进行拉氏变换得到

$$s^2 X_c(s) + 2s X_c(s) + 2X_c(s) = 1$$

输出量的拉氏变换表达式为

$$X_c(s) = \frac{1}{s^2 + 2s + 2} = \frac{1}{(s+1)^2 + 1}$$

运用复域位移定理求出系统的输出为

$$x_c(t) = L^{-1}[X_c(s)] = e^{-t}\sin t$$

2.2 传递函数

应用上面一节中介绍的方法可以得到线性定常微分方程的全解，即系统在确定初始条件、输入量的情况下，可以求出其输出的响应表达式，并可以绘出其时间响应曲线，由曲线的特征可直观地反映出系统控制的整个动态过程。但如果系统结构、参数发生变化时，则系统对应的微分方程及其解就要随之变化，我们不得不重新计算以分析系统结构、参数对动态响应的影响。而且随着微分方程的阶次的升高，计算也越复杂。因而，仅仅用微分方程这一动态数学模型来分析设计系统就比较困难。

在用拉氏变化法求解微分方程时，能把以线性微分方程对系统进行描述的动态数学模型转化为控制系统在复数 s 域的数学模型——传递函数。这种数学模型不是直接求取微分方程的解，而是间接地分析系统结构、参数对系统动态响应的影响，并由此发展出在经典控制理论中所广泛使用的分析设计系统的方法——频域法和根轨迹法。

2.2.1 传递函数的概念

1. 传递函数的定义 在【例 2-6】中建立的位置随动系统的微分方程，如下式所示：

$$J\frac{d^2\theta_c}{dt^2} + F\frac{d\theta_c}{dt} + K\theta_c = K\theta_r$$

设初值 $\theta_c(0) = \theta_c'(0) = 0$，则对上式进行拉氏变换得到

$$Js^2\theta_c(s) + Fs\theta_c(s) + K\theta_c(s) = K\theta_r(s)$$

$$(Js^2 + Fs + K)\theta_c(s) = K\theta_r(s)$$

$$\theta_c(s) = \frac{K}{Js^2 + Fs + K}\theta_r(s) \tag{2-52}$$

式中，等式左端是输出量的拉氏变换；等式的右边分为两部分：$\theta_r(s)$是输入量的拉氏变换，$\frac{K}{Js^2 + Fs + K}$则是该随动系统的结构、参数的体现，令 $G(s) = \frac{K}{Js^2 + Fs + K}$。将式（2-52）改写成以下形式：

$$G(s) = \frac{\theta_c(s)}{\theta_r(s)} = \frac{K}{Js^2 + Fs + K} \tag{2-53}$$

或

$$\theta_c(s) = G(s) \cdot \theta_r(s) \tag{2-54}$$

如果 $\theta_r(s)$ 不变（当然，这里是随动系统，但是仍然能将变化的输入量分成若干个命令段，在某一个段内，其输入保持不变），则输出量——尾舵的转角完全由 $G(s)$ 的形式决定。可见，$G(s)$ 反映的是自控系统本身的动态本质，在自动控制原理中称 $G(s)$ 为系统或元部件的传递函数。

输入量、输出量与传递函数三者之间的关系还可以用图 2-7 来形象地表示。输入量经 $G(s)$ 作用后传递到输出。对于具体的控制系统，将求得的传递函数写在方框中，形成了该系统的传递函数框图，又称作结构图。

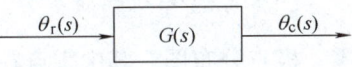

图 2-7　传递函数的框图

根据上面的说明，对传递函数作出以下定义：**线性定常系统在零初始条件下，系统输出量的拉氏变换与输入量的拉氏变换之比，即为传递函数。**

设线性定常系统由下述 n 阶线性常微分方程描述：

$$a_n \frac{d^n}{dt^n} c(t) + a_{n-1} \frac{d^{n-1}}{dt^{n-1}} c(t) + \cdots + a_1 \frac{d}{dt} c(t) + a_0 c(t)$$

$$= b_m \frac{d^m}{dt^m} r(t) + b_{m-1} \frac{d^{m-1}}{dt^{m-1}} r(t) + \cdots + b_1 \frac{d}{dt} r(t) + b_0 r(t) \tag{2-55}$$

式中，$c(t)$ 是系统输出量；$r(t)$ 是系统输入量；$a_i(i = 0, 1, 2, \cdots, n)$ 和 $b_j(j = 0, 1, 2, \cdots, m)$ 是由系统结构、参数决定的常数。

设系统为零初始条件，则对上式中各项分别求拉氏变换，且 $C(s) = L[c(t)]$，$R(s) = L[r(t)]$，可得 s 的代数方程为

$$a_n s^n C(s) + a_{n-1} s^{n-1} C(s) + \cdots + a_1 s C(s) + a_0 C(s)$$

$$= b_m s^m R(s) + b_{m-1} s^{m-1} R(s) + \cdots + b_1 s R(s) + b_0 R(s) \tag{2-56}$$

即

$$(a_n s^n + a_{n-1} s^{n-1} + \cdots + a_1 s + a_0) C(s)$$

$$= (b_m s^m + b_{m-1} s^{m-1} + \cdots + b_1 s + b_0) R(s) \tag{2-57}$$

由式（2-57）可以得出系统的传递函数

$$G(s) = \frac{C(s)}{R(s)} = \frac{b_m s^m + b_{m-1} s^{m-1} + \cdots + b_1 s + b_0}{a_n s^n + a_{n-1} s^{n-1} + \cdots + a_1 s + a_0} \tag{2-58}$$

也可以表示为

$$G(s) = \frac{C(s)}{R(s)} = \frac{M(s)}{N(s)} \tag{2-59}$$

式中，

$$M(s) = b_m s^m + b_{m-1} s^{m-1} + \cdots + b_1 s + b_0$$
$$N(s) = a_n s^n + a_{n-1} s^{n-1} + \cdots + a_1 s + a_0$$

2. 传递函数的零、极点分布图 将式（2-58）进行因式分解，可以写为

$$G(s) = \frac{C(s)}{R(s)} = \frac{K(s+z_1)(s+z_2)\cdots(s+z_m)}{(s+p_1)(s+p_2)\cdots(s+p_n)} \tag{2-60}$$

式中，$-z_i (i=1, 2, \cdots, m)$ 是传递函数中分子多项式的根，称为传递函数的零点；$-p_j (j=1, 2, \cdots, n)$ 是传递函数中分母多项式的根，称为传递函数的极点。极点是微分方程的特征根，决定了所描述系统自由运动的形态。

将传递函数的零、极点同时表示在一个复平面所得到的图形称为传递函数的零、极点分布图。

图 2-8 所示为 $G(s) = \dfrac{(s+1)(s+2)}{(s+3)(s^2+2s+2)}$ 的零、极点分布图。其中零点在图中用"○"表示；极点在图中用"×"表示。

如果分布图中零、极点相距很近或零、极点重合，则该零、极点对系统的动态影响可以忽略；零点距极点的距离越远或极点离虚轴越近，该极点对系统的动态影响越大。

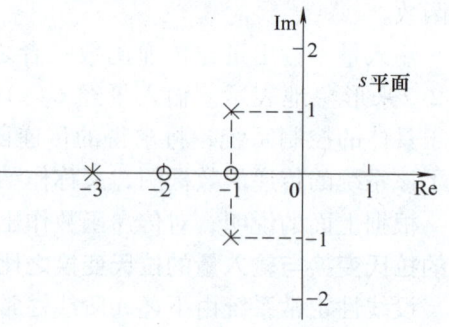

图 2-8 $G(s)$ 的零、极点分布图

3. 关于传递函数的几点说明

（1）传递函数是复变量 s 的有理真分式函数，且 $m \leq n$，因此传递函数的概念只适用于自动控制系统中的线性定常系统。

（2）传递函数取决于系统或元部件的结构及参数，与输入量的物理特性无关，并且和微分方程中各项对应相等，它是系统的动态数学模型的另一种形式。

（3）实际工程中，许多不同的物理系统具有完全相同的传递函数，所以传递函数只描述了输出与输入之间的关系，并不提供任何有关该系统的物理结构。

（4）一个传递函数只适用于单输入、单输出系统，因而信号在传递过程中的中间变量是无法反映出来的。如果面临的是多输入、多输出的系统，需要用传递函数阵来表示。

（5）对于系统未知的传递函数，可通过给系统加上已知特性的输入，再对其输出进行研究，从而得到该系统传递函数，并可以给出其动态特性的完整描述。

（6）传递函数的拉氏反变换是系统对应的脉冲响应

$$R(s) = L[\delta(t)] = 1$$
$$C(s) = G(s)R(s) = G(s)$$
$$g(t) = L^{-1}[C(s)] = L^{-1}[G(s)]$$

式中，$g(t)$ 表示系统的脉冲响应。

2.2.2 典型环节的传递函数

实际控制系统中，要建立系统的传递函数，必须先知道其中各元部件的传递函数。虽然不同系统的组成各不相同，其元部件的物理特性也不尽相同，但是当它们的传递函数有相同形式时，就意味着它们的动态特性也相类似。因此按照元部件的特征，可以抽象出以下几种典型环节。

1. 比例（放大）环节　比例（放大）环节也称作无惯性环节，其传递函数如下（K 为系统或元部件的增益）

$$G(s) = K \qquad (2\text{-}61)$$

特点是输入、输出量成比例，无失真和时间延迟。

（1）电位器对。图 2-9 所示为一个由电位器对组成的角度误差检测器。K 表示电刷单位转角对应的输出电压，常称作电位器的灵敏度。$\Delta\theta(t) = \theta_1(t) - \theta_2(t)$ 是两个电位器电刷角位移之差，常称作误差角，则两电刷间的电位差为

$$u(t) = K[\theta_1 - \theta_2] = K\Delta\theta$$

将上式进行拉氏变换即得到

$$U(s) = K[\Theta_1(s) - \Theta_2(s)] = K\Delta\Theta(s)$$

那么该元件的传递函数为

$$G(s) = \frac{U(s)}{\Delta\Theta(s)} = K$$

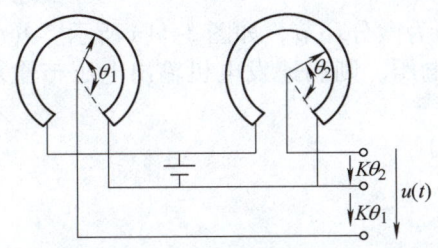

图 2-9　角度误差检测器

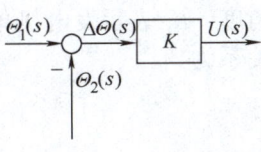

图 2-10　角度误差检测器传递函数框图

同时，角度误差检测器的传递函数框图如图 2-10 所示。

（2）永磁式测速发电机。如图 2-11a 所示，$\omega(t)$ 表示转子角速度，K_t 表示发电机单位角速度的输出电压。则测速发电机输出电压与输入角速度之间的关系为

$$u(t) = K_t \omega(t)$$

进行拉氏变换得到

$$U(s) = K_t \Omega(s)$$

那么该元件的传递函数为

$$G(s) = \frac{U(s)}{\Omega(s)} = K_t$$

同时，测速发电机传递函数框图如图 2-11b 所示。

（3）运算放大器。如图 2-12a 所示，$K = \dfrac{R_2}{R_1}$ 表示运放的比例系数，则运放的输出电压与

输入电压之间的关系为

$$u_c(t) = K u_r(t)$$

进行拉氏变换得到

$$U_c(s) = K U_r(s)$$

那么该元件的传递函数为

$$G(s) = \frac{U_c(s)}{U_r(s)} = K$$

运算放大器传递函数框图如图 2-12b 所示。

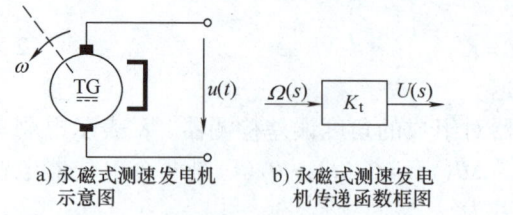

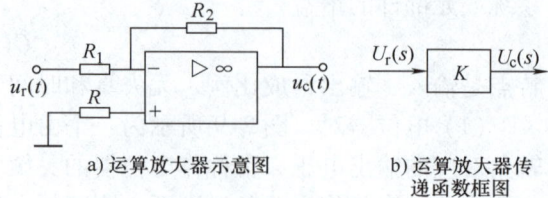

图 2-11　永磁式测速发电机控制图　　　　图 2-12　运算放大器

（4）电阻。如设其输出电压的象函数为 $U(s)$，输入电流的象函数为 $I(s)$，则其传递函数为 $G(s) = U(s)/I(s) = R = K$，可见它也是一个比例环节。

2. 微分环节　微分环节是自控系统中常用的环节之一，其特点是输出量为输入量的微分，所以输出量能预示输入信号的变化趋势。理想微分环节的传递函数为

$$G(s) = Ks \tag{2-62}$$

（1）测速发电机当输入量取角度时的传递函数即为微分环节，如图 2-11a 所示。$\theta(t)$ 表示转子旋转角度，K_t 表示发电机单位角速度的输出电压。则测速发电机输出电压与输入角速度之间的关系为

$$u(t) = K_t \frac{d\theta(t)}{dt}$$

进行拉氏变换得到

$$U(s) = K_t s \Theta(s)$$

那么该元件的传递函数为

$$G(s) = \frac{U(s)}{\Theta(s)} = K_t s$$

测速发电机传递函数框图如图 2-13 所示。

（2）比例微分调节器。实际应用中的微分环节带有惯性，是无法满足理想条件的，其实际传递函数的形式如图 2-14a 所示。

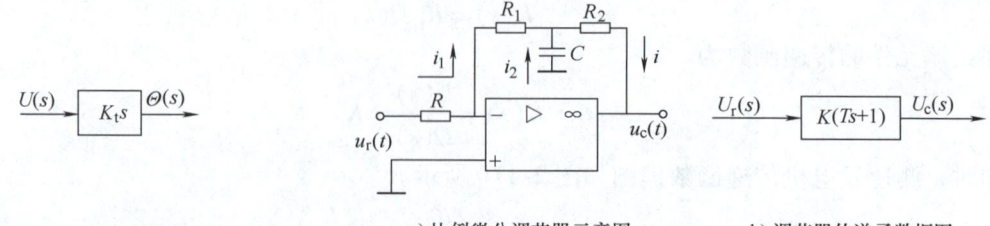

图 2-13　测速发电机传递函数框图　　　　图 2-14　比例微分调节器

根据电路的基本定律得到以下方程组：

$$u_r(t) = i_1(t)R$$

$$i_1(t)R_1 = \frac{1}{C}\int i_2(t)\mathrm{d}t$$

$$i(t) = i_1(t) + i_2(t)$$

$$u_c(t) = [i(t)R_2 + i_1(t)R_1]$$

消去中间变量，得到输出电压与输入电压之间的关系如下：

$$u_c(t) = KT\frac{\mathrm{d}u_r(t)}{\mathrm{d}t} + Ku_r(t)$$

式中，$K = \frac{R_1 + R_2}{R}$ 表示该环节的比例系数；$T = \frac{R_1 R_2 C}{R_1 + R_2}$ 表示该环节的微分时间常数。

进行拉氏变换得到

$$U_c(s) = K(Ts+1)U_r(s)$$

那么该元件的传递函数为

$$G(s) = \frac{U_c(s)}{U_r(s)} = K(Ts+1)$$

同时，比例微分调节器传递函数框图如图2-14b所示。

（3）电感。如设其输入电压的象函数为 $U_L(s)$，输出电流的象函数为 $I_L(s)$，则其传递函数为 $G(s) = I_L(s)/U_L(s) = Ls$，可见它也是一个微分环节。

3. 积分环节　积分环节的特点是输出量为输入量的积分，当输入消失，输出具有记忆功能，其传递函数为

$$G(s) = \frac{K}{s} \text{ 或 } G(s) = \frac{1}{Ts} \tag{2-63}$$

（1）积分调节器。如图2-15a所示，$T = \frac{1}{K} = RC$ 表示积分调节器的时间常数，则输出电压与输入电压之间的关系为

$$u_c(t) = \frac{1}{RC}\int u_r(t)\mathrm{d}t$$

$$= \frac{1}{T}\int u_r(t)\mathrm{d}t = K\int u_r(t)\mathrm{d}t$$

进行拉氏变换得到

$$U_c(s) = \frac{1}{Ts}U_r(s) = \frac{K}{s}U_r(s)$$

那么该元件的传递函数为

$$G(s) = \frac{U_c(s)}{U_r(s)} = \frac{1}{Ts} = \frac{K}{s}$$

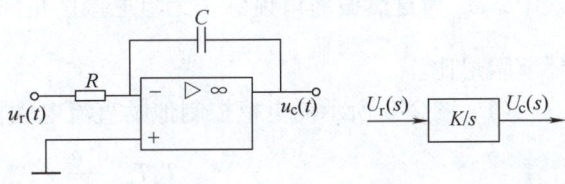

a) 积分调节器示意图　　b) 积分调节器传递函数框图

图2-15　积分调节器

积分调节器传递函数框图如图2-15b所示。

（2）电容。如设其输出电压的象函数为 $U_c(s)$，输入电流的象函数为 $I_c(s)$，则其传递

函数为 $G(s) = U_c(s)/I_c(s) = 1/(Cs) = K/s$，所以它也是一个积分环节。

4. 惯性环节　惯性环节含有一个储能元件，因而对突变的输入其输出不能立即复现，但输出是无振荡的。其传递函数为

$$G(s) = \frac{K}{Ts+1} \tag{2-64}$$

（1）图 2-3 所示的电枢控制他励直流电动机，当忽略电枢电感时，式（2-5）即变为

$$T_m \frac{dn}{dt} + n = \frac{1}{C_e} U_a$$

进行拉氏变换得到：$(T_m s + 1) N(s) = \dfrac{1}{C_e} U_a(s)$

那么该元件的传递函数为

$$G(s) = \frac{U_a(s)}{N(s)} = \frac{1/C_e}{T_m s + 1} = \frac{K}{T_m s + 1}$$

（2）电阻炉。在【例 2-4】中，当在电阻丝上施加的输入电压为 U_r，电阻炉的温度为 T_1（℃）时，根据【例 2-4】的结果可得其动态微分方程为

$$T \frac{dT_1}{dt} + T_1 = K U_r$$

取拉氏变换得

$$(Ts + 1) T_1(s) = K U_r(s)$$

电阻炉的传递函数为

$$G(s) = \frac{T_1(s)}{U_r(s)} = \frac{K}{Ts+1}$$

可见电阻炉是一个惯性环节

5. 振荡环节　振荡环节包含两个独立的储能元件，能量在这两种元件间互相传递，因而其输出出现振荡。令 $\omega_n = 1/T$，该环节的传递函数为

$$G(s) = \frac{1}{T^2 s^2 + 2\xi T s + 1} = \frac{\omega_n^2}{s^2 + 2\xi \omega_n s + \omega_n^2} \tag{2-65}$$

式中，ω_n 为自然振荡角频率（无阻尼振荡角频率）；$T = \dfrac{1}{\omega_n}$ 为振荡环节时间常数；ξ 为振荡环节阻尼比。

（1）图 2-3 所示的电枢控制他励直流电动机的动态数学模型为

$$T_d T_m \frac{d^2 n}{dt^2} + T_m \frac{dn}{dt} + n = \frac{1}{C_e} U_a$$

进行拉氏变换得到　$(T_d T_m s^2 + T_m s + 1) N(s) = \dfrac{1}{C_e} U_a(s)$

那么该元件的传递函数为

$$G(s) = \frac{N(s)}{U_a(s)} = \frac{1/C_e}{T_d T_m s^2 + T_m s + 1}$$

如果令 $\xi = \dfrac{1}{2}\sqrt{\dfrac{T_\mathrm{m}}{T_\mathrm{d}}}$，$\omega_\mathrm{n} = \dfrac{1}{\sqrt{T_\mathrm{d}T_\mathrm{m}}}$，$K = \dfrac{1}{C_\mathrm{e}}$，则上式变为

$$G(s) = \dfrac{N(s)}{U_a(s)} = K\dfrac{\omega_\mathrm{n}^2}{s^2 + 2\xi\omega_\mathrm{n}s + \omega_\mathrm{n}^2}$$

（2）RLC 振荡电路如图 2-16a 所示。

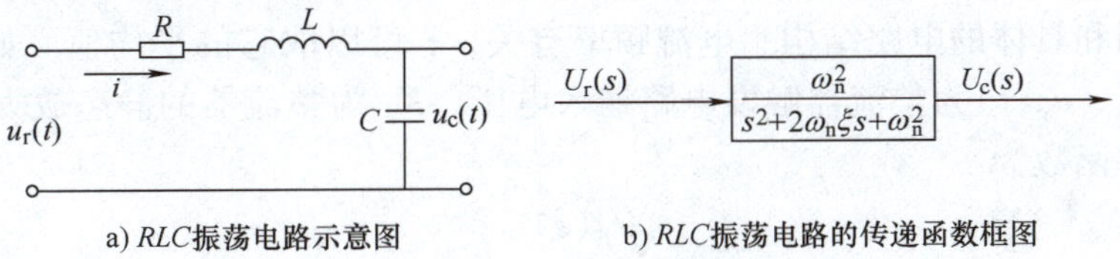

图 2-16　RLC 振荡电路

根据电路的基本定律得到以下方程：

$$u_\mathrm{r}(t) - RC\dfrac{\mathrm{d}u_\mathrm{c}(t)}{\mathrm{d}t} - LC\dfrac{\mathrm{d}^2 u_\mathrm{c}(t)}{\mathrm{d}t^2} = u_\mathrm{c}(t)$$

整理后得到输出电压与输入电压之间的关系如下：

$$T_\mathrm{L}T_\mathrm{C}\dfrac{\mathrm{d}^2 u_\mathrm{c}(t)}{\mathrm{d}t^2} + T_\mathrm{C}\dfrac{\mathrm{d}u_\mathrm{c}(t)}{\mathrm{d}t} + u_\mathrm{c}(t) = u_\mathrm{r}(t)$$

式中，$T_\mathrm{L} = \dfrac{L}{R}$、$T_\mathrm{C} = RC$ 表示该环节的两个惯性时间常数。

进行拉氏变换得到

$$(T_\mathrm{L}T_\mathrm{C}s^2 + T_\mathrm{C}s + 1)U_\mathrm{c}(s) = U_\mathrm{r}(s)$$

那么该元件的传递函数为

$$G(s) = \dfrac{U_\mathrm{c}(s)}{U_\mathrm{r}(s)} = \dfrac{1}{T_\mathrm{L}T_\mathrm{C}s^2 + T_\mathrm{C}s + 1}$$

如果令 $\xi = \dfrac{R}{2}\sqrt{\dfrac{C}{L}}$，$\omega_\mathrm{n} = \dfrac{1}{\sqrt{LC}}$，则上式变为

$$G(s) = \dfrac{U_\mathrm{c}(s)}{U_\mathrm{r}(s)} = \dfrac{\omega_\mathrm{n}^2}{s^2 + 2\xi\omega_\mathrm{n}s + \omega_\mathrm{n}^2}$$

RLC 振荡电路的传递函数框图如图 2-16b 所示。

6. 延迟环节　延时环节也是线性环节，其特点是输出量在延迟一定的时间后方能准确复现输入量。其输出环节的时域表达式为 $c(t) = r(t-\tau)$，所以其传递函数为（其中 τ 为延迟环节的延迟时间）

$$G(s) = \mathrm{e}^{-\tau s} \quad (2\text{-}66)$$

（1）钢板厚度检测器就含有延迟环节，如图 2-17a 所示。

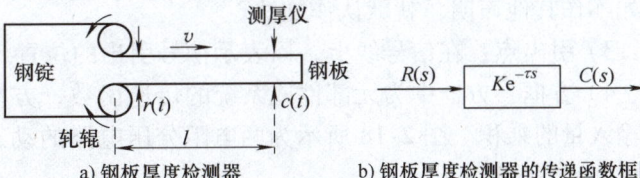

a) 钢板厚度检测器　　b) 钢板厚度检测器的传递函数框图

图 2-17　钢板厚度检测电路

从图 2-17a 中可以看出，测厚仪离轧辊有一段距离，因此必须经

过一定的时间延迟才能测得钢板的厚度，把这段延迟时间记作 τ（$\tau = l/v$），故
$$c(t) = r(t - \tau)$$
所以其传递函数为
$$G(s) = e^{-\tau s}$$
其框图如图 2-17b 所示。

（2）晶闸管整流装置也是一种延迟环节。整流器的输出电压与其控制角之间存在延迟时间，该延迟时间和具体的电路结构、电流频率有关，τ 可以取它的平均值。如果设 $u_d(t)$ 为整流器输出电压，$u_g(t)$ 为整流器触发电路输入电压，K_g 为整流器的静态放大倍数，则晶闸管整流器的传递函数为

$$G(s) = \frac{U_d(s)}{U_g(s)} = K_g e^{-\tau s}$$

其他的实例还有管道压力、流量等物理量的控制，其数学模型也含有延迟环节。

2.3 动态结构图与梅森公式

从上一节所讲的内容中可以发现，传递函数仅仅表示了输入、输出两个量之间的关系，而中间信号传递的过程却得不到体现，而且方程组越庞大，传递函数的求解越麻烦。为了既能直观地表示信号在各元部件中的传递过程，又能简化传递函数的求取过程，引入了另一种数学模型——动态结构图。

2.3.1 动态结构图

动态结构图是数学模型的图解化，它描述了组成系统的各元部件的特性及相互之间信号传递的关系，表达了系统中各变量所进行的运算。 动态结构图也常常称作框图，它能帮助我们了解信号传递过程中各个局部间的本质联系，以及元件参数对系统动态性能的影响，最后通过对结构图进行化简运算，可以得出系统的传递函数。

1. 动态结构图的组成 任何控制系统都是由相应的元部件组成的，如果在求取各元部件的传递函数时已经考虑了负载效应（元部件之间的相互作用），就可以用写有传递函数的方框来代替元部件，并根据信号在系统中的传递顺序及进行的运算，依次连接各方框，并完成相应的运算。因此，动态结构图可由以下 4 部分组成。

1）信号线：带有表示信号传递方向箭头的直线。一般在线上写明该信号的拉氏变换表达式。

2）综合点：也称为比较点或运算点，它完成两个以上信号的加减运算，以○表示。如果输入的信号带"＋"号，就执行加法；带"－"号就执行减法。通常"＋"可以省略，即如不作其他声明，就默认作加法。

3）引出点：在信号线上，以表示信号引出的位置。同一位置引出的信号性质相同。

4）方框：方框中为元部件或系统的传递函数，方框的输出量就等于方框内的传递函数与输入量的乘积。图 2-18 所示为两电阻分压电路的动态结构图，由图可知方框可以作为实现单向运算的算子。

2. 系统动态结构图的建立 下面举两个实例来说明如何建立系统的动态结构图。

【例2-16】 绘出图2-19所示的无源网络的动态结构图。

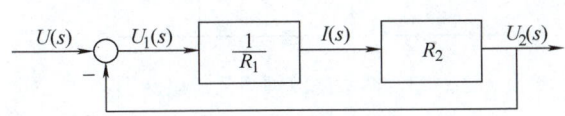

图2-18 两电阻分压电路动态结构图

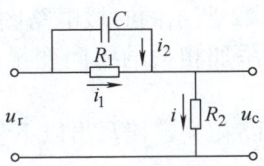

图2-19 无源网络电路图

解：在本例中，$u_r(t)$为输入量，$u_c(t)$为输出量。根据电路相关定律写出以下方程组：

$$\begin{cases} u_r(t) - u_c(t) = i_1(t)R_1 = \dfrac{1}{C}\int i_2(t)\,dt \\ u_c(t) = i(t)R_2 \\ i(t) = i_1(t) + i_2(t) \end{cases}$$

将上面的方程组进行拉氏变换，得到

$$\begin{cases} U_r(s) - U_c(s) = I_1(s)R_1 = \dfrac{1}{Cs}I_2(s) \\ U_c(s) = I(s)R_2 \\ I(s) = I_1(s) + I_2(s) \end{cases}$$

由方程组中第一个方程可以画出图2-20a所示的部分动态结构图，由第二个方程可以画出图2-20b所示的部分动态结构图，由第三个方程可以画出图2-20c所示的部分动态结构图。然后根据信号传递的方向及关系，画出该无源网络的动态结构图，如图2-21所示。

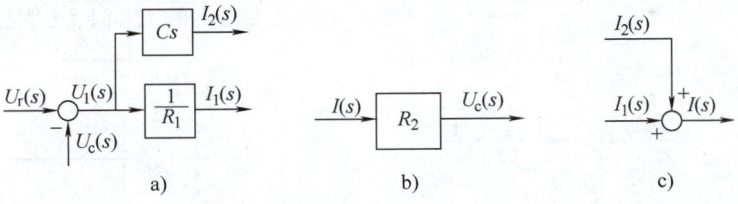

图2-20 无源网络动态结构图建立过程

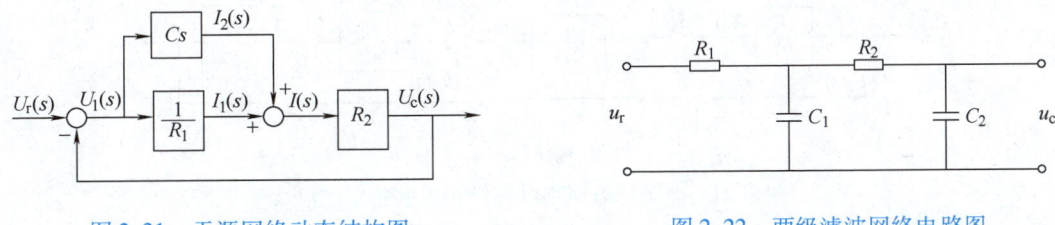

图2-21 无源网络动态结构图

图2-22 两级滤波网络电路图

【例2-17】 图2-22所示为两级滤波网络，试绘出其动态结构图。

解：对于这个电路，不能认为是两个单独的RC滤波电路的简单叠加，要注意在后一级电路中的电流对前一级电路的输出电压有影响（即负载效应），必须将它们作为一个整体来统一考虑。这里可以参照【例2-16】的解法，先列出其微分方程组，再进行拉氏变换，最后绘出动态结构图,在此不再重述。除此之外,还可采用运算阻抗的方法来解。

将图 2-22 所示的时域电路图转换为运算电路图,并添加相关的中间变量,如图 2-23 所示。

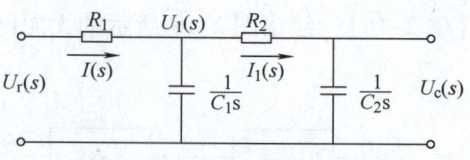

图 2-23 两级滤波网络复域电路图

按照电路相关定律写出以下复域方程组:

$$\begin{cases} U_r(s) - U_1(s) = I(s)R_1 \\ U_1(s) = \dfrac{1}{C_1 s}[I(s) - I_1(s)] \\ U_1(s) - U_c(s) = I_1(s)R_2 \\ U_c(s) = \dfrac{1}{C_2 s}I_1(s) \end{cases} \Rightarrow \begin{cases} I(s) = \dfrac{1}{R_1}[U_r(s) - U_1(s)] \\ U_1(s) = \dfrac{1}{C_1 s}[I(s) - I_1(s)] \\ I_1(s) = \dfrac{1}{R_2}[U_1(s) - U_c(s)] \\ U_c(s) = \dfrac{1}{C_2 s}I_1(s) \end{cases}$$

由方程组中第一个方程可以画出图 2-24a 所示部分动态结构图,由第二个方程可以画出图 2-24b 所示部分动态结构图,由第三个方程可以画出图 2-24c 所示部分动态结构图,由第四个方程可以画出图 2-24d 所示部分动态结构图,然后根据信号传递的方向及关系,画出该滤波网络的动态结构图,如图 2-24e 所示。

如果这两级滤波网络是通过隔离放大器进行连接的,如图 2-25 所示,则可以消除负载效应。这时的动态结构图可以由两个简单的网络结构图及隔离放大器连接组成,则其动态结构图如图 2-26 所示。

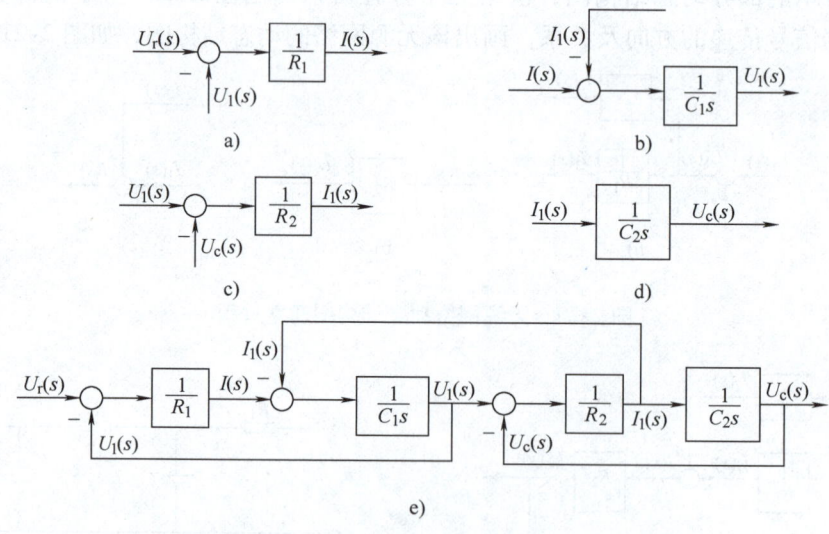

图 2-24 两级滤波网络动态结构图的建立过程

图 2-25 通过隔离放大器连接的两级滤波网络

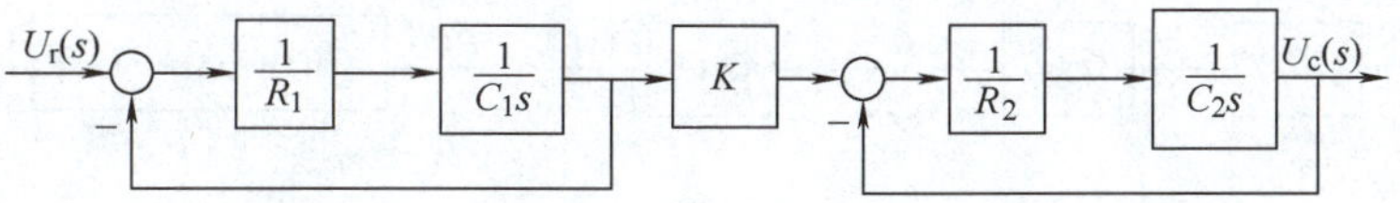

图 2-26　消除了负载效应后的两级滤波网络动态结构图

从上面的例题分析过程，总结得到系统动态结构图的建立步骤如下：

1）建立系统各元部件的微分方程，要**注意**：必须先明确系统的输入量和输出量，还要考虑相邻元件间的负载效应。如果使用的是运算法，则直接可以得到步骤2）的结果。

2）将得到的系统微分方程组进行拉氏变换。

3）按照各元部件的输入（放右端）、输出（放左端），对各方程进行一定的变换，并据此绘出各元部件的动态结构图。

4）最后按照系统中各变量传递顺序，依次将在步骤3）中得到的结构图进行连接，并将系统的输入量放在左端，输出量（被控量）放在右端，即可得到系统的动态结构图。

2.3.2　动态结构图的化简方法

从系统的动态结构图也能够得到系统的传递函数，为了方便地写出系统的传递函数，通常需要对结构图进行化简，即所谓的等效变换。等效变换的实质相当于对方程组消元。**结构图的等效变换必须遵守一个原则，即变换前后输入、输出之间的传递函数保持不变。**

1. 动态结构图的三种基本形式及其等效变换

（1）串联连接。各方框之间首尾相连，其特点是前一个方框的输出量就是后一个方框的输入量，如图2-27a所示。各传递函数所代表的元部件之间无负载效应。

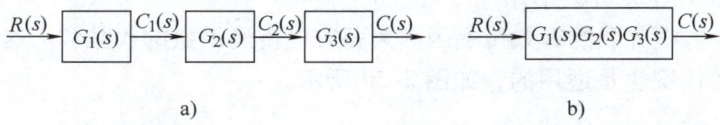

图 2-27　串联结构的等效变换

由图 2-27a 可以得到

$$C_1(s) = R(s)G_1(s)$$
$$C_2(s) = C_1(s)G_2(s)$$
$$C(s) = C_2(s)G_3(s)$$

所以

$$C(s) = G_1(s)G_2(s)G_3(s)R(s) = G(s)R(s)$$
$$G(s) = G_1(s)G_2(s)G_3(s)$$

等效变换后的框图如图 2-27b 所示。

上式表明三个方框串联的等效传递函数为各方框传递函数的乘积。这一结论推广到任意 n 个方框串联的情况也是适用的，其框图如图 2-28 所示。

可见，等效后系统总传递函数为

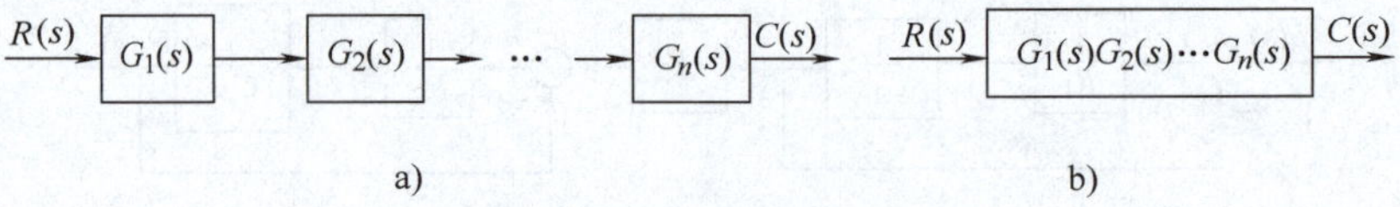

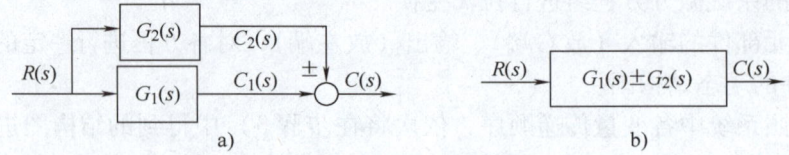

图 2-28 n 个方框串联的等效变换

$$G(s) = \prod_{i=1}^{n} G_i(s) \tag{2-67}$$

（2）并联连接。两个或多个具有同一输入的方框，其特点是以各方框输出的代数和作为其总输出，如图 2-29a 所示。

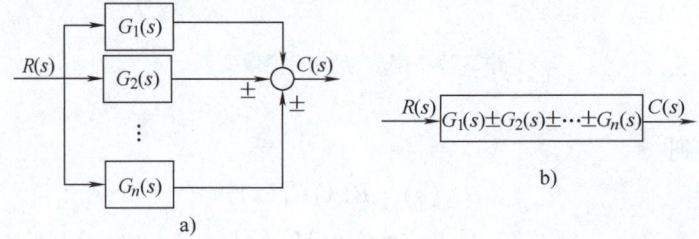

图 2-29 并联结构的等效变换

由图 2-29a 可以得到

$$C_1(s) = R(s)G_1(s)$$
$$C_2(s) = R(s)G_2(s)$$
$$C(s) = C_1(s) \pm C_2(s)$$

所以

$$C(s) = [G_1(s) \pm G_2(s)]R(s) = G(s)R(s)$$
$$G(s) = G_1(s) \pm G_2(s)$$

等效变换后的框图如图 2-29b 所示。

上式表明两个方框并联的等效传递函数为各方框传递函数的代数和。这一结论推广到任意 n 个方框并联的情况也是适用的，如图 2-30 所示。

图 2-30 n 个方框并联的等效变换

可见，等效后系统总传递函数为

$$G(s) = \sum_{i=1}^{n} G_i(s) \tag{2-68}$$

（3）反馈连接。一个方框的输出量作为另一个方框的输入量，且该方框的输出量又返回作为前一个方框的输入量之一，如图 2-31a 所示。其中 $H(s)$ 的输出量如果取 "$-$"，则称为负反馈连接；如果取 "$+$"，则称为正反馈连接。

由图 2-31a 可以得到

$$C(s) = [R(s) \mp C(s)H(s)]G(s)$$

所以 $C(s) = \dfrac{G(s)}{1 \pm G(s)H(s)} R(s) = \Phi(s)R(s)$

$$\Phi(s) = \dfrac{G(s)}{1 \pm G(s)H(s)} \quad (2\text{-}69)$$

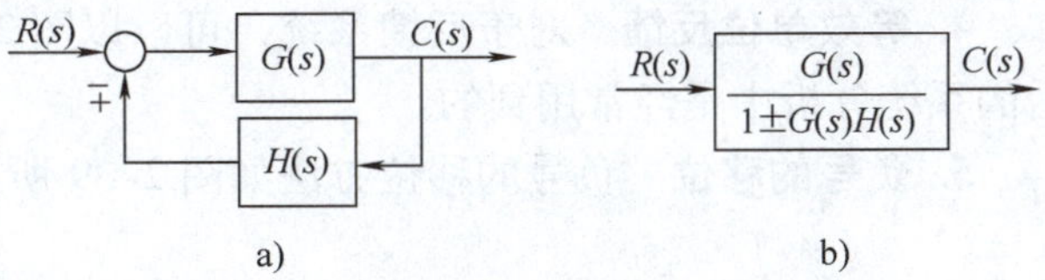

等效变换后的框图如图 2-31b 所示。

图 2-31 反馈结构的等效变换

恰当改变引出点和综合点的位置，可以消除结构图中的交错关系。有关引出点和综合点的移动需要首先明确一个"前"和"后"的关系。这里是按信号流向来定义"前""后"的，即信号沿信号线的流向从"前面"流向"后面"，而不是位置上的前后。还有一点要注意，在做位移时必须保证原有的变量关系不变。

2. 引出点的移动

（1）引出点的前移。引出点的前移方法如图 2-32 所示。

（2）引出点的后移。引出点的后移方法如图 2-33 所示。

（3）相邻引出点之间的互移。相邻的引出点之间可以互相移动，如图 2-34 所示。

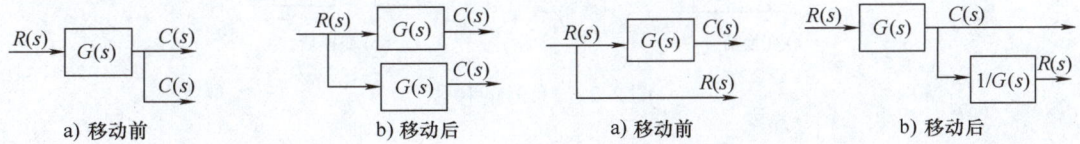

图 2-32 引出点的前移　　　　　　　　　　图 2-33 引出点的后移

3. 综合点的移动

（1）综合点的前移。综合点的前移方法如图 2-35 所示。

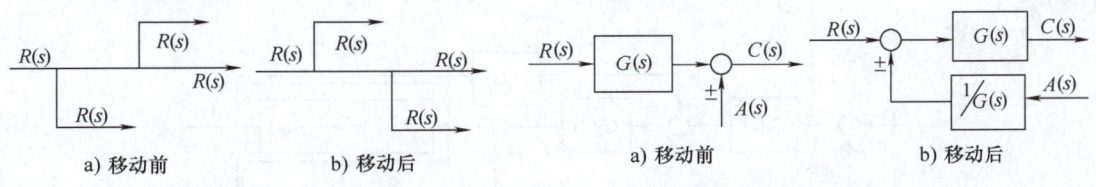

图 2-34 相邻引出点之间的互移　　　　　　图 2-35 综合点的前移

（2）综合点的后移。综合点的后移方法如图 2-36 所示。

（3）相邻综合点之间的互移。相邻的综合点之间可以互相移动，如图 2-37 所示。

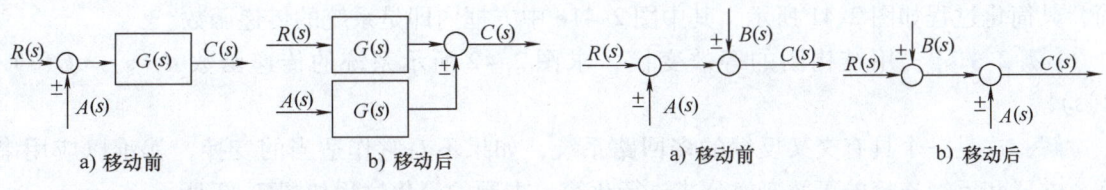

图 2-36 综合点的后移　　　　　　　　　　图 2-37 相邻综合点之间的互移

4. 等效单位反馈　对于反馈系统，可以以图 2-38 的方式将其转化为单位反馈。这在以后的系统分析中是经常用到的。

5. 负号的移位　负号的移位方法如图 2-39 所示。

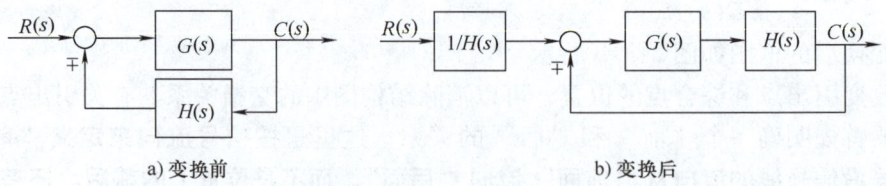

图 2-38　等效单位反馈

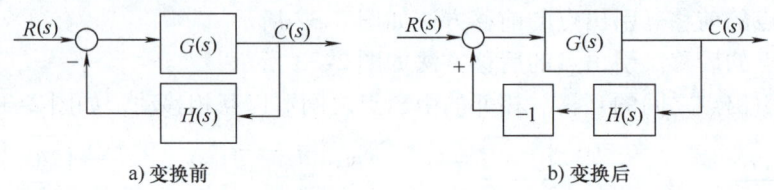

图 2-39　负号的移位

2.3.3　运用结构图的等效变换求系统的传递函数

下面以例题来说明运用结构图的变换求系统传递函数的方法。

【例 2-18】　用结构图的等效变换，求图 2-40 所示系统的传递函数 $\Phi(s) = C(s)/R(s)$。

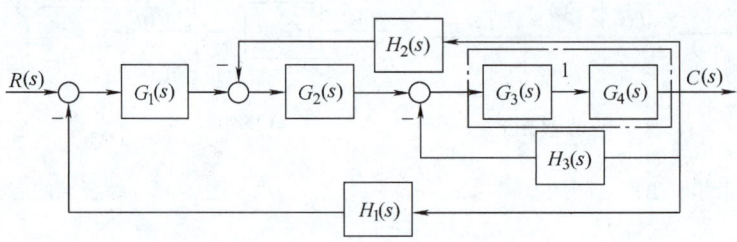

图 2-40　例 2-18 系统结构图

解：这是一个无交叉、多回路系统，可以应用串联和反馈连接的等效变换公式进行化简，其简化过程如图 2-41 所示，其中图 2-41e 中方框内即是系统的传递函数。

【例 2-19】　用结构图的等效变换，求图 2-42 所示系统的传递函数 $\Phi(s) = C(s)/R(s)$。

解：这是一个具有交叉反馈的多回路系统，如果不对它作适当的变换，就难以应用串联、并联和反馈连接的等效变换公式进行化简。本题的简化过程如图 2-43 所示。

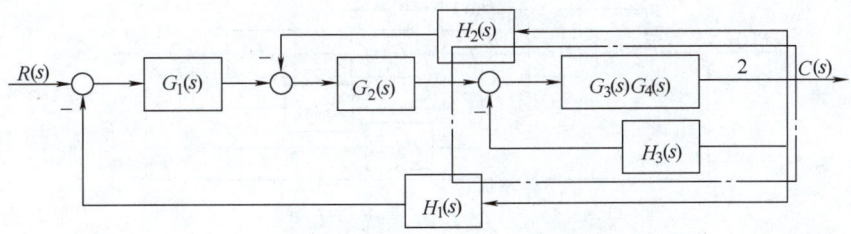

a) 将图2-40中框1（串联）化简的结果

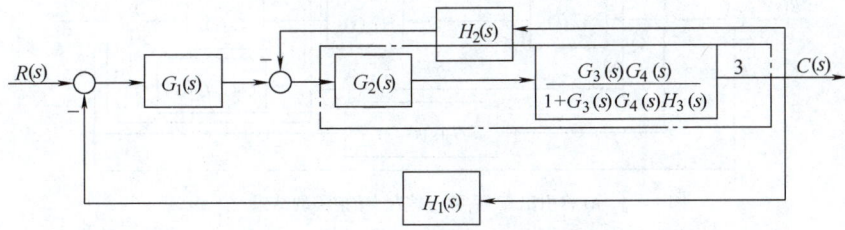

b) 将图2-41a中框2（负反馈）化简的结果

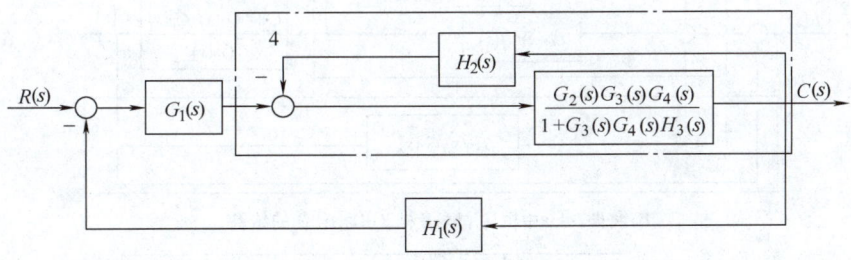

c) 将图2-41b中框3（串联）化简的结果

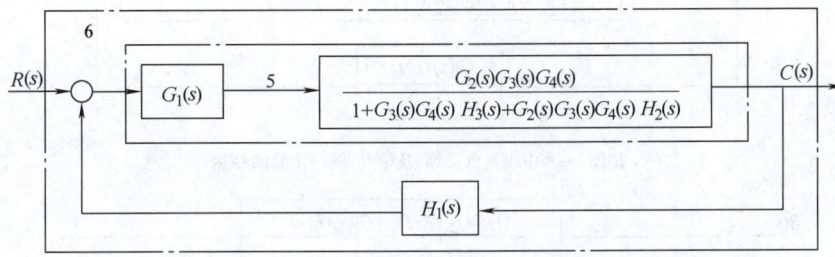

d) 将图2-41c中框4（负反馈）化简的结果

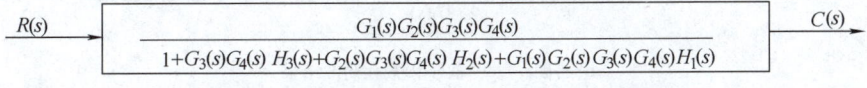

e) 将图2-41d中框5（串联）和框6（负反馈）化简的结果

图 2-41　例 2-18 的系统动态结构图化简示意图

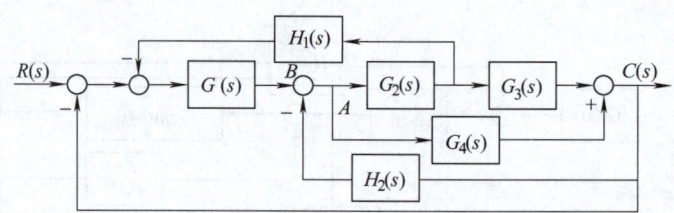

图 2-42　例 2-19 系统结构图

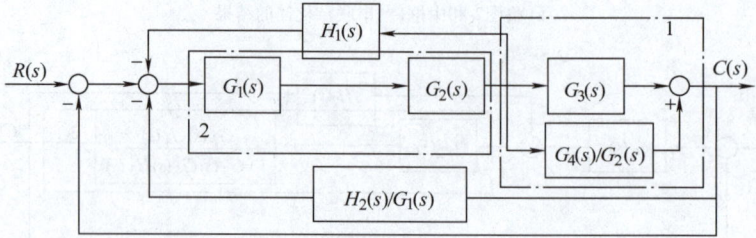

a) 将引出点 A 后移，综合点 B 前移的结果

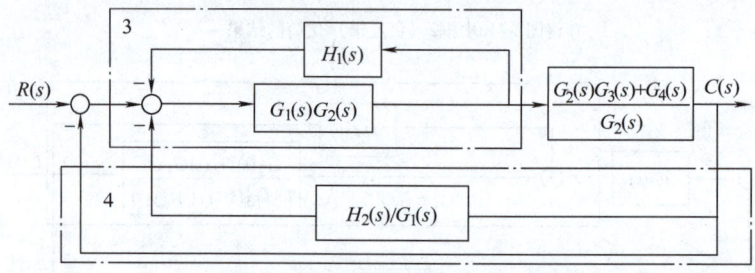

b) 将图 2-43a 中框 1(并联)及框 2(串联)化简的结果

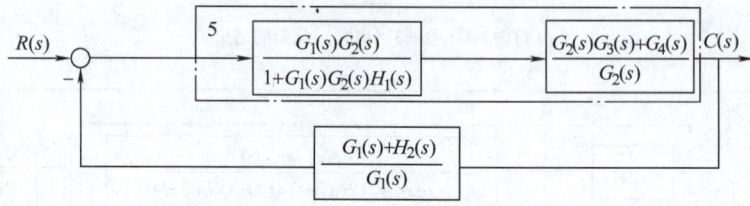

c) 将图 2-43b 中框 3(负反馈)及框 4(并联)化简的结果

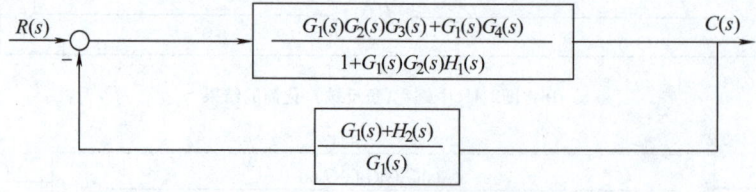

d) 将图 2-43c 中框 5(串联)化简的结果

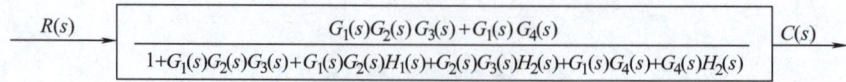

e) 系统动态结构图化简的最终结果

图 2-43　例 2-19 系统动态结构图化简

通过以上例子可以归纳出运用结构图的等效变换求取系统传递函数的一般步骤：

1) 首先确定系统的输入量和输出量，按所选定的输入量和输出量进行结构图的等效变换。

2) 进行等效变换时，按照消除回环之间的交错关系，使各回环化为层层包围的关系。

3) 利用反馈环或并联环处理的方法，由里到外——将各回环等效成单一的方框形式。

注意在等效过程中综合点和引出点是不能交换的。最后得出系统的传递函数。

2.3.4 用梅森公式求系统传递函数

较复杂的控制系统通常含有相互交错的多个回环，对这样的系统，利用梅森 (S. J. Mason) 公式求取传递函数无需作结构图等效变换，可采用直接套用公式求出系统的传递函数。梅森公式如下：

$$G(s) = \frac{\sum_{k=1}^{n} P_k \Delta_k}{\Delta} \tag{2-70}$$

式中，$G(s)$ 是系统总传递函数；k 为前向通路数；P_k 为从输入端到输出端第 k 条前向通路总传递函数；Δ_k 为在 Δ 中不与第 k 条前向通路相接触的那一部分回路所在项，称为第 k 条前向通路特征式的余因子；Δ 为信号流图的特征式。在同一个信号流图中不论求图中哪一对节点之间的增益，其分母总是 Δ，变化的只是其分子。

$$\Delta = 1 - \sum L_i + \sum L_i L_j - \sum L_i L_j L_k + \cdots \tag{2-71}$$

式中，$\sum L_i$ 是所有回路的回路增益之和；$\sum L_i L_j$ 是所有任意两个互不接触的回路增益乘积之和；$\sum L_i L_j L_k$ 是所有任意三个互不接触的回路增益乘积之和；"…"表示所有任意 m 个不接触回路的增益乘积之和。

下面以一个具体例题来说明梅森公式的用法。

【例 2-20】 用梅森公式求解【例 2-19】中图 2-42 所示系统的总传递函数。

解：由图 2-42 可知，该系统前向通路有 2 个，即 $k=2$，且

$$P_1 = G_1 G_2 G_3$$
$$P_2 = G_1 G_4$$

5 个回路，且

$$L_1 = -G_1 G_2 H_1$$
$$L_2 = -G_2 G_3 H_2$$
$$L_3 = -G_1 G_2 G_3$$
$$L_4 = -G_1 G_4$$
$$L_5 = -G_4 H_2$$

因为各回路都互相接触，所以特征式为

$$\Delta = 1 + G_1 G_2 H_1 + G_2 G_3 H_2 + G_1 G_2 G_3 + G_1 G_4 + G_4 H_2$$

且 2 条前向通路与所有回路都接触，所以 2 个余子式为

$$\Delta_1 = \Delta_2 = 1$$

故，代入梅森公式即得系统传递函数

$$G(s) = \frac{G_1(s) G_2(s) G_3(s) + G_1(s) G_4(s)}{1 + G_1(s) G_2(s) H_1(s) + G_2(s) G_3(s) H_2(s) + G_1(s) G_2(s) G_3(s) + G_1(s) G_4(s) + G_4(s) H_2(s)}$$

2.4 控制系统的几种常用传递函数

作用于控制系统的信号有两类，一类是输入信号（也称给定值）$r(t)$，常常作用于系统的输入端；另一类是干扰（也称扰动）$n(t)$，常常作用在被控对象上，有时也可能出现在其他元部件上或夹杂在指令中，因而一个典型的控制系统在研究其输出量时，除考虑给定的作用外，还必须考虑干扰对其的影响。图 2-44 所示即为闭环控制系统的典型结构。

2.4.1 系统开环传递函数

在图 2-44 中，假设 $N(s)=0$，并将负反馈通路断开，这时**前向通路传递函数与反馈通路传递函数的乘积就称为闭环系统的开环传递函数**，用 $G(s)$ 表示，如式（2-72）所示。

$$G(s)=\frac{B(s)}{R(s)}=G_1(s)G_2(s)H(s) \tag{2-72}$$

需要注意的是，这里指的开环并非第 1 章中所讲的开环系统的传递函数。

2.4.2 给定量作用下系统的闭环传递函数

在图 2-44 中，令 $N(s)=0$，这时该典型结构可以化简为图 2-45 所示的闭环系统。这时将输出 $C(s)$ 与输入 $R(s)$ 的比值称为闭环系统在 $R(s)$ 作用下系统的传递函数，用 $\Phi(s)$ 表示。

$$\Phi(s)=\frac{C(s)}{R(s)}=\frac{G_1(s)G_2(s)}{1+G_1(s)G_2(s)H(s)} \tag{2-73}$$

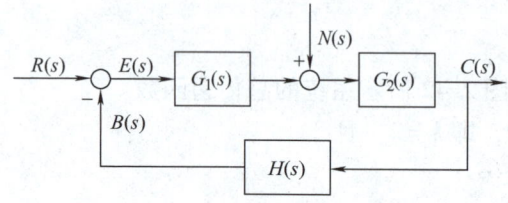

图 2-44 闭环控制系统的典型结构

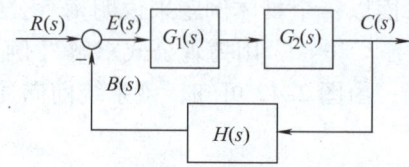

图 2-45 给定量作用下系统的结构图

所以，系统输出量的拉氏变换表达式为

$$C(s)=\Phi(s)R(s)=\frac{G_1(s)G_2(s)}{1+G_1(s)G_2(s)H(s)} \cdot R(s) \tag{2-74}$$

可见在忽略扰动信号的情况下，系统的输出完全由 $R(s)$ 及 $R(s)$ 作用下系统的闭环传递函数决定。

2.4.3 干扰作用下系统的闭环传递函数

在图 2-44 中，令 $R(s)=0$，即可研究干扰对系统的影响，这时该典型结构可以化简为图 2-46 所示的闭环系统。这时将输出 $C(s)$

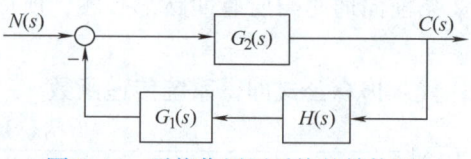

图 2-46 干扰作用下系统的结构图

与干扰 $N(s)$ 的比值称为闭环系统在 $N(s)$ 作用下系统的传递函数，用 $\Phi_n(s)$ 表示，表达式如式（2-75）所示。

$$\Phi_n(s) = \frac{C(s)}{N(s)} = \frac{G_2(s)}{1 + G_1(s)G_2(s)H(s)} \tag{2-75}$$

所以，系统输出量的拉氏变换表达式为

$$C(s) = \Phi_n(s)N(s) = \frac{G_2(s)}{1 + G_1(s)G_2(s)H(s)} \cdot N(s) \tag{2-76}$$

可见，此时系统的输出则完全由干扰及干扰作用下系统的闭环传递函数决定。且由于 $R(s)$ 和 $N(s)$ 作用点不同，因而两个传递函数是不相同的。故要全面分析一个系统，必须要考虑这两者的作用。

2.4.4 给定量输入和干扰输入共同作用下的系统总输出

因为这里分析的都是线性系统，所以可以利用叠加原理求出系统的总输出，即系统所有外作用所引起的输出的总和。则图 2-44 所示的系统的传递函数为上面的式（2-74）与式（2-76）相加之和

$$C(s) = \frac{G_1(s)G_2(s)}{1 + G_1(s)G_2(s)H(s)} \cdot R(s) + \frac{G_2(s)}{1 + G_1(s)G_2(s)H(s)} \cdot N(s) \tag{2-77}$$

2.4.5 闭环系统误差传递函数

具有负反馈的闭环系统是根据输出与输入间的偏差（也称误差）进行工作的，控制任务即是使此时的误差为零。所以系统工作的精度完全可以由控制误差大小来反映。这样，建立误差与系统的输入及干扰之间的数学模型（传递函数）就十分必要了。

由图 2-44 可以得到误差的表达式为

$$E(s) = R(s) - B(s) \tag{2-78}$$

1. 给定量作用下系统的误差传递函数　在图 2-44 所示系统中，以 $R(s)$ 作为输入，$E(s)$ 为输出的系统结构图如图 2-47 所示。则可以得到 $\Phi_e(s)$ 表达式

$$\Phi_e(s) = \frac{E_R(s)}{R(s)} = \frac{1}{1 + G_1(s)G_2(s)H(s)} \tag{2-79}$$

所以，在 $R(s)$ 作用下系统误差 $E_R(s)$ 的拉氏变换表达式为

$$E_R(s) = \Phi_e(s)R(s) = \frac{1}{1 + G_1(s)G_2(s)H(s)} \cdot R(s) \tag{2-80}$$

2. 干扰作用下系统的误差传递函数　在图 2-44 所示系统中，以 $N(s)$ 作为输入、$E(s)$ 为输出的系统结构图如图 2-48 所示，则可以得到 $\Phi_{en}(s)$ 表达式

$$\Phi_{en}(s) = \frac{E_N(s)}{N(s)} = \frac{-G_2(s)H(s)}{1 + G_1(s)G_2(s)H(s)} \tag{2-81}$$

所以，在 $N(s)$ 作用下系统误差 $E_N(s)$ 的拉氏变换表达式为

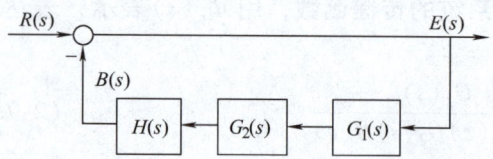
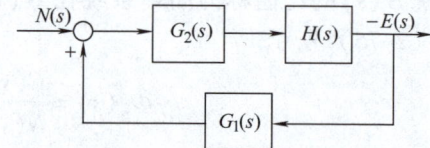

图 2-47　给定量作用下系统误差输出的结构图　　　图 2-48　干扰作用下系统误差输出的结构图

$$E_N(s) = \Phi_{en}(s)N(s) = \frac{-G_2(s)H(s)}{1+G_1(s)G_2(s)H(s)} \cdot N(s) \tag{2-82}$$

3. 系统的总误差　根据叠加原理，将式（2-80）与式（2-82）相加，即得到系统的总误差

$$E(s) = E_R(s) + E_N(s) = \frac{1}{1+G_1(s)G_2(s)H(s)} \cdot R(s) - \frac{G_2(s)H(s)}{1+G_1(s)G_2(s)H(s)} \cdot N(s) \tag{2-83}$$

上面导出的 4 个传递函数的表达式（2-73）、式（2-75）、式（2-79）和式（2-81）都有一样的分母 $1+G_1(s)G_2(s)H(s)$，这是闭环控制系统各传递函数的规律。

在如式（2-77）所示的系统总输出的表达式中，如果 $|G_1(s)G_2(s)H(s)| \gg 1$ 及 $|G_1(s)H(s)| \gg 1$，则系统总输出可以近似为

$$C(s) = \frac{1}{H(s)} \cdot R(s) + 0 \cdot N(s)$$

即

$$R(s) - C(s)H(s) = R(s) - B(s) = E(s) = 0 \tag{2-84}$$

式（2-84）表明：采用反馈控制的系统，可以通过调节系统的结构、参数来提高系统的控制精度。

2.5　数学模型的 MATLAB 变换[○]

2.5.1　MATLAB 中拉普拉斯变换及其反变换

1. 拉普拉斯变换可调用的 MATLAB 函数

laplace（ft，t，s）

其中，ft 表示时域表达式；t 表示时域变量；s 表示复域变量。

【例 2-21】　在 MATLAB 软件中，调用函数求 $f(t) = 2t^2 + t + 1$ 的拉普拉斯变换。

解：程序片段为

syms s t;
ft = 2 * t^2 + t + 1;
st = laplace（ft，t，s）

○　为与实际软件环境一致，在本书凡涉及用 MATLAB 软件进行分析的内容中，参、变量一律不区分正斜体，但其含义与书中其他位置一致。

执行结果为

st =

4/s^3 + 1/s^2 + 1/s

2. 拉普拉斯反变换可调用的 MATLAB 函数

$$ilaplace(Fs, s, t)$$

其中，Fs 表示复域表达式；t 表示时域变量；s 表示复域变量。

【例 2-22】 在 MATLAB 软件中，调用函数求 $F(s) = \dfrac{s+4}{(s^2+4s+3)(s+2)}$ 的拉普拉斯反变换。

解：程序片段为

syms s t;

Fs = (s+4)/(s^2+4*s+3)/(s+2);

ft = ilaplace（Fs, s, t）

执行结果为

ft =

1/2 * exp(-3*t) - 2 * exp(-2*t) + 3/2 * exp(-t)

2.5.2 MATLAB 中特征方程和特征根的运算

系统传递函数的分母及特征方程都是多项式，在 MATLAB 中提供了以下几个常用的函数进行相关的运算：

(1) **roots（p）**：根据特征方程求其特征根，其中 p 为特征方程的行向量表达式。

(2) **poly（r）**：根据所给出的特征根求相应的特征方程，其中 r 为特征根的行向量表达式。

【例 2-23】 求特征方程 $p(s) = s^2 + 2s + 4$ 的特征根，并根据所求的根重建特征方程。

解：1) 求特征方程的特征根

p = [1 2 4];

r = roots（p）

执行结果为

r =

-1 + 1.4142i

-1 - 1.4142i

2) 根据所求的特征根重建特征方程

p = ploy（r）

执行结果为

p =

1.0000 2.0000 4.0000

3) **conv（p, q）**：实现两个多项式的乘积，两个以上多项式的乘积可以通过函数的嵌套来实现，其中 p、q 为两个多项式的行向量表达式。

4) **polyval（n, s）**：求多项式在特定值时的值，其中 n 为多项式的行向量表达式，s 为某个特定值。

【例 2-24】 求 $p(s) = s^2 + 2s + 4$ 和 $q(s) = s + 2$ 的乘积,并求出 $s = -3$ 时多项式的值。

解:1)求多项式的乘积
p = [1 2 4];
q = [1 2];
n = conv(p,q)
执行结果为
n =
1 4 8 8
2)求特定值多项式的值
value = ployval(n,-3)
执行结果为
value =
-7

2.5.3 数学模型的 MATLAB 变换

1. 微分方程及其求解

(1)微分方程的表示。微分方程的各阶导数项以字母表示,其后的数字表示微分的阶次,再后面紧跟的字母表示被微分的变量。

【例 2-25】 写出 $2\dfrac{\mathrm{d}^2x(t)}{\mathrm{d}t^2} + 3\dfrac{\mathrm{d}x(t)}{\mathrm{d}t} + x(t) = y(t)$ 的 MATLAB 表示。

解:依据上述规律,题设函数的 MATLAB 表达式为
$$2*D2x + 3*Dx + x = y$$

(2)微分方程的求解。MATLAB 中提供了一个函数用于求解微分方程
dslove('方程1','方程2',…,'方程n','初始条件1,…,初始条件n')

【例 2-26】 求解微分方程 $2\dfrac{\mathrm{d}^2x(t)}{\mathrm{d}t^2} + 3\dfrac{\mathrm{d}x(t)}{\mathrm{d}t} + x(t) = 1$,其初始条件为 $x(0) = x'(0) = 0$。

解:在 MATLAB 软件中输入微分方程
x = dsolve('2*D2x + 3*Dx + x = 1','x(0) = 0,Dx(0) = 0')
执行结果为
x =
1 - 2*exp(-1/2*t) + exp(-t)

2. 传递函数模型

(1)多项式模型。MATLAB 通过 **tf(num,den)** 函数表示具有多项式形式的传递函数,其中 num 为分子多项式的行向量表达式,den 为分母多项式的行向量表达式。

若 $G(s) = \dfrac{b_m s^m + b_{m-1} s^{m-1} + \cdots + b_1 s + b_0}{a_n s^n + a_{n-1} s^{n-1} + \cdots + a_1 s + a_0}$,且 $n > m$

则有 num = [bm bm-1 ⋯ b1 b0];

```
den = [an an-1…a1 a0];
g = tf (num, den);
```

【例2-27】 在MATLAB中表示 $G(s) = \dfrac{s+5}{s^3+3s+1}$。

解：
```
num = [1  5];
den = [1  0  3  1];
g = tf (num, den)
```
执行结果为

Transfer function：

s + 5
----
s^3 + 3 * s + 1

（2）零极点模型。传递函数还可以用如下零、极点的形式表示：

$$G(s) = \frac{C(s)}{R(s)} = \frac{K(s+z_1)(s+z_2)\cdots(s+z_i)\cdots(s+z_m)}{(s+p_1)(s+p_2)\cdots(s+p_j)\cdots(s+p_n)}$$

其中，$-z_i$（$i=1, 2, \cdots, n$）是传递函数的零点；$-p_j$（$j=1, 2, \cdots, m$）是传递函数的极点。

这种用零极点方式表达的传递函数在MATLAB中可以用函数 **zpk**（**z**，**p**，**k**）表示，其中 z = [z_1, z_2, $\cdots$, z_m]，p = [$-p_1$, $-p_2$, $\cdots$, $-p_n$]，k = K。函数返回值为系统传递函数零极点表达式对象，可由变量存储。

【例2-28】 设某系统的传递函数为 $G(s) = \dfrac{s+1}{s^2+5s+6}$，试用MATLAB建立其传递函数的零极点表达式。

解：先算出系统的零极点。

零点只有一个为 -1，极点有两个为 -2、-3。所以在MATLAB软件中输入
```
z = [-1];
p = [-2, -3];
k = 1;
g = zpk (z, p, k)
```
结果为

zero/pole/gain：

  (s + 1)

(s + 2)(s + 3)

（3）相互转换

1）传递函数模型转换为零极点模型：[z, p, k] = **tf2zp**（num, den）。

2）零极点模型转换为传递函数模型：[num, den] = **zp2tf**（z, p, k）。

3. 结构图模型

（1）串联结构的MATLAB求解。MATLAB为串联结构图化简运算而提供的函数是 **g** = **g**₁ * **g**₂，**g**₁、**g**₂ 分别是两个环节的传递函数的对象。

【例 2-29】 设有个包含两个串联环节的系统，其传递函数分别为

$$G_1(s) = \frac{s+1}{s(s+2)}, \quad G_2(s) = \frac{s}{s^2+s+1}$$

求该系统的传递函数。

解： 先分别建立 G_1、G_2 的 MATLAB 表达式。

n1 = [1, 1];
d1 = conv ([1, 0], [1, 2]);
g1 = tf (n1, d1);
n2 = [1, 0];
d2 = [1, 1, 1];
g2 = tf (n2, d2);

再求系统的传递函数。

g = g1 * g2

结果为

Transfer function：

　　 s + 1
----
s^3 + 3s^2 + 3s + 2

（2）并联结构的 MATLAB 求解。MATLAB 中为并联结构图化简运算而提供的函数是 **g = g₁ ± g₂**，**g₁**、**g₂** 分别是两个环节的传递函数的对象。

【例 2-30】 设有个包含两个并联环节的系统，其传递函数分别为

$$G_1(s) = \frac{1}{s+2}, \quad G_2(s) = \frac{1}{s+1}$$

求该系统的传递函数。

解： 先分别建立 G_1、G_2 的 MATLAB 表达式。

n1 = [1];
d1 = [1, 2];
g1 = tf (n1, d1);
n2 = [1];
d2 = [1, 1];
g2 = tf (n2, d2);

再求系统的传递函数。

g = g1 + g2

结果为

Transfer function：

　2s + 3
----
s^2 + 3s + 2

（3）反馈连接的 MATLAB 求解。MATLAB 中为反馈连接结构化简运算而提供的函数是

feedback（g，h，sign），**g**、**h** 分别是前向通道、反馈通道的传递函数的对象，**sign = 1** 表示正反馈，**sign = -1** 表示负反馈。函数返回值为系统传递函数对象,可由变量存储。

【**例 2-31**】 设某负反馈系统前向通道、反馈通道传递函数分别为

$$G(s) = \frac{1}{s^3 + 21s^2 + 120s + 100}, H(s) = \frac{1}{0.1s + 1}$$

求该系统的传递函数。

解：先分别建立 $G(s)$、$H(s)$ 的 MATLAB 表达式。
n1 = [1]；
d1 = [1，21，120，100]；
g = tf（n1，d1）；
n2 = [1]；
d2 = [0.1，1]；
h = tf（n2，d2）；
再求系统的传递函数：
G = feedback（g，h，-1）
结果为
Transfer function：
          0.1s + 1

0.1s^4 + 3.1s^3 + 141s^2 + 130s + 100

本 章 小 结

1. 系统的数学模型有三种形式：微分方程、传递函数和动态结构图。三者之间通过拉氏变换可以方便地相互转换。在自动控制系统分析中以传递函数和动态结构图最为常用。在本章里我们学习了应用解析法建立系统动态数学模型——微分方程、传递函数及动态结构图的方法。通过这些方法可以得到典型元、部件或系统的微分方程，然后通过拉普拉斯变换得到其传递函数。由于传递函数不能体现信号在系统中传递的过程，我们引入了动态结构图，它能帮助我们了解信号传递过程中各个局部间的本质联系。

2. 通过对结构图的化简运算，可以方便地得到系统的传递函数。在实际应用系统的建模时，可以根据实际情况灵活使用上述的方法。如系统结构较简单，且可以用运算电路模型表达，就可以直接建立运算方程（组），进而求得系统传递函数或绘出其动态结构图，而不必建立系统的微分方程（组）；若系统结构复杂，就要先进行分析，将其分解为几个典型模块，逐一建立起相应的数学模型，再根据模块间的关系求得整个系统的数学模型。典型环节的数学模型见表 2-1。

3. 系统动态结构图的等效变换和梅森公式是求系统传递函数的有效工具，其中应用梅森公式可以不经过任何变换直接得出系统的传递函数。

4. 系统的传递函数可分为开环传递函数、闭环传递函数和误差传递函数，其中闭环传递函数和误差传递函数又分为给定输入作用下和干扰作用下的情况，并由此可求得系统在给

表 2-1 典型环节的数学模型

序号	环节名称	微分方程	传递函数
1	比例环节	$u_c(t) = Ku_r(t)$	$G(s) = \dfrac{U_c(s)}{U_r(s)} = K$
2	微分环节	$u_c(t) = T\dfrac{du_r(t)}{dt}$	$G(s) = \dfrac{U_c(s)}{U_r(s)} = Ts$
3	比例微分环节	$u_c(t) = KT\dfrac{du_r(t)}{dt} + Ku_r(t)$	$G(s) = \dfrac{U_c(s)}{U_r(s)} = K(Ts+1)$
4	积分环节	$u_c(t) = \dfrac{1}{T}\int u_r(t)dt$	$G(s) = \dfrac{U_c(s)}{U_r(s)} = \dfrac{1}{Ts}$
5	惯性环节	$T\dfrac{du_c(t)}{dt} + u_c(t) = Ku_r(t)$	$G(s) = \dfrac{U_c(s)}{U_r(s)} = \dfrac{K}{Ts+1}$
6	振荡环节	$T^2\dfrac{d^2u_c(t)}{dt^2} + 2\xi T\dfrac{du_c(t)}{dt} + u_c(t) = u_r(t)$	$G(s) = \dfrac{U_c(s)}{U_r(s)} = \dfrac{1}{T^2s^2 + 2\xi Ts + 1}$
7	延迟环节	$u_c(t) = u_r(t-\tau)$	$G(s) = \dfrac{U_c(s)}{U_r(s)} = e^{-\tau s}$

定量和干扰共同作用下的总输出以及系统的总误差。

5. 在进行系统数学模型建立的过程中，也可以借用 MATLAB 软件提供的各种函数进行分析或系统建模，但其前提条件是有了各元部件的微分方程或传递函数。

本章知识技能综合训练

任务目标要求：建立图 2-49 所示的直流电动机调速系统的数学模型。这里晶闸管触发整流装置可视为一功率放大器，其放大倍数用 K 表示；测速发电机可视为一比例环节，其比例系数用 K_n 表示。

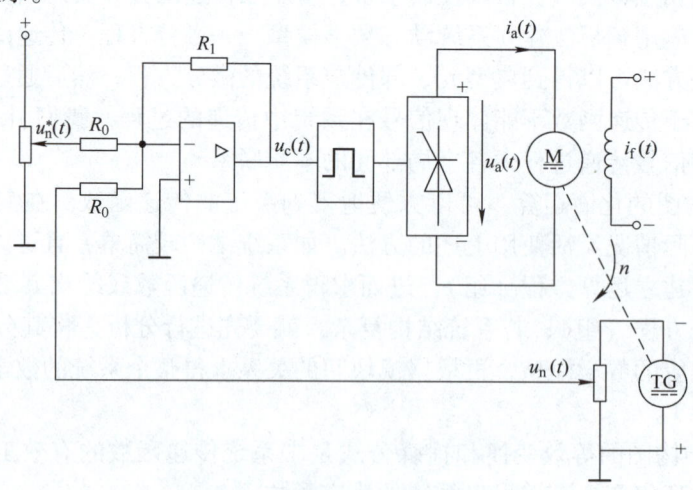

图 2-49 直流电动机调速系统

综合训练任务书见表 2-2。

表 2-2 综合训练任务书

训练题目		
任务要求	1）微分方程 2）传递函数 3）动态结构图 4）根据动态结构图求出给定电压作用下的转速闭环传递函数	
训练步骤	1）系统组成分析	系统被控对象： 被控量： 给定量（给定装置）： 反馈量（反馈装置）： 比较装置： 执行装置： 其他装置： 扰动量： 原理框图
	2）建立微分方程	各环节微分方程
		系统的微分方程
	3）确定传递函数	各环节的传递函数
		各环节的结构图
	4）系统结构图	
	5）系统闭环传递函数	
	6）根据系统结构图用 MATLAB 软件求取系统闭环传递函数	
检查评价		

思考题与习题

2-1 求下列函数的象函数。

(1) $f(t) = 1 - 2e^{-\frac{1}{T}t}$

(2) $f(t) = 0.5(1 - \sin 2t)$

(3) $f(t) = \cos\left(2t + \dfrac{\pi}{4}\right)$

(4) $f(t) = e^{-t}\cos 5t$

(5) $f(t) = 2 + t + 2t^2$

2-2 求下列象函数的原函数。

(1) $F(s) = \dfrac{2s^2 - 5s + 1}{s(s^2 + 1)}$

(2) $F(s) = \dfrac{s}{s^2 + 8s + 17}$

(3) $F(s) = \dfrac{1}{s^3 + 21s^2 + 120s + 100}$

(4) $F(s) = \dfrac{s+2}{s(s+1)^2(s+4)}$

(5) $F(s) = \dfrac{s+2}{s^2(s+1)(s+4)}$

2-3 试建立图 2-50a、b、c 所示电路的微分方程。

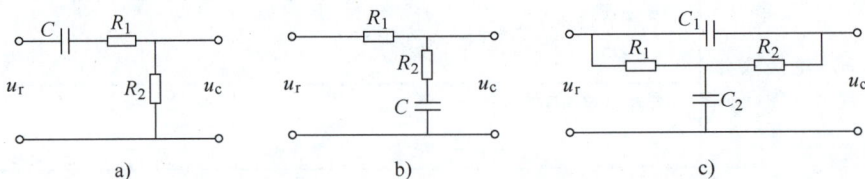

图 2-50 习题 2-3 电路图

2-4 试求习题 2-3 中各电路图的传递函数。

2-5 用运算法绘出习题 2-3 中各电路的动态结构图。

2-6 已知某系统零初始条件下的阶跃响应为 $c(t) = 1 - e^{-3t}$,试求系统的传递函数。

2-7 简化图 2-51 所示各系统的动态结构图,并求其传递函数。

2-8 已知系统的微分方程组为

$$x_1(t) = r(t) - c(t) + n_1(t)$$
$$x_2(t) = K_1 x_1(t)$$
$$x_3(t) = x_2(t) - x_5(t)$$
$$T\dfrac{\mathrm{d}x_4(t)}{\mathrm{d}t} = x_3(t)$$
$$x_5(t) = x_4(t) - K_2 n_2(t)$$
$$K_0 x_5(t) = \dfrac{\mathrm{d}^2 c(t)}{\mathrm{d}t^2} + \dfrac{\mathrm{d}c(t)}{\mathrm{d}t}$$

其中,K_0、K_1、K_2、T 都是正常数。试建立系统的动态结构图,并求出传递函数 $C(s)/R(s)$、$C(s)/N_1(s)$ 及 $C(s)/N_2(s)$。

2-9 已知系统动态结构图如图 2-52 所示,求传递函数 $C_1(s)/R_1(s)$、$C_2(s)/R_2(s)$、$C_1(s)/R_2(s)$ 和 $C_2(s)/R_1(s)$。

2-10 已知系统动态结构图如图 2-53 所示。

(1) 求传递函数 $C(s)/R(s)$ 和 $C(s)/N(s)$。

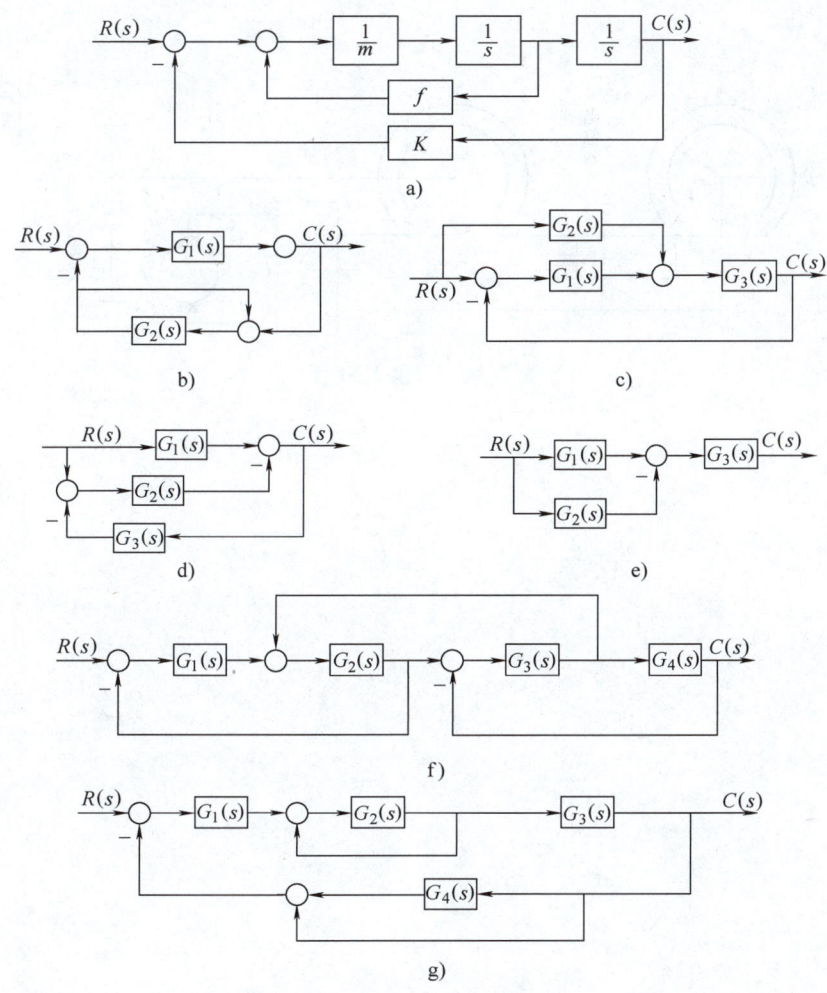

图 2-51 习题 2-7 系统结构图

（2）如果要使干扰对输出的影响为零，请问 $G_0(s) = ?$

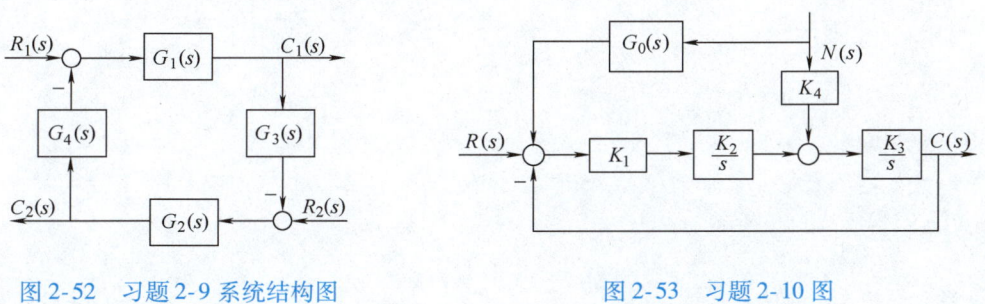

图 2-52 习题 2-9 系统结构图

图 2-53 习题 2-10 图

2-11 绘出图 2-54 所示舵轮随动系统的动态结构图，要求写出各个元部件的传递函数，并求出 $\dfrac{\theta_c(s)}{\theta_r(s)}$

（提示：U_a 与 ΔU 之间可视为一放大倍数为 K_1 的放大器，连接电动机和舵之间的减速器可视为比例系数为 K_2 的放大器）。

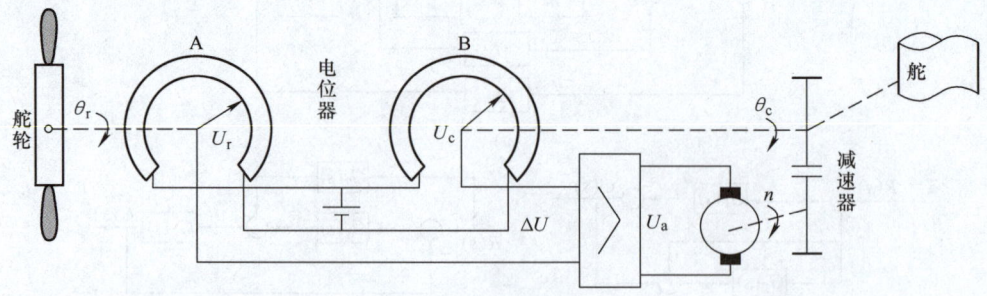

图 2-54　习题 2-11 图

第3章 控制系统的时域分析法

学习目标

◆ **知识目标：**
1) 懂得自动控制系统时域分析法的基本方法。
2) 掌握典型输入信号及其典型时间响应，掌握时域分析的系统性能指标。
3) 掌握一阶、二阶系统的动态响应特点及性能指标。
4) 懂得系统稳定性的概念，掌握判断系统稳定性的判据和方法。
5) 懂得系统稳态误差的概念，掌握稳态误差的求取方法。
6) 掌握 MATLAB 软件在时域分析中的应用。

◆ **技能目标：**
1) 会判断和确定一阶系统、二阶系统的稳态指标和动态指标。
2) 会根据系统的传递函数用稳定判据判断系统的稳定性，并求出不同输入信号作用下的稳态误差。
3) 会应用 MATLAB 软件分析系统的稳定性和稳态误差。

◆ **素质目标：**
1) 通过对系统的稳定指标、暂态指标及误差指标的分析计算，以及它们之间的相互制约关系，学习了解辩证唯物主义观点在解决工程问题中的运用。
2) 培养在学习工作中抓主要矛盾、解决关键问题的思路和能力。

对控制系统的分析首先是建立系统的数学模型，数学模型建立之后，就可采用不同的方法来分析系统的动态性能和稳态性能。经典控制理论中常用的分析方法有时域分析法、根轨迹分析法和频域分析法。时域分析法是最基本的一种分析法，它具有直观、准确的优点。本章的主要内容包括一阶系统的数学模型和典型响应的特点；二阶系统的数学模型和阶跃响应的特点及有关性能指标计算；典型响应的性能指标及系统的型别和稳态误差系数等概念；系统稳定的概念和代数稳定判据；稳态误差的定义及计算方法；最后介绍用 MATLAB 对系统进行时域分析的方法。

3.1 典型输入信号和时域性能指标

分析控制系统的第一步是建立模型，第二步是分析系统控制性能。控制系统的动态过程即响应用 $c(t)$ 表示，它不仅取决于系统本身的结构、参数，而且和系统的初始状态以及加于系统上的外作用有关。实际上，控制系统的外加输入信号和承受的干扰各不相同，初始状态也各不相同。为了便于分析，同时也为了便于对各种控制系统的性能进行比较，需要选择若干典型输入信号，并对初始状态作一些典型化的处理，使控制系统的分析研究科学、简便、合理。

在分析和设计控制系统时，对各种控制系统性能得有评判、比较的依据。这个依据可以通过研究这些系统在典型的输入信号下的响应来建立，因为系统对典型输入信号的响应特性，与系统对实际输入信号的响应特性之间存在着一定的关系，所以采用典型输入信号的响应来评价系统性能是合理的。

3.1.1 典型输入信号

典型输入信号是众多复杂的实际外作用信号的近似和抽象，它的选择不仅应使数学运算简单，而且还便于用实验验证。也就是说它应是实际信号的分解和近似，并且便于验证和分析。常用的典型信号有以下 5 种，这 5 种信号的时域表达式及拉氏变换式在第 2 章"典型函数的拉氏变换"中均有介绍，这里仅介绍它们在实际中的应用。

1. 阶跃函数 指令突变、合闸、负荷突变等均可视为阶跃作用。实际系统分析中，常用阶跃函数作为输入信号来反映和评价系统的动态性能，它也称为常值信号。

2. 斜坡函数 数控机床加工斜面的进给指令、机械手的等速移动指令等都可当作斜坡作用，单位斜坡可视为等速信号。

3. 抛物线函数 抛物线函数也称等加速度函数，它等于斜坡函数对时间的积分，它对时间的导数就是斜坡函数。随动系统中位置作等加速度移动的指令信号就属于抛物线函数。

4. 单位脉冲函数 $\delta(t)$ 函数是一种脉冲值很大、脉冲强度（面积）有限的短暂信号，撞击力、武器弹射的爆发力等均可视为理想脉冲信号。

5. 正弦函数 实际中，电源、振动的噪声及海浪对船舶的扰动力等均可视为正弦作用。正弦信号的作用将在频域分析法中讨论。

3.1.2 典型初态

我们定义控制系统的零初态为典型初始状态，即

$$c(0^-) = \dot{c}(0^-) = \ddot{c}(0^-) = \cdots = 0 \tag{3-1}$$

它表明，在外作用加于系统之前，被控量及其各阶导数相对于平衡工作点的增量为零，系统处于相对平衡状态。

3.1.3 典型时间响应

初始状态为零的系统，在典型信号作用下的输出量的响应，称为典型时间响应。系统输出信号的拉氏变换用 $C(s)$ 表示，则系统的响应 $c(t)$ 为

$$c(t) = L^{-1}[C(s)] \tag{3-2}$$

系统的闭环传递函数用 $\Phi(s)$ 表示，系统输入用 $R(s)$ 表示，则有

$$c(t) = L^{-1}[C(s)] = L^{-1}[R(s) \cdot \Phi(s)] \tag{3-3}$$

1. 单位阶跃响应 单位阶跃信号输入到系统时的响应称为单位阶跃响应，用 $h(t)$ 表示，则有

$$h(t) = L^{-1}[\Phi(s) \cdot R(s)] = L^{-1}\left[\Phi(s) \cdot \frac{1}{s}\right] \tag{3-4}$$

2. 单位脉冲响应　系统在 $\delta(t)$ 信号作用下的响应，称为单位脉冲响应，用 $g(t)$ 表示，则有

$$g(t) = L^{-1}[\Phi(s)] \tag{3-5}$$

可见系统的单位脉响应就是系统传递函数的拉氏反变换。同传递函数一样，单位脉冲响应 $g(t)$ 也是系统的数学模型。

3. 单位斜坡响应　系统在单位斜坡信号作用下的响应称为单位斜坡响应，用 $c_t(t)$ 表示，则有

$$c_t(t) = L^{-1}\left[\Phi(s) \cdot \frac{1}{s^2}\right] \tag{3-6}$$

需要指出的是，一般情况下系统的输出响应可统一用 $c(t)$ 表示。

3.1.4　时间响应及性能指标

控制系统的时间响应，可分为动态响应和稳态响应两个过程。动态响应又称瞬态响应，指系统在典型信号作用下，从初始状态到接近最终状态的响应过程。稳态响应是指当 t 趋近于无穷大时，系统的输出状态，表征系统输出量最终复现输入量的程度。评价系统的响应，必须对两个阶段的性能给予全面考虑。

控制系统跟踪或复现阶跃输入时，认为是较为严格的工作条件，所以评价系统的时域性能指标，通常是根据系统的单位阶跃响应确定。系统在零初始条件下的单位阶跃响应 $h(t)$ 如图 3-1 所示，其指标分述如下。

1）上升时间 t_r：阶跃响应曲线从零第 1 次上升到稳态值所需的时间。若阶跃响应曲线为过阻尼状态，其响应不超过稳态值，则定义阶跃响应曲线从稳态值的 10% 上升到 90% 所需的时间为上升时间。

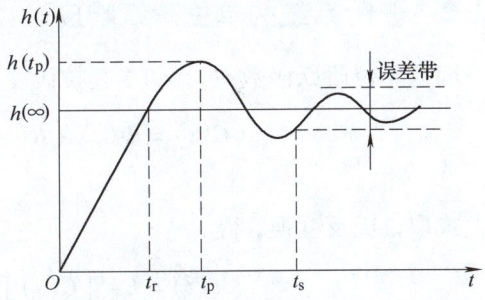

图 3-1　阶跃响应曲线

2）峰值时间 t_p：阶跃响应曲线 $h(t)$ 超过稳态值到达第 1 个峰值所需的时间。

3）超调量 $\sigma\%$：阶跃响应曲线的最大值 $h(t_p)$ 与其稳态值 $h(\infty)$ 之差与稳态值的百分比，即

$$\sigma\% = \frac{h(t_p) - h(\infty)}{h(\infty)} \times 100\% \tag{3-7}$$

4）调节时间 t_s：指阶跃响应曲线到达并保持在其稳态值允许的误差范围（即误差带）内所需的最短时间，通常误差带范围定义为 $\pm 5\% h(\infty)$ 或 $\pm 2\% h(\infty)$。

5）稳态误差 e_{ss}：指稳态响应的希望值与实际值之差。若系统输入为单位阶跃函数，则有关系式

$$e_{ss} = 1 - h(\infty) \tag{3-8}$$

上述指标中，上升时间 t_r 和峰值时间 t_p 反映了系统的响应速度；$\sigma\%$ 反映了系统过渡过程的平稳性；而调节时间 t_s 则表明系统响应过渡过程的总持续时间，它同时反映了系统的响应速度和阻尼程度；稳态误差 e_{ss} 表征了系统响应的最终精度，e_{ss} 越小，则系统的控制精度越高。

控制工程中，常以 $\sigma\%$、t_s 及 e_{ss} 三项指标评价系统的稳、快、准。

3.2 一阶系统的时域分析

用一阶微分方程描述的控制系统称为一阶系统。它是工程中最基本、最简单的系统，如一阶 RC 网络、热处理炉、恒温箱等，均为一阶系统的实例。

3.2.1 一阶系统的数学模型

下面以图 3-2a 所示的一阶 RC 电路为例建立数学模型，其数学描述为

$$T\dot{c}(t) + c(t) = r(t) \quad (3-9)$$

式中，$c(t)$ 为电路输出电压；$r(t)$ 为电路输入电压；$T=RC$，为时间常数。

式 (3-9) 为典型一阶系统的微分方程，其结构图如图 3-2b 所示。当初始条件为零时，其传递函数为

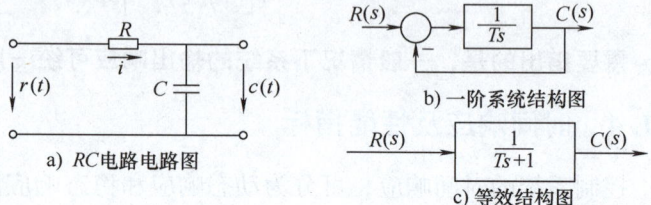

图 3-2 一阶系统及典型结构图

$$\Phi(s) = \frac{C(s)}{R(s)} = \frac{1}{Ts+1} \quad (3-10)$$

其等效结构图也因此变为如图 3-2c 所示。一阶环节也称为惯性环节。

3.2.2 一阶系统的单位阶跃响应

因为单位阶跃函数 $r(t) = 1$，其拉氏变换为 $R(s) = 1/s$，则一阶系统输出的拉氏变换式为

$$C(s) = \Phi(s) \cdot R(s) = \frac{1}{Ts+1} \cdot \frac{1}{s} = \frac{1}{s} - \frac{1}{s+\frac{1}{T}} \quad (3-11)$$

对上式取拉氏反变换，得

$$c(t) = L^{-1}[C(s)] = c_s(t) + c_t(t) = 1 - e^{-\frac{1}{T}t} \quad (3-12)$$

式中，$c_s(t) = 1$ 是稳态分量，由输入信号决定；$c_t(t) = -e^{-\frac{t}{T}}$ 为瞬态分量，其变化规律由传递函数的极点决定。

系统响应曲线如图 3-3 示，其响应由零开始按指数规律上升并达到稳态值 1，它表明一阶系统的单位阶跃响应为非周期响应。响应曲线在 $t=0$ 时的斜率即速度为

$$\left.\frac{dc(t)}{dt}\right|_{t=0} = \frac{1}{T}e^{-\frac{t}{T}}\bigg|_{t=0} = \frac{1}{T} \quad (3-13)$$

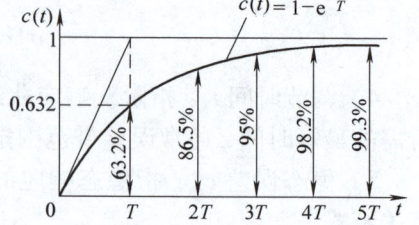

图 3-3 一阶系统单位阶跃响应曲线

如果系统输出响应的速度恒为 $\frac{1}{T}$，则只要 $t=T$ 时，输出 $c(t)$ 就能达到其终值 1。由式(3-13)可知，系统响应的斜率初始最大为 $1/T$，并随着时间的推移而下降。

3.2.3 一阶系统单位阶跃响应的性能指标

1. 动态性能指标　由于一阶系统单位阶跃响应的非周期性,其动态指标中只需求上升时间 t_r 和调节时间 t_s,而由图 3-3 可见有如下关系:$t=3T$ 时,$c(t)=0.950c(\infty)$;$t=4T$ 时,$c(t)=0.982c(\infty)$;故调节时为

$$t_s = 3T \quad (\text{取 5\% 误差带时}) \tag{3-14}$$

$$t_s = 4T \quad (\text{取 2\% 误差带时}) \tag{3-15}$$

由此可见系统时间常数 T 越小,则调节时间 t_s 越短,响应过程越快;T 越大,则响应过程越慢。

根据上升时间的定义和式(3-12)可求得上升时间为

$$t_r = 2.20T \tag{3-16}$$

由此可见,**一阶系统的单位阶跃响应由时间常数 T 惟一决定**。

2. 稳态性能指标　稳态性能指标主要是稳态误差,根据定义系统误差为

$$e(t) = 1 - c(t) = e^{-\frac{t}{T}} \tag{3-17}$$

则稳态误差为

$$e_{ss} = \lim_{t \to \infty} e(t) = 0 \tag{3-18}$$

可见,由于 $c(t)$ 的终值为 1,因而系统阶跃输入时的稳态误差为零,即典型一阶系统能以零误差跟踪阶跃输入。

【例 3-1】　在如图 3-4 所示的一阶系统中,系统加入单位阶跃输入。

1) 当 $K_H = 1$ 时,求调节时间 t_s。
2) 若 $K_H = 0.1$,则调节时间 t_s 为多少?
3) 若要求 $t_s = 0.1s$,问 K_H 应为何值(取 5% 误差带)?

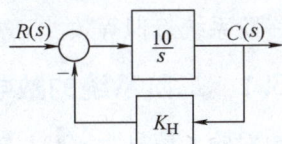

图 3-4　例 3-1 系统结构图

解: 由图 3-4 可得系统的闭环传递函数为

$$\Phi(s) = \frac{C(s)}{R(s)} = \frac{10/s}{1 + K_H \times \frac{10}{s}} = \frac{10}{s + 10K_H} = \frac{\frac{1}{K_H}}{\frac{1}{10K_H}s + 1}$$

对照标准式(3-10)可知时间常数 $T = 0.1/K_H$;总放大倍数为 $1/K_H$。

1) 当 $K_H = 1$ 时,则 $T = 0.1s$,故调节时间为

$$t_s = 3T = 3 \times 0.1s = 0.3s$$

因此,总放大倍数不影响调节时间。

2) 当 $K_H = 0.1$ 时,则 $T = 1s$,故调节时间为

$$t_s = 3T = 3 \times 1s = 3s$$

3) 若要求调节时间 $t_s = 0.1s$,反馈系数 K_H 为

$$t_s = 3T = 3 \times \frac{1}{10 \times K_H} = 0.1$$

则 $K_H = 3$。

【例 3-2】　图 3-5 为典型一阶系统阶跃响应曲线,在曲线上任取一点 A,过 A 作曲线的

切线并延长，交稳态值于 B 点，则 A、B 点对应的时间差 $t_A - t_B$ 称为响应的次割距。试证明一阶系统阶跃响应曲线的次割距相等，且等于系统时间常数 T。

证： 由图中直角三角形可得

$$\frac{1-c(t_A)}{t_B - t_A} = \frac{dc(t)}{dt}\bigg|_{t=t_A}$$

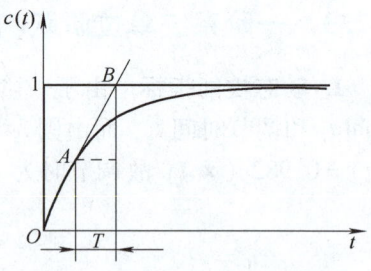

图 3-5 一阶系统响应次割距

将式（3-12）代入本式，则有

$$\frac{1-(1-e^{-\frac{t_A}{T}})}{t_B - t_A} = \frac{1}{T}e^{-\frac{t_A}{T}}$$

所以得 $t_B - t_A = T$ 即题设命题成立。

利用本题的结论，**在用实验法测得一阶系统单位阶跃响应曲线后，可用次割距法求出系统时间常数 T。**

3.3 二阶系统的时域分析

凡以二阶微分方程描述的系统，称为二阶系统。 本节讨论的是用二阶线性常微分方程描述的线性系统的时域响应性能。

在控制工程中，二阶系统非常普遍，如电机系统、小功率随动系统等都是二阶系统。二阶系统和一阶系统都是研究高阶系统的基础，工程中的高阶系统一般可在一定条件下用二阶或一阶系统近似等效。

3.3.1 二阶系统的数学模型

对输入信号为 $r(t)$、输出信号为 $c(t)$ 的典型二阶系统的标准微分方程为

$$\frac{d^2c(t)}{dt^2} + 2\xi\omega_n \frac{dc(t)}{dt} + \omega_n^2 c(t) = \omega_n^2 r(t) \tag{3-19}$$

式中，ξ 称为阻尼比（相对阻尼系数）；ω_n 为无阻尼自振角频率（固有频率），它们是二阶系统的特征参数。

在零初始条件下，对式（3-19）两边进行拉氏变换得系统的闭环传递函数为

$$\Phi(s) = \frac{C(s)}{R(s)} = \frac{\omega_n^2}{s^2 + 2\xi\omega_n s + \omega_n^2} \tag{3-20}$$

对式（3-20）作如下变换：

$$\Phi(s) = \frac{\omega_n^2}{s^2 + 2\xi\omega_n s + \omega_n^2} = \frac{\frac{\omega_n^2}{s^2 + 2\xi\omega_n s}}{1 + \frac{\omega_n^2}{s^2 + 2\xi\omega_n s}} = \frac{G(s)}{1 + G(s)} \tag{3-21}$$

则系统的开环传函为

$$G(s) = \frac{\omega_n^2}{s^2 + 2\xi\omega_n s} = \frac{\omega_n^2}{s(s + 2\xi\omega_n)}$$

由变换式可得图 3-6 所示的系统动态结构图。

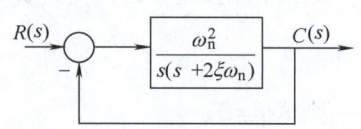

图 3-6 典型二阶系统动态结构图

3.3.2 二阶系统的特征根及性质

二阶系统的特征方程为

$$s^2 + 2\xi\omega_n s + \omega_n^2 = 0 \tag{3-22}$$

特征方程的根为

$$s_{1,2} = -\xi\omega_n \pm \omega_n \sqrt{\xi^2 - 1} \tag{3-23}$$

显然，ξ 和 ω_n 是二阶系统的特征参数，二阶系统的特征根性质取决它们，而二阶系统的响应特点和特征根的性质密切相关。由式（3-23）可知，随着 ξ 值的不同，特征根呈现不同的性质。

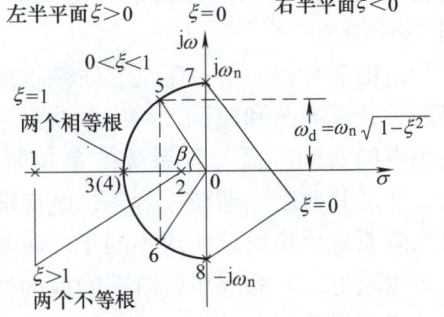

图 3-7 二阶系统极点分布

1. 过阻尼（$\xi>1$） 由式（3-23）可知，系统为两个不等的负实根：$s_{1,2} = -\xi\omega_n \pm \omega_n \sqrt{\xi^2 - 1}$，即对应 s 平面负实轴上两个不等的实极点（点 1，点 2），如图 3-7 所示。

2. 临界阻尼（$\xi=1$） 此时系统的特征根为两相等的负实根：$s_{1,2} = -\omega_n$，对应 s 平面负实轴上两个相等的实极点（点 3，点 4），如图 3-7 所示。

3. 欠阻尼（$0<\xi<1$） 当 $0<\xi<1$ 时，系统有一对具有负实部的共轭复根：$s_{1,2} = -\xi\omega_n \pm j\omega_n \sqrt{1-\xi^2}$，对应 s 平面左半部的一对共轭复数极点（点 5，点 6），其极点分布如图 3-7 所示。

4. 零阻尼（$\xi=0$） 当 $\xi=0$ 时，又称无阻尼，此时系统的特征根为一对纯虚根：$s_{1,2} = \pm j\omega_n$，其极点分布如图 3-7 上点 7、点 8 所示，对应 s 平面虚轴上一对共轭复数极点。

5. 负阻尼（$\xi<0$） 当 $\xi<0$ 时，系统的特征根将出现正实部，其极点将分布在 s 的右半平面，系统为一不稳定的系统，其阶跃响应呈发散状态。

下面的讨论中，只讨论系统处于过阻尼、临界阻尼、欠阻尼、零阻尼时的单位阶跃响应，且重点讨论工程中应用较多的二阶欠阻尼系统的响应，而对负阻尼时的不稳定系统不进行讨论。

3.3.3 二阶系统的单位阶跃响应

设系统的输入为 $r(t)=1(t)$，则 $R(s)=1/s$，系统的输出 $c(t)$ 的拉氏变换式为

$$C(s) = \frac{\omega_n^2}{s^2 + 2\xi\omega_n s + \omega_n^2} \cdot \frac{1}{s} \tag{3-24}$$

则其输出的一般式为

$$c(t) = L^{-1}[C(s)] = L^{-1}\left[\frac{\omega_n^2}{s^2 + 2\xi\omega_n s + \omega_n^2} \cdot \frac{1}{s}\right] = 1 + c_1 e^{s_1 t} + c_2 e^{s_2 t} \tag{3-25}$$

式中，s_1、s_2 为系统特征根；$c_1 = \dfrac{\omega_n^2}{s_1(s_1-s_2)}$；$c_2 = \dfrac{\omega_n^2}{s_2(s_2-s_1)}$。

1. 过阻尼($\xi>1$)时的单位阶跃响应 此时系统的特征根为 $s_{1,2} = -\xi\omega_n \pm \omega_n \sqrt{\xi^2-1}$，代入式(3-25)得系统的响应为

$$c(t) = 1 + \frac{1}{2(\xi^2 - \xi\sqrt{\xi^2-1}-1)} e^{(-\xi+\sqrt{\xi^2-1})\omega_n t} + \frac{1}{2(\xi^2 - \xi\sqrt{\xi^2-1}-1)} e^{(-\xi-\sqrt{\xi^2-1})\omega_n t}$$
(3-26)

上式表明：响应的稳态分量为 1；暂态响应分量由两项负指数函数之和组成，且后面的指数项较前面的指数项衰减得快，随着时间的推移，暂态分量最终衰减到零。其响应曲线如图 3-8 所示。

由图 3-8 可知，过阻尼二阶系统的单位阶跃响应具有非周期性，无振荡和超调，响应曲线是一条单调上升的且带有一拐点的曲线。而一阶系统的单位阶跃响应的初始速度最大，然后其速度逐渐减小到零，响应曲线无拐点，因此过阻尼二阶系统单位阶跃响应不同于一阶系统的响应。

过阻尼二阶系统单位阶跃响应的性能指标只要求调节时间和稳态误差这两项指标，由于其响应的稳态值为 1，所以稳态误差 $e_{ss} = 0$；而调节时间的求取根据定义求解时，要求解超越方程是非常困难的，因此通常可用下述近似计算式进行估算：

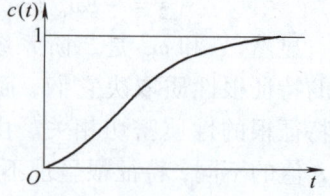

图 3-8 过阻尼二阶系统阶跃响应曲线

$$t_s = (6.45\xi - 1.7)/\omega_n \tag{3-27}$$

式（3-27）适用于取 5% 误差带且 $\xi \geq 0.7$ 时的调节时间的求取。另外，也可根据调节时间的定义，借助计算机进行计算，求出 $\omega_n t_s \sim \xi$ 曲线，然后利用该曲线查出调节时间。

2. 临界阻尼（$\xi = 1$）时的单位阶跃响应 此时，系统特征方程有一对相等的负实根，其单位阶跃响应的拉氏变换 $C(s)$ 为

$$C(s) = \Phi(s) \cdot R(s) = \frac{\omega_n^2}{(s+\omega_n)^2} \cdot \frac{1}{s} = \frac{1}{s} - \frac{1}{s+\omega_n} - \frac{\omega_n}{(s+\omega_n)^2} \tag{3-28}$$

则单位阶跃响应为

$$c(t) = L^{-1}[C(s)] = 1 - e^{-\omega_n t} - \omega_n t e^{-\omega_n t} = 1 - (1+\omega_n t)e^{-\omega_n t} \tag{3-29}$$

其响曲线形状与过阻尼的类似，可参看图 3-8。其稳态误差 $e_{ss} = 0$；其调节时间求取仍可用式（3-27）；稳态值仍为 1。

3. 欠阻尼（$0 < \xi < 1$）时的单位阶跃响应 欠阻尼时系统特征方程的根为一对负实部共轭复根，即

$$s_{1,2} = -\xi\omega_n \pm j\omega_n\sqrt{1-\xi^2} = \sigma \pm j\omega_d \tag{3-30}$$

式中，$\sigma = -\xi\omega_n$；$\omega_d = \omega_n\sqrt{1-\xi^2}$。

单位阶跃响应的拉氏变换 $C(s)$ 为

$$C(s) = \frac{\omega_n^2}{s^2 + 2\xi\omega_n s + \omega_n^2} \cdot \frac{1}{s} = \frac{1}{s} - \frac{s + 2\xi\omega_n}{(s+\xi\omega_n)^2 + \omega_d^2}$$

$$= \frac{1}{s} - \frac{s+\xi\omega_n}{(s+\xi\omega_n)^2 + \omega_d^2} - \frac{\xi}{\sqrt{1-\xi^2}} \cdot \frac{\omega_d}{(s+\xi\omega_n)^2 + \omega_d^2} \tag{3-31}$$

由此可得出时间响应为

$$c(t) = L^{-1}[C(s)] = 1 - e^{-\xi\omega_n t}\left(\cos\omega_d t + \frac{\xi}{\sqrt{1-\xi^2}}\sin\omega_d t\right) \tag{3-32}$$

对式（3-32）化简得

$$c(t) = 1 - \frac{1}{\sqrt{1-\xi^2}} e^{-\xi\omega_n t} \sin(\omega_d t + \beta) \tag{3-33}$$

式中，$\beta = \arccos\xi$。

由式（3-33）可知，欠阻尼时的稳态分量仍然为 **1**，但暂态分量为振幅随时间按负指数规律衰减的周期函数，其振荡角频率为 ω_d，由于 $\omega_d = \omega_n\sqrt{1-\xi^2}$，可见，$\xi$ 的值越大，振幅衰减越快，响应频率越快。

4. 零阻尼（$\xi=0$）时的单位阶跃响应 零阻尼（即 $\xi=0$）时，系统的特征根为一对共轭的纯虚根，此时可将 $\xi=0$ 代入式（3-25）得到系统的单位阶跃响应为

$$c(t) = 1 - \cos\omega_n t \tag{3-34}$$

由式（3-34）可见，**系统无阻尼时单位阶跃响应是以 ω_n 为角频率的等幅振荡**，此时系统处于临界稳定状态，也即古典理论中的不稳定状态。

这里采用无因次时间 $\omega_n t$ 为横坐标，可画出系统在不同阻尼比时的响应曲线 $c(t)$，如图 3-9 所示。由图可见，随着 ξ 的减小，振荡特性加剧，$\xi=0$ 时系统的响应变成等幅振荡；当 $\xi \geq 1$ 时，阶跃响应表现为无振荡的单调上升曲线，并且以 $\xi=1$ 时的过渡过程时间最短。在欠阻尼情况中，ξ 过小则系统响应振荡剧烈，虽然响应的初始阶段较快，但振荡衰减慢，调节时间长，快速性差。取 $0.4 < \xi < 0.8$ 时，过渡过程时间短，振荡也不剧烈，并以 $\xi = 0.707$ 时系统响应性能指标最优，称为最佳阻尼比。

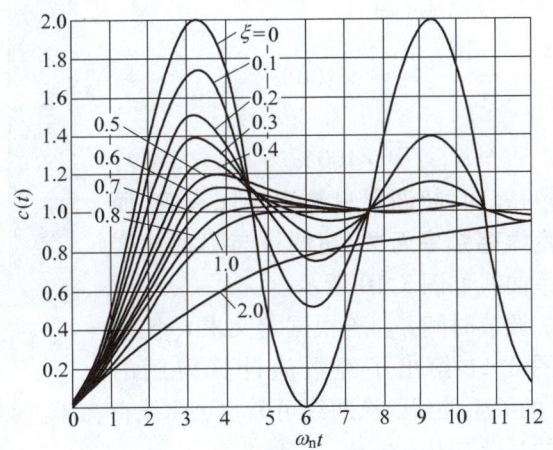

图 3-9 二阶系统单位阶跃响应通用曲线

5. 典型二阶系统欠阻尼时的动态性能指标

（1）上升时间 t_r。根据式（3-33）及上升时间的定义可以得到关系式（3-35）

$$c(t_r) = 1 - \frac{1}{\sqrt{1-\xi^2}} e^{-\xi\omega_n t_r} \sin(\omega_d t + \beta) = 1 \tag{3-35}$$

因此

$$t_r = \frac{\pi - \beta}{\omega_d} = \frac{\pi - \beta}{\omega_n\sqrt{1-\xi^2}} \tag{3-36}$$

由式（3-36）可知，在 ω_n 一定时，ξ 值越小，则 t_r 越小；当 ξ 值一定时，ω_n 越大则 t_r 越小。

（2）峰值时间 t_p。对式（3-33）的 $c(t)$ 进行求导，并令其导数为零，得

$$\frac{dc(t)}{dt} = \sin\omega_d t_p \frac{\omega_n}{\sqrt{1-\xi^2}} e^{-\xi\omega_n t_p} = 0 \tag{3-37}$$

因此有

$$\sin\omega_d t_p = 0$$

则 $\omega_d t_p = n\pi (n=0, \pm 1, \pm 2, \cdots)$

而根据定义，t_p 应为输出响应第一次到达峰值的时间，所以取 $n=1$，因此

$$t_p = \frac{\pi}{\omega_d} = \frac{\pi}{\omega_n \sqrt{1-\xi^2}} \tag{3-38}$$

由此可见，ω_n 值越大、ξ 越小时 t_p 越快。

（3）最大超调量 $\sigma\%$。超调量为暂态过程中被控量超过稳态值的的最大百分数，超调量在峰值时间发生，将式 (3-38) 代入式 (3-33) 得

$$c(t_p) = 1 - \frac{e^{\xi\omega_n t_p}}{\sqrt{1-\xi^2}} \sin(\pi + \beta) = 1 + e^{-\frac{\xi\pi}{\sqrt{1-\xi^2}}}$$

所以超调量为

$$\sigma\% = \frac{c(t_p) - c(\infty)}{c(\infty)} \times 100\%$$

$$= \frac{c(t_p) - 1}{1} \times 100\%$$

$$= e^{-\frac{\xi\pi}{\sqrt{1-\xi^2}}} \times 100\% \tag{3-39}$$

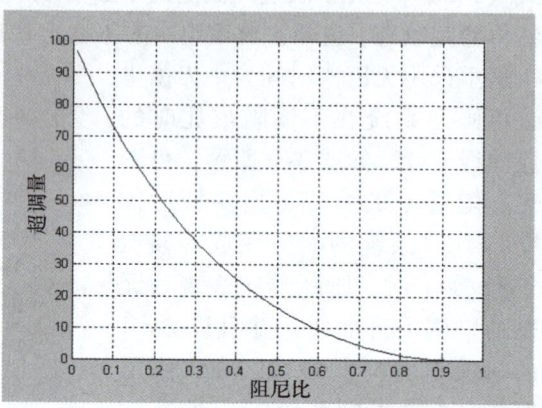

式 (3-39) 表明，**超调量只与阻尼比有关，而与无阻尼振荡频率无关**，超调量与阻尼比之间的关系曲线如图 3-10 所示。

（4）调节时间 t_s。若根据定义求 t_s 比较困难，图 3-11 给出了经数值计算得到的 $\omega_n t_s - \xi$ 的关系曲线，从曲线可看出，曲线存在不连续性，这是因为 ξ 的微小变化，可引起调节时间的显著变化。

图 3-10 二阶系统超调量与阻尼比之间关系曲线

如果阻尼比 $\xi < 0.8$，则可用估算式 (3-40) 估算调节时间 t_s

$$t_s = \frac{3}{\xi\omega_n} \quad （取 5\% 误差带） \tag{3-40}$$

【例 3-3】 有一个二阶系统，其结构如图 3-12 所示，已知 $T=0.1s$，K 为开环增益，要求系统无超调，且调节时间 t_s 为 1s，试计算 K 值。

解：根据题意，系统无超调，则应取 $\xi \geq 1$，而由图 3-12 可求出系统的闭环传递函数为

$$\Phi(s) = \frac{K}{Ts^2 + s + K} = \frac{K/T}{s^2 + s/T + K/T} = \frac{10K}{s^2 + 10s + 10K}$$

而二阶系统的标准式为

$$\Phi(s) = \frac{\omega_n^2}{s^2 + 2\xi\omega_n s + \omega_n^2}$$

将上面两式比较并注意到过阻尼时的调节时间近似计算式 (3-27)，可得关系式：

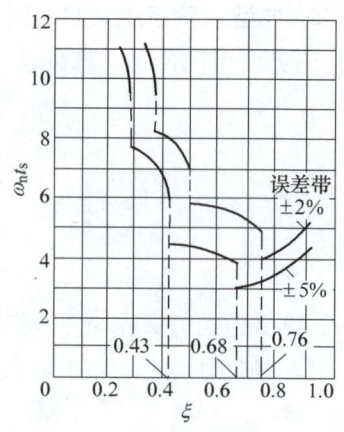

图 3-11 $\omega_n t_s$ 与 ξ 的关系曲线

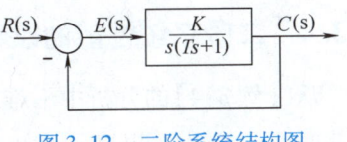

图 3-12 二阶系统结构图

$$\begin{cases} \omega_n^2 = 10K \\ 2\xi\omega_n = 10 \\ t_s = 1 = \dfrac{6.45\xi - 1.7}{\omega_n} \end{cases}$$

求解上面3个方程可得：$K = 2.39\text{s}^{-1}$；$\xi = 1.02$；$\omega_n = 4.89$。

【例3-4】 已知某单位负反馈系统的开环传递函数为

$$G(s) = \frac{5K_A}{s(s + 34.5)}$$

设系统的输入量为单位阶跃函数，试计算放大器的增益 $K_A = 200$ 时，系统输出响应的动态性能指标。若 K_A 增大到1500或减小到13.5时，求系统的动态性能指标。

解：系统的闭环传递函数为

$$\Phi(s) = \frac{5K_A}{s^2 + 34.5s + 5K_A}$$

与二阶系统的标准式比较可得关系式：$\begin{cases} \omega_n^2 = 5K_A \\ 2\xi\omega_n = 34.5 \end{cases}$

解上述两式得

$$\begin{cases} \omega_n = \sqrt{5K_A} \\ \xi = \dfrac{34.5}{2\sqrt{5K_A}} \end{cases}$$

1) $K_A = 200$ 时，代入上式求得：$\omega_n = 31.5\text{rad/s}$；$\xi = 0.545$，由于 $\xi < 1$ 为欠阻尼，根据二阶欠阻尼系统动态性能指标的计算公式，可得

$$t_p = \frac{\pi}{\omega_n \sqrt{1 - \xi^2}} = 0.12\text{s}$$

$$t_s \approx \frac{3}{\xi\omega_n} = 0.174\text{s}$$

$$\sigma\% = e^{-\xi\pi/\sqrt{1-\xi^2}} = 13\%$$

2) $K_A = 1500$ 时，求得 $\omega_n = 86.2\text{rad/s}$；$\xi = 0.2$，仍为欠阻尼，且 ξ 较小，可求得动态指标：

$$t_p = 0.037\text{s}$$
$$t_s = 0.174\text{s}$$
$$\sigma\% = 53.7\%$$

由此可见，K_A 增大时 ξ 值减小，系统的峰值时间和上升时间减小，但超调量变大，而调节时间基本不变。

3) $K_A = 13.5$ 时，有 $\omega_n = 8.22\text{rad/s}$，$\xi = 3.1 > 1$，此时系统为过阻尼情况，峰值时间和超调量不存在，而调节时间为

$$t_s = \frac{(6.45\xi - 1.7)}{\omega_n} = 1.46\text{s}$$

可见虽响应无超调，但响应过程过慢。

3.3.4 二阶系统性能的改善

从【例3-4】的分析中不难发现，当增益K_A增大时，ξ减小，可使系统的上升时间t_r和峰值时间t_p减小，提高了系统的快速性，但又使振荡加剧，超调量$\sigma\%$增大；反之，减小增益，ξ增大，可减小超调量，改善平稳性，但过渡过程又变得缓慢。可见系统的快速性和平稳性对参数ξ、ω_n的要求往往不能一致，为了使二阶系统具有满意的暂态性能，必须合理地选择阻尼比ξ和无阻尼振荡频率ω_n，只依靠调节系统的个别参数K_A，是很难同时满足系统的快速性和平稳性的要求。这就必须研究其他控制方式，以改善系统性能。如采取在原系统中引入附加的控制信号来改善平稳性等方法。

从前面的分析可知，系统超调大的原因是在系统响应接近稳态值时，积累的速度过快而使超调过大，为了减小超调、抑制振荡，可以引入一个与速度有关的负反馈，适当地压低速度，从而提高平稳性。这里介绍的两种常用的改善系统性能的方法：引入输出量的速度反馈控制和采用误差信号的比例-微分控制。

1. 输出量的速度反馈控制　图 3-13 给出了引入输出量的速度反馈控制的二阶系统结构图，图中将输出量的速度信号负反馈到输入端，与误差信号叠加，构成了速度反馈控制，图中K_t称为速度反馈系数。

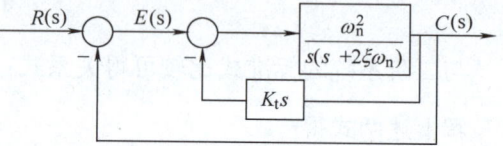

图 3-13　带速度反馈的二阶系统结构图

此时系统的开环传递函数为

$$G(s) = \frac{C(s)}{E(s)} = \frac{\dfrac{\omega_n^2}{s(s+2\xi\omega_n)}}{1+\dfrac{\omega_n^2}{s(s+2\xi\omega_n)}K_t s} = \frac{\omega_n^2}{s(s+2\xi\omega_n+\omega_n^2 K_t)} = \frac{\dfrac{\omega_n}{2(\xi+\omega_n K_t)}}{s\left[\dfrac{s}{2(\xi+\omega_n K_t)\omega_n}+1\right]} \tag{3-41}$$

则式中的开环放大倍数 $K = \dfrac{\omega_n}{2(\xi+\omega_n K_t)}$

系统的闭环传递函数为

$$\Phi(s) = \frac{C(s)}{R(s)} = \frac{\omega_n^2}{s^2+2(\xi+K_t\omega_n/2)\omega_n s+\omega_n^2} = \frac{\omega_n^2}{s^2+2\xi_t\omega_n s+\omega_n^2} \tag{3-42}$$

式中，ξ_t为等效阻尼比，$\xi_t = \xi + \dfrac{1}{2}K_t\omega_n$。

显然，和没有引入速度负反馈时的系统比，其阻尼比增大了，可见，$K_t s$的设置，改善了系统的平稳性，亦可在原系统阻尼比较小的情况下，实现过阻尼，消除振荡。因此可得出以下结论：

① 由式（3-41）知，速度反馈会降低系统的开环增益，从而会加大系统在斜坡输入时的稳态误差。

② 由式（3-42）知，速度反馈不影响系统的自然频率ω_n。

③ 可增大系统的阻尼比 $\xi_t = \xi + \dfrac{1}{2}K_t\omega_n$。

④ 速度反馈不形成闭环零点。

速度反馈控制，可采用测速发电机或 RC 微分电路与位置传感器的组合来实现。

2. 误差信号的比例-微分控制 引入比例-微分控制的二阶系统如图 3-14 所示，由图可见，系统输出量同时受误差信号 $e(t)$ 和误差信号的微分 $\dot{e}(t)$ 的双重控制，T_d 表示微分器的时间常数，即微分时间常数。此时，系统的开环传递函数为

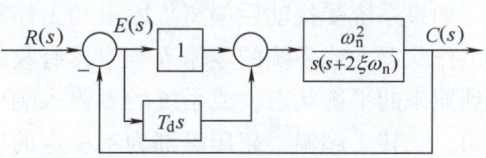

图 3-14 比例-微分控制的二阶系统结构图

$$G(s) = \frac{(T_d s + 1)\omega_n^2}{s(s + 2\xi\omega_n)} = \frac{\frac{\omega_n}{2\xi}(T_d s + 1)}{s\left(\frac{s}{2\xi\omega_n} + 1\right)}$$

系统的开环增益为 $K = \omega_n/(2\xi)$，它与典型二阶系统的开环增益相同。则系统的闭环传递函数为

$$\Phi(s) = \frac{C(s)}{R(s)} = \frac{(T_d s + 1)\omega_n^2}{s^2 + 2\xi\omega_n s + (T_d s + 1)\omega_n^2} = \frac{(T_d s + 1)\omega_n^2}{s^2 + 2\left(\xi + \frac{1}{2}T_d\omega_n\right)s + \omega_n^2}$$

$$= \frac{(T_d s + 1)\omega_n^2}{s^2 + 2\xi_d\omega_n s + \omega_n^2} \tag{3-43}$$

式中，ξ_d 为等效阻尼比，$\xi_d = \xi + \frac{1}{2}T_d\omega_n$。

因此，可以得出以下结论：

① 比例-微分控制可以不改变自然频率 ω_n，但可增大系统的阻尼比。

② 由于 $\xi_d = \xi + \frac{1}{2}T_d\omega_n$，可知通过适当选择微分时间常数 T_d，可改变 ξ_d 阻尼的大小。

③ $K = \frac{\omega_n}{2\xi}$，由于 ξ 与 ω_n 均与 K 有关，所以适当选择开环增益，以使系统在斜坡输入时的稳态误差减小，单位阶跃输入时有满意的动态性能（反应快速，超调小）。这一种控制方法工业上称为 PD 控制，由于 PD 控制相当于给系统增加了一个闭环零点，$-Z = -\frac{1}{T_d}$，故比例-微分控制的二阶系统称为有零点的二阶系统。

④ 由于微分时对噪声有放大作用（高频噪声），所以输入噪声较大时，不宜采用这种控制方法。

比例-微分控制可用 RC 网络或模拟运算电路来实现，如果是数字系统则可用软件实现。

3.4 控制系统的稳定性分析

稳定性是控制系统的重要性质，对系统进行各类品质指标的分析也必须在系统稳定的前提下进行。分析系统的稳定性问题，提出保证系统稳定的措施，是自动控制理论的基本任务之一。

3.4.1 稳定的基本概念

如果系统受扰动后偏离了原来的工作状态，而当扰动取消后，系统又能逐渐恢复到原来的工作状态，或系统的零输入响应具有收敛性质，则称系统是稳定的。反之，若系统不能恢复到原来的平衡状态，或系统的零输入响应具有发散性，则系统为不稳定的。如一些设备的尖叫、飞转、超温、超压等都为不稳定的现象，这在工程中是不允许的。对线性定常系统，当输入为零时，输出为零的点为其惟一的平衡点。当系统输入信号为零时，在非零初始条件作用下，如果系统的输出信号随时间的推移而趋于零，即系统能够自行回到平衡点，则称该线性定常系统是稳定的。或者说，如果线性定常系统时间响应中的初始条件分量（零输入响应）趋于零，则系统是稳定的，否则系统是不稳定的。

线性定常系统的稳定性取决于系统的固有特征（结构、参数），与系统的输入信号无关。稳定性是系统的固有特性，是扰动消失后系统自身的恢复能力。

3.4.2 线性定常系统稳定的充分必要条件

一个以 $r(t)$ 作为输入，$c(t)$ 作为输出的线性定常系统的微分方程可表示为下述形式：

$$a_0 \frac{d^n c(t)}{dt^n} + a_1 \frac{d^{n-1} c(t)}{dt^{n-1}} + \cdots + a_{n-1} \frac{dc(t)}{dt} + a_n c(t)$$

$$= b_0 \frac{d^m r(t)}{dt^m} + b_1 \frac{d^{m-1} r(t)}{dt^{m-1}} + \cdots + b_{m-1} \frac{dr(t)}{dt} + b_m r(t) \tag{3-44}$$

考虑初始条件，对上式求拉氏变换得

$$(a_0 s^n + a_1 s^{n-1} + \cdots + a_{n-1} s + a_n) C(s) = (b_0 s^m + b_1 s^{m-1} + \cdots + b_m) R(s) + M_0(s) \tag{3-45}$$

式中，$M_0(s)$ 是由初始条件 $c^{(i)}(0)$ 及系数 a_i 决定的 s 的多项式。

令 $D(s) = a_0 s^n + a_1 s^{n-1} + \cdots + a_n$ 为系统的特征式，$M(s) = b_0 s^m + b_1 s^{m-1} + \cdots + b_m$ 为系统的输入端算子式，则式(3-45)可简写为

$$D(s) C(s) = M(s) R(s) + M_0(s) \tag{3-46}$$

所以，系统的输出 $C(s)$ 可表示为

$$C(s) = \frac{M(s)}{D(s)} R(s) + \frac{M_0(s)}{D(s)} \tag{3-47}$$

设系统特征方程 $D(s) = 0$ 具有 n 个互异特征根，$s_i (i = 1, 2, \cdots, n)$，则 $D(s)$ 可表示为

$$D(s) = a_0 \prod_{i=1}^{n} (s - s_i)$$，而输入 $R(s)$ 具有 l 个互异极点 $s_{rj} (j = 1, 2, \cdots, l)$，即 $R(s)$ 的分母为 $\prod_{j=1}^{l} (s - s_{rj})$，则式(3-47)可用部分分式表示为如下形式：

$$C(s) = \sum_{i=1}^{n} \frac{A_i}{s - s_i} + \sum_{j=1}^{l} \frac{B_j}{s - s_{rj}} + \sum_{i=1}^{n} \frac{C_i}{s - s_i} \tag{3-48}$$

式中，A_i，B_j，C_i 均为待定系数。

对式(3-48)进行拉氏反变换，得到响应表达式为

$$c(t) = \sum_{i=1}^{n} A_i e^{s_i t} + \sum_{j=1}^{l} B_j e^{s_j t} + \sum_{i=1}^{n} C_i e^{s_i t} \tag{3-49}$$

式中，第1、2项为零状态响应，其中第2项为稳态分量，其变化规律取决于输入作用；第3项为初始状态作用下的暂态响应，即零输入响应。

令零输入响应部分为

$$c_1(t) = \sum_{i=1}^{n} C_i e^{s_i t} \tag{3-50}$$

根据稳定的定义可知，线性定常系统的稳定性是由零输入响应所决定的。因此要系统稳定，只需满足式（3-50）随着时间的推移而渐近为零即可，即

$$\lim_{t \to \infty} c_1(t) = 0 \tag{3-51}$$

只有当系统的特征根全部都具有负实部时，$c_1(t)$ 响应收敛，式（3-51）才成立，才表明系统稳定；若特征根中有1个或1个以上的正实部时，则 $c_1(t)$ 响应为单调发散或振荡发散，式（3-51）不成立，表明系统不稳定；若特征根中有1个或1个以上的零实部根，而其余的特征根均具有负实部时，$c_1(t)$ 响应趋于常数或趋于等幅正弦振荡，式（3-51）不成立，按照稳定的定义，此时系统处于随遇平衡状态，这种情况为临界稳定，在古典理论中只有渐近稳定的系统才称为稳定系统，所以临界稳定系统属不稳定系统。

综合上述分析可得出**线性系统稳定的充分必要条件为：系统的所有特征根具有负实部，或者说所有特征根位于 s 平面的左半面，即 $Re[s_i] < 0$** $(i=1,2,\cdots,n)$。

如果根据稳定的充分必要条件判别线性系统的稳定性，需要解出系统的全部特征根。对于高阶系统，求根的工作量很大。所以一般不用直接求特征根的方法，而用一种间接判别系统特征根是否具有全部负实部的方法。这种方法称为代数稳定判据。

3.4.3 代数稳定判据

代数稳定判据就是一种利用特征方程的系数，运用代数运算来确定特征方程根的位置，并判断系统的稳定性的方法。代数稳定判据有劳斯（Routh）稳定判据和古尔维茨（Hurwith）稳定判据两种。

1. 劳斯稳定判据 应用劳斯稳定判据时，必须借助特征方程式的系数编制一个表格，此表格称为劳斯阵列（或称劳斯行列式）。现以6阶系统的特征方程

$$a_0 s^6 + a_1 s^5 + a_2 s^4 + a_3 s^3 + a_4 s^2 + a_5 s + a_6 = 0$$

为例，说明劳斯阵列的编制方法。

该方程的劳斯阵列如下：

s^6	a_0	a_2	a_4	a_6
s^5	a_1	a_3	a_5	0
s^4	$\dfrac{a_1 a_2 - a_0 a_3}{a_1} = b_1$	$\dfrac{a_1 a_4 - a_0 a_5}{a_1} = b_2$	$\dfrac{a_1 a_6 - a_0 \times 0}{a_1} = b_3$	0
s^3	$\dfrac{b_1 a_3 - a_1 b_2}{b_1} = c_1$	$\dfrac{b_1 a_5 - a_1 b_3}{b_1} = c_2$	0	

$$s^2 \quad \left| \quad \frac{c_1 b_2 - b_1 c_2}{c_1} = d_1 \quad \frac{c_1 b_3 - b_1 \times 0}{c_1} = d_2 \quad 0 \right.$$

$$s^1 \quad \left| \quad \frac{d_1 c_2 - c_1 d_2}{d_1} = e_1 \quad 0 \right.$$

$$s^0 \quad \left| \quad \frac{e_1 d_2 - d_1 \times 0}{e_1} = f_1 \quad 0 \right.$$

劳斯阵列中,竖线左边 1 列元素是 s 的幂次(从特征方程的最高幂次开始写,依次递减 1,直至 s^0 止),这一列只起标识作用,不参与计算。

劳斯阵列中的第 1 行和第 2 行各元素,直接用特征方程式的系数填入。第 1 行从最高幂次项的系数 a_0 开始,向右边依次填入下标数字按 2 递增的系数,即 a_0,a_2,a_4…。第 2 行的元素从 a_1 开始,向右边依次填入下标数字按 2 递增的系数 a_1,a_3,a_5…。

劳斯阵列中第 3 行各元素,是根据第 1 行和第 2 行的元素按照一定的程式计算得到的。这种程式不难从本例中看出。按照第 3 行的计算方法,依次计算第 4 行,第五行…各元素,直到 s^0 行为止。

靠近竖线右侧的 1 列元素(a_0,a_1,b_1,c_1…f_1)是劳斯阵列中的第 1 列。劳斯判据就是根据这 1 列元素符号的性质来判断特征方程的根是否全分布在 s 平面左半部,从而判定系统是否是稳定的。

劳斯稳定判据:特征方程的根全部位于 s 左半平面的充分必要条件是:特征方程的全部系数是正的,且由此作出的劳斯阵列第 1 列元素全部大于零。如果劳斯阵列第 1 列元素中出现负项,则劳斯阵列第 1 列元素符号改变的次数等于相应特征方程位于 s 右半平面根的个数。

由于系统稳定的充分必要条件就是其特征方程的根全部位于 s 左半平面,因此这个判据也可叙述为:**系统稳定的充分必要条件是劳斯阵列第 1 列元素全部为正**。

2*. 古尔维茨(Hurwith)稳定判据 设 n 阶系统特征方程写成如下形式:

$$D(s) = a_0 s^n + a_1 s^{n-1} + \cdots + a_n = 0$$

则系统稳定的充分必要条件为

(1) 特征方程式中各项系数大于零,即

$$a_i > 0 (i = 0, 1, 2, \cdots, n)$$

(2) 在由特征多项式各项系数构造的 n 阶行列式 D_n 中,各奇数主子行列式或偶数主子行列式大于零,即

$$D_1 > 0, D_3 > 0, D_5 > 0, \cdots$$

或

$$D_2 > 0, D_4 > 0, D_6 > 0, \cdots$$

其中:

$$D_1 = a_1$$

$$D_2 = \begin{vmatrix} a_1 & a_3 \\ a_0 & a_2 \end{vmatrix}$$

$$D_3 = \begin{vmatrix} a_1 & a_3 & a_5 \\ a_0 & a_2 & a_4 \\ 0 & a_1 & a_3 \end{vmatrix}, \cdots$$

$$D_n = \begin{vmatrix} a_1 & a_3 & a_5 & \cdots & 0 \\ a_0 & a_2 & a_4 & \cdots & 0 \\ 0 & a_1 & a_3 & \cdots & 0 \\ 0 & a_0 & a_2 & \cdots & 0 \\ \vdots & \vdots & \vdots & \ddots & \vdots \\ 0 & 0 & 0 & \cdots & a_n \end{vmatrix}$$

【例 3-5】 设系统特征方程为

$$s^4 + 8s^3 + 18s^2 + 16s + 5 = 0$$

试用代数判据判断该系统的稳定性。

解：由系统特征方程可得：$a_0 = 1$，$a_1 = 8$，$a_2 = 18$，$a_3 = 16$，$a_4 = 5$
由代数判据可知系统稳定的充分必要条件为

(1) $a_0 > 0$，$a_1 > 0$，$a_2 > 0$，$a_3 > 0$，$a_4 > 0$。

(2) 取奇次行列式判别：

$$D_1 = a_1 = 8 > 0$$

$$D_3 = \begin{vmatrix} 8 & 16 & 0 \\ 1 & 18 & 5 \\ 0 & 8 & 16 \end{vmatrix} = 1.728 > 0$$

所以该系统是稳定的。

【例 3-6】 系统的特征方程为

$$a_0 s^2 + a_1 s + a_2 = 0$$

试用代数判据判别系统的稳定性。

解：根据系统稳定的充分必要条件可知系统要稳定则有：

(1) $a_0 > 0$，$a_1 > 0$，$a_2 > 0$。

(2) $D_1 = a_1 > 0$。

由【例 3-6】可知，一阶和二阶系统稳定的充分必要条件是特征方程的系数大于零，即系统稳定的必要条件也是充分条件。

3.4.4 代数稳定判据的应用

应用代数稳定判据不仅可以判别系统的稳定性，而且可以分析系统的稳定性与特征根分布的情况，还可以确定使系统稳定的参数取值范围。下面主要以劳斯稳定判据的应用举例来说明。

1. 判别系统的稳定性

【例 3-7】 某系统的特征方程为

$$s^4 + 3s^3 + 3s^2 + 2s + 2 = 0$$

试用劳斯判据判定系统的稳定性。

解：首先列写劳斯阵列如下：

s^4	1	3	2
s^3	3	2	0
s^2	$\dfrac{3\times3-1\times2}{3}=\dfrac{7}{3}$	$\dfrac{3\times2-1\times0}{3}=2$	
s^1	$\dfrac{\dfrac{7}{3}\times2-3\times2}{\dfrac{7}{3}}=-\dfrac{4}{7}$	0	0
s^0	2	0	0

在列写劳斯阵列时，可以用一个正整数去乘或除某一行元素，而稳定结论不会改变。在本列中用 3 乘 s^2 行各元素，可以避免进行分数运算的麻烦。

由劳斯阵列第 1 列元素可见，第 1 列元素不全为正，因此由劳斯稳定判据判定系统不稳定。

由于劳斯阵列第 1 列元素符号改变次数为两次，即由 7/3 变为 −4/7，再由 −4/7 变为 2。因此由劳斯稳定判据还可以得出系统特征方程的特征根有两个位于 s 的右半平面。

【例 3-8】 设系统的特征方程为

$$s^5+s^4+3s^3+3s^2+2s+2=0$$

试判断系统的稳定性。

解：作劳斯阵列

s^5	1	3	2
s^4	1	3	2
s^3	0	0	0

如果只研究系统的稳定与否，则列写劳斯阵列的第 3 行系数后就可以不再往下计算了。因为第 1 列元素出现了 0，已不完全为正，此时已可以下结论：系统不稳定。如果还要了解系统某些根的性质，就必须继续完成阵列。

对于第 3 行整行元素为零的情况，可用靠该行上面 1 行的元素作为系数构成 1 个辅助方程：

$$A(s)=s^4+3s^2+2=0 \tag{3-52}$$

并用其对 s 求 1 次导数所得到的新方程式：

$$4s^3+6s=0$$

的系数（即 4 和 6）代替第 3 行全为零的元素。然后继续完成阵列如下：

s^5	1	3	2
s^4	1	3	2
s^3	4	6	
s^2	3/2	2	
s^1	3/2		
s^0	2		

第 1 列元素符号并不改变,所以系统没有位于 s 右半平面的根。但由于原来有一列零元素,所以系统是不稳定的。使系统不稳定的原因是特征方程有位于 s 平面虚轴上的根。这类根可由辅助方程式(3-52)求得为 $\pm j$,$\pm j\sqrt{2}$。

【例 3-9】 系统的特征方程为

$$s^4 + 2s^3 + s^2 + 2s + 1 = 0$$

试用劳斯判据判断系统的稳定性。

解: 在做该特征方程的劳斯阵列时,出现了其中 1 行的第 1 列元素为零,而其他元素不为零,这时可判定系统不稳定。但如果要进一步了解根的情况,可用 1 个很小的正数 ε 代替这个为零的元素,并继续完成劳斯阵列,即

$$
\begin{array}{c|ccc}
s^4 & 1 & 1 & 1 \\
s^3 & 2 & 2 & 0 \\
s^2 & 0(\varepsilon) & 1 & \\
s^1 & 2-2/\varepsilon & & \\
s^0 & 1 & &
\end{array}
$$

由于 ε 是很小的正数,s^1 行第 1 列元素就是 1 个绝对值很大的负数。整个劳斯阵列第 1 列元素符号共改变两次,所以系统有两个位于 s 右半平面的根。

2. 分析系统参数变化对稳定性的影响 利用代数稳定判据可确定系统个别参数变化对系统稳定性的影响,以及为使系统稳定,这些参数应取值的范围。当讨论的参数为开环放大倍数时,使系统稳定的开环放大倍数的临界值称为临界放大倍数。

【例 3-10】 设单位负反馈系统的开环传递函数为

$$G(s) = \frac{K}{s(s+4)(s+10)}$$

试求保证闭环系统稳定的开环增益 K 的可调范围。

解: 系统的闭环传递函数为

$$\Phi(s) = \frac{K}{s(s+4)(s+10)+K} = \frac{K}{s^3+14s^2+40s+K}$$

由此可得闭环系统的特征方程式为

$$D(s) = s^3 + 14s^2 + 40s + K = 0$$

则其劳斯阵列为

$$
\begin{array}{c|cc}
s^3 & 1 & 40 \\
s^2 & 14 & K \\
s^1 & \dfrac{14\times 40 - 1\times K}{14} = \dfrac{560-K}{14} & \\
s^0 & K &
\end{array}
$$

根据稳定条件:

(1) $\dfrac{560-K}{14} > 0$ 则应有 $K < 560$。

(2) $K > 0$。

因此 $0 < K < 560$

为保证系统稳定，增益 K 的可调范围是：$0 < K < 560$，其中使系统稳定的临界放大倍数为 560。

由【例 3-10】可知：加大系统的开环增益对系统的稳定性不利。

3.5 控制系统的稳态误差分析

控制系统的稳态误差，是衡量系统稳态性能的一项重要指标，它表示了系统对某种典型输入信号的响应的准确程度，稳态误差越小，说明系统稳态时的实际输出与希望输出之间的差别越小，系统的稳态性能越好。

系统误差既与系统的结构参数有关，又和外作用的形式有关。稳态误差可分为两类，即稳态给定误差与扰动误差，不同类型的系统误差分析的重点也不同。对于恒值调节系统，主要分析扰动对系统稳态误差的影响，其目的在于抑制扰动的影响。对于随动系统，由于给定输入是变化的，要求系统的输出响应能以足够的精度跟踪给定输入的变化。因此，经常以稳态给定误差去衡量随动系统的稳态误差性能。

本节主要介绍误差的概念，研究系统结构、输入信号类型与误差的关系，探讨误差的规律性，寻求计算误差的方法。

3.5.1 误差与稳态误差

系统的误差用 $e(t)$ 表示，它有不同的定义，本书定义为希望值 $r(t)$ 与实际值 $c(t)$ 之差，对单位负反馈系统可表示为

$$e(t) = r(t) - c(t) \tag{3-53}$$

系统的典型结构如图 3-15 所示，$r(t)$ 相当于代表希望值的指令输入，而 $b(t)$ 相当于被控量 $c(t)$ 的测量值，且 $b(t)$ 与 $r(t)$ 同量纲，则系统误差定义为

$$e(t) = r(t) - b(t) \tag{3-54}$$

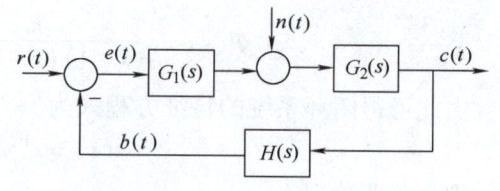

图 3-15 系统典型结构图

该式也就是通常所说的从输入端定义误差，本书在没有特别说明时，就以式（3-54）的定义为准。误差 $e(t)$ 反映了系统跟踪 $r(t)$ 和抑制 $n(t)$ 的过程精度。

求解误差响应 $e(t)$ 与求解系统输出响应 $c(t)$ 一样，对高阶系统是比较困难的。但若只需求控制过程平稳下来以后的误差，即系统的稳态误差，问题就比较好解决了。

稳态误差定义为稳定系统误差的终值，用 e_{ss} 表示，即

$$e_{ss} = \lim_{t \to \infty} e(t) \tag{3-55}$$

稳态误差又称为终值误差，它是衡量系统最终控制精度的重要性能指标。

3.5.2 稳态误差的计算

如果系统的误差的拉氏变换 $E(s)$ 在 s 的右半平面及除原点外的虚轴上没有极点,则其稳态误差可用拉氏变换的终值定理进行求解,而无需解出响应的时域表达式,即稳态误差可用式(3-56)计算

$$e_{ss} = \lim_{t \to \infty} e(t) = \lim_{s \to 0} sE(s) \tag{3-56}$$

如果系统是稳定的,但是其输入函数的拉氏变换在虚轴上或 s 右半平面上有极点,如输入 $r(t)$ 为正弦函数等,则不能用上式求稳态误差,而需用另外的方法求取,这里不作介绍。

根据式(3-54)可求出误差函数的拉氏变换为

$$E(s) = R(s) - B(s) \tag{3-57}$$

由图 3-15 可求出输出 $C(s)$ 为

$$C(s) = \frac{G_1(s)G_2(s)R(s)}{1 + G_1(s)G_2(s)H(s)} + \frac{G_2(s)N(s)}{1 + G_1(s)G_2(s)H(s)}$$

所以有

$$E(s) = R(s) - B(s) = R(s) - H(s)C(s) = \frac{R(s)}{1 + G_1(s)G_2(s)H(s)} - \frac{G_2(s)H(s)N(s)}{1 + G_1(s)G_2(s)H(s)}$$

令系统对输入指令的误差传递函数 $\Phi_{er}(s)$ 和系统对干扰的误差传递函数 $\Phi_{en}(s)$ 分别为

$$\Phi_{er}(s) = \frac{E_r(s)}{R(s)} = \frac{1}{1 + G_1(s)G_2(s)H(s)} \tag{3-58}$$

$$\Phi_{en}(s) = \frac{E_n(s)}{N(s)} = \frac{-G_2(s)H(s)}{1 + G_1(s)G_2(s)H(s)} \tag{3-59}$$

则可将误差表示为

$$E(s) = \Phi_{er}(s)R(s) + \Phi_{en}(s)N(s) \tag{3-60}$$

故稳态误差为

$$\begin{aligned} e_{ss} &= \lim_{s \to 0} sE(s) = \lim_{s \to 0} s\Phi_{er}(s)R(s) + \lim_{s \to 0} s\Phi_{en}(s)N(s) \\ &= \lim_{s \to 0} s\left[\frac{1}{1 + G_1(s)G_2(s)H(s)}\right]R(s) + \lim_{s \to 0} s\left[\frac{-G_2(s)H(s)}{1 + G_1(s)G_2(s)H(s)}\right]N(s) \\ &= e_{ssr} + e_{ssn} \end{aligned} \tag{3-61}$$

式中, e_{ssr} 为 $r(t)$ 引起的系统误差; e_{ssn} 为干扰 $n(t)$ 引起的系统误差。

式(3-61)必须是在系统稳定的条件下才成立,由该式可看出,系统的稳态误差不仅与系统传递函数的结构参数有关,而且和外加给定输入 $r(t)$ 及干扰 $n(t)$ 的形式有关。

【例 3-11】 系统结构如图 3-16 所示,已知 $r(t) = t$, $n(t) = -1(t)$,试计算系统的稳态误差 e_{ss}。

解: 稳定的系统才能用终值定理求稳态误差,因此在计算误差之前,必须首先判别系统的稳定性。

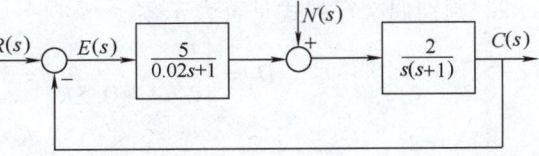

图 3-16　例 3-11 系统结构图

(1) 求 $E(s)$

$$E(s) = \cfrac{1}{1+\cfrac{5}{0.02s+1}\cdot\cfrac{2}{s(s+1)}}R(s) + \cfrac{-\cfrac{2}{s(s+1)}}{1+\cfrac{5}{0.02s+1}\cdot\cfrac{2}{s(s+1)}}N(s)$$

$$= \frac{s(0.02s+1)(s+1)}{s(0.02s+1)(s+1)+10}R(s) - \frac{2(0.02s+1)}{s(0.02s+1)(s+1)+10}N(s)$$

将 $R(s)=1/s^2$，$N(s)=-1/s$，代入上式得

$$E(s) = \frac{s(0.02s+1)(s+1)}{s(0.02s+1)(s+1)+10}\cdot\frac{1}{s^2} - \frac{2(0.02s+1)}{s(0.02s+1)(s+1)+10}\cdot\left(\frac{-1}{s}\right)$$

(2) 判别系统的稳定性

由 $E(s)$ 的表达式可知，系统的特征方程为

$$D(s) = s(0.02s+1)(s+1) + 10 = 0.02s^3 + 1.02s^2 + s + 10$$

由代数稳定判据的条件：

1) 各项系数大于零，系统满足稳定的必要条件；

2) $D_2 = \begin{vmatrix} 1.02 & 10 \\ 0.02 & 1 \end{vmatrix} = 0.82 > 0$

由此可见系统稳定，可用终值定理求稳态误差。

(3) 用终值定理求稳态误差

$$e_{ss} = \lim_{s\to 0}sE(s) = \lim_{s\to 0}s\frac{s(0.02s+1)(s+1)}{s(0.02s+1)(s+1)+10}\cdot\frac{1}{s^2} + \lim_{s\to 0}s\frac{2(0.02s+1)}{s(0.02s+1)(s+1)+10}\cdot\frac{1}{s}$$

$$= \frac{1}{10} + \frac{2}{10} = 0.3$$

【例 3-12】 系统结构如图 3-17 所示，试求系统在单位斜坡作用下的稳态误差。

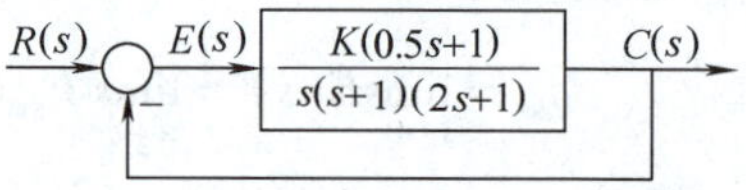

解：(1) 判别系统的稳定性

由系统的结构图可求得系统的闭环特征方程式为

图 3-17 例 3-12 系统结构图

$D(s) = s(s+1)(2s+1) + K(0.5s+1) = 2s^3 + 3s^2 + (1+0.5K)s + K = 0$

根据代数稳定判据求 K 值范围。

1) 各系数大于零，得

$$K>0 ; K>-2$$

2) 判别偶次行列式是否大于零。

令 $D_2 = \begin{vmatrix} 3 & K \\ 2 & 1+0.5K \end{vmatrix} = 3(1+0.5K) - 2K > 0$

得 $K<6$

故系统稳定的条件为 $0<K<6$，K 在此域中取值时，才能用终值定理求稳态误差。

(2) 求 $E(s)$

由图 3-17 可知：
$$E(s) = \Phi_{er}(s)R(s) = \frac{s(s+1)(2s+1)}{s(s+1)(2s+1) + K(0.5s+1)} \cdot R(s)$$

由于 $r(t) = t$，所以 $R(s) = 1/s^2$，代入上式得
$$E(s) = \frac{s(s+1)(2s+1)}{s(s+1)(2s+1) + K(0.5s+1)} \cdot \frac{1}{s^2}$$

(3) 求稳态误差 e_{ss}。

在 K 的稳定域中，系统稳定，$E(s)$ 的极点均在 s 平面的左半面，稳态误差可用终值定理求解为
$$e_{ss} = \lim_{s \to 0} sE(s) = \lim_{s \to 0} s\left[\frac{s(s+1)(2s+1)}{s(s+1)(2s+1) + K(0.5s+1)} \cdot \frac{1}{s^2}\right] = \frac{1}{K}$$

本题的结果表明，当 $0 < K < 6$ 时，系统的稳态误差为 $1/K$。由此可看出，K 越小系统稳定性能越好，但稳态误差越大，所以**系统的稳定性与稳态精度对系统的要求是相矛盾的**。

3.5.3 系统的型别与 $r(t)$ 作用下的稳态误差

1. 系统的型别　当只考虑 $r(t)$ 作用时的典型系统结构如图 3-18 所示，设系统开环传递函数为

$$G(s)H(s) = \frac{K\prod_{i=1}^{m}(\tau_i s + 1)}{s^\nu \prod_{j=1}^{n-\nu}(T_j s + 1)} \quad (3-62)$$

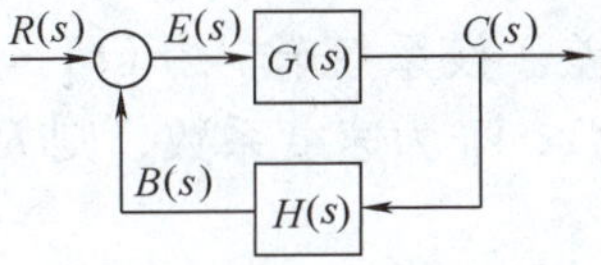

式中，n、m 为正整数且 $n \geq m$；ν 为积分环节数。

图 3-18　只有 $r(t)$ 作用下的典型系统结构图

当 $\nu = 0, 1, 2, \cdots$ 时，系统就分别称为 0 型、1 型、2 型、……系统。

之所以按 ν 的数值进行分类，是因为 ν 的数值反映了系统跟踪给定输入信号的能力。$\nu > 2$ 的系统很少使用，因为这种情况下使它们稳定相当困难，这种类型的系统在工程中很难碰到。

利用系统型别的特点和规律，对系统的稳态误差进行分析计算会带来很大方便。

2. 只有 $r(t)$ 作用下的稳态误差计算　当只考虑 $r(t)$ 作用时，系统的误差拉氏变换为
$$E(s) = R(s) - B(s) = \frac{1}{1 + G(s)H(s)}R(s) = \Phi_{er}(s)R(s) \quad (3-63)$$

在系统稳定时，系统的稳态误差为
$$e_{ss} = \lim_{s \to 0} sE(s) = \lim_{s \to 0} s\frac{R(s)}{1 + G(s)H(s)} \quad (3-64)$$

将式（3-62）代入式（3-64）得稳态误差为
$$e_{ss} = \lim_{s \to 0}\left[s \cdot \frac{1}{1 + K/s^\nu} \cdot R(s)\right] = \lim_{s \to 0}\frac{s^{\nu+1}}{s^\nu + K} \cdot R(s) \quad (3-65)$$

由式（3-65）可知，系统的稳态误差除与外作用 $R(s)$ 有关外，只与系统的开环增益 K 和积分环节数 ν 有关，而与时间常数 τ_i 和 T_j 无关。下面分析典型输入作用下的误差计算。

(1) 阶跃输入作用下的稳态误差。设 $r(t) = R_0 \cdot 1(t)$，其中 R_0 为常数，表示阶跃的大小，则 $R(s) = R_0/s$ 代入式（3-64）得

$$e_{ss} = \lim_{s \to 0} s \frac{R(s)}{1+G(s)H(s)} = \frac{R_0}{1+\lim_{s \to 0} G(s)H(s)} = \frac{R_0}{1+K_p} \quad (3\text{-}66)$$

式中，K_p 称为系统稳态位置误差系数，其定义为

$$K_p = \lim_{s \to 0} G(s)H(s)$$

表示系统在阶跃输入下的稳态精度，所以又称为阶跃误差系数。

将式（3-62）代入 K_p 中，得

$$K_p = \begin{cases} K & \nu = 0 \\ \infty & \nu \geq 0 \end{cases}$$

故有

$$e_{ss} = \begin{cases} \dfrac{R_0}{1+K} & \nu = 0 \\ 0 & \nu \geq 1 \end{cases} \quad (3\text{-}67)$$

如果要求系统对于阶跃输入信号不存在误差，则必须选用 **1** 型或 **1** 型以上的系统。**0** 型系统也称为有差系统，其响应曲线如图 3-19 所示。

（2）斜坡输入作用下的稳态误差。设系统输入 $r(t) = V_0 t \cdot 1(t)$，V_0 为速度系数，则 $R(s) = V_0/s^2$。

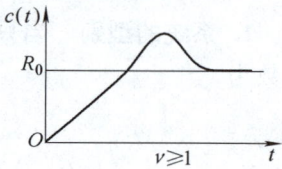

图 3-19 阶跃输入时响应曲线

将 $R(s)$ 代入式（3-64）得

$$e_{ss} = \lim_{s \to 0} sE(s) = \frac{V_0}{\lim_{s \to 0} sG(s)H(s)} = \frac{V_0}{K_V} \quad (3\text{-}68)$$

式中，K_V 称为静态速度误差系数，其定义为

$$K_V = \lim_{s \to 0} sG(s)H(s)$$

将式（3-62）代入得

$$K_V = \begin{cases} 0 & \nu = 0 \\ K & \nu = 1 \\ \infty & \nu \geq 2 \end{cases}$$

故有

$$e_{ss} = \begin{cases} \infty & \nu = 0 \\ V_0/K & \nu = 1 \\ 0 & \nu \geq 2 \end{cases} \quad (3\text{-}69)$$

由此可见，要消除系统在斜坡作用下的稳态误差，则必需选择 2 型或 2 型以上的系统。其响应曲线如图 3-20 所示。

（3）等加速输入作用下的稳态误差。设系统输入为 $r(t) = \dfrac{a_0 t^2}{2}$，则有 $R(s) = a_0/s^3$。

将 $R(s)$ 代入式（3-64）得

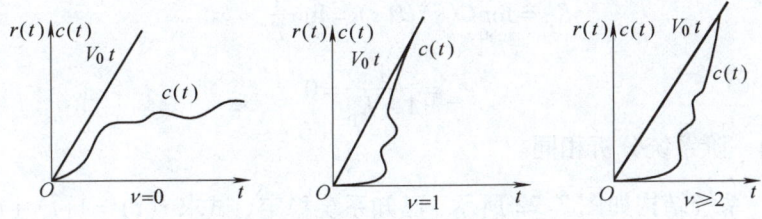

图 3-20 斜坡输入时响应曲线

$$e_{ss} = \lim_{s \to 0} sE(s) = \frac{a_0}{\lim_{s \to 0} s^2 G(s)H(s)} = \frac{a_0}{K_a} \quad (3\text{-}70)$$

式中，K_a 称为静态加速度误差系数，其定义为

$$K_a = \lim_{s \to 0} s^2 G(s)H(s)$$

将式（3-62）代入有

$$K_a = \begin{cases} 0 & v = 0, 1 \\ K & v = 2 \\ \infty & v \geq 3 \end{cases}$$

故有稳态误差计算式

$$e_{ss} = \begin{cases} \infty & v = 0, 1 \\ a_0/K & v = 2 \\ 0 & v \geq 3 \end{cases} \quad (3\text{-}71)$$

由此可见，在等加速指令作用下，要消除系统稳态误差则系统应是 3 型或是 3 型以上的系统。系统的响应曲线如图 3-21 所示。

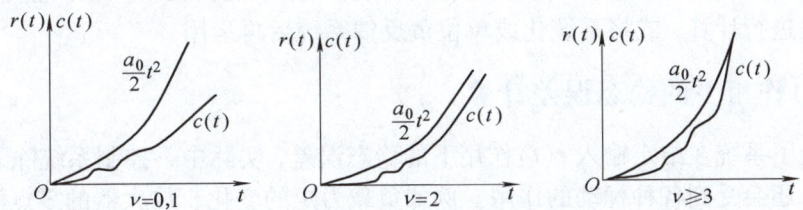

图 3-21 等加速输入时响应曲线

采用稳态误差系数求稳态误差的方法，适用于系统为稳定的系统，且其输入信号是阶跃函数、斜坡函数、加速度函数及它们的线性组合。

由以上分析可知，**减少或消除给定输入下的稳态误差的有效方法是增加积分环节数目和提高开环增益，但这与系统稳定性的要求是矛盾的，解决这一矛盾是系统设计的任务之一。**

【**例 3-13**】 单位负反馈系统的开环传递函数为 $G(s) = \dfrac{1}{Ts}$，求输入 $r(t) = 1(t)$ 时系统的稳态误差 e_{ss}。

解：由开环传递函数可知，本系统为 1 型系统，且只要 $T > 0$，则系统稳定。其静态位置误差系数为

$$K_{\mathrm{p}} = \lim_{s \to 0} G(s)H(s) = \lim_{s \to 0} \frac{1}{Ts} = \infty$$

所以有
$$e_{\mathrm{ss}} = \frac{1}{1+K_{\mathrm{p}}} = 0$$

本题结果与前面一阶系统分析相同。

【例 3-14】 系统结构如图 3-22 所示，已知系统稳定，试求 $r(t) = 1(t) + t + \dfrac{t^2}{2}$ 时系统的稳态误差 e_{ss}。

解： 由图 3-22 知，在只考虑有给定输入 $r(t)$ 的情况下，系统误差的计算可用前述的稳态误差系数计算，又由系统的开环传递函数可知系统为 2 型，其开环放大倍数为 $K = K_1 K_{\mathrm{m}}$，故该系统在阶跃输

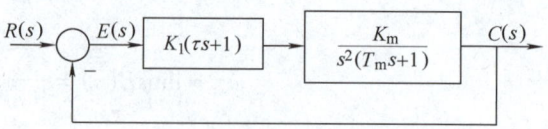

图 3-22 例 3-14 系统结构图

入和斜坡输入时的稳态误差为零，而在 $t^2/2$ 输入时的稳态误差为常值 $1/K = 1/K_1 K_{\mathrm{m}}$。因此，根据线性系统的叠加性，系统在复合输入信号 $r(t)$ 作用下的稳态误差为

$$e_{\mathrm{ss}} = 0 + 0 + \frac{1}{K} = \frac{1}{K_1 K_{\mathrm{m}}}$$

上述解法显然比运用终值定理更为简捷，但应注意如下几点：

① 稳定的系统才能用静态误差系数的概念求稳态误差。

② 此法只适用于输入信号 $r(t)$ 作用下的稳态误差计算，对于干扰 $n(t)$ 作用下的稳态误差计算则不适用。

③ 开环增益 K 应是开环传递函数中各因式的 s 零阶项系数换算为 1 后的总比例系数。

④ 本题所用误差计算方法，是根据定义 $e(t) = r(t) - b(t)$ 导出的，若误差定义为 $e(t) = r(t) - c(t)$，则对单位负反馈系统仍可用，但若系统不是单位负反馈，则不能直接套用，此时可按实际定义进行计算，或将系统化成单位负反馈系统后再运用。

3.5.4　$n(t)$ 作用下的稳态误差计算

以上讨论了系统在给定输入 $r(t)$ 作用下的稳态误差，实际中，控制系统除了受到给定输入的作用外，还会受到各种扰动的作用。例如负载力矩的变化、放大器的零点漂移、电网电压波动等，这些扰动都会引起稳态误差。这种误差称为扰动稳态误差的大小反映了系统抗干扰能力的强弱。一般希望扰动稳态误差越小越好。

在图 3-15 所示的系统中，当 $r(t) = 0$ 时，在干扰 $n(t)$ 的作用下的误差为

$$E_n(s) = \Phi_{en}(s)N(s) = \frac{-G_2(s)H(s)}{1+G_1(s)G_2(s)H(s)}N(s) \tag{3-72}$$

对稳定的系统，则干扰作用下的稳态误差为

$$e_{\mathrm{ssn}} = \lim_{s \to 0} sE_n(s) = \lim_{s \to 0}\left[s\frac{-G_2(s)H(s)}{1+G_1(s)G_2(s)H(s)}N(s)\right] \tag{3-73}$$

由式 (3-73) 可知，**系统在干扰作用下的稳态误差除了与系统的开环传递函数有关外，还与误差信号 e 点至干扰作用点之间的传递函数 $G_2(s)$ 有关。**

【例 3-15】 系统结构如图 3-23 所示，当输入信号 $r(t) = 1(t)$，扰动信号 $n(t) = 1(t)$ 时，

求系统总的稳态误差。

解：(1) 判别系统的稳定性

由于系统为二阶系统，根据【例3-6】的结论可知，只要参数 K_1、K_2、T 大于零，系统就是稳定的。

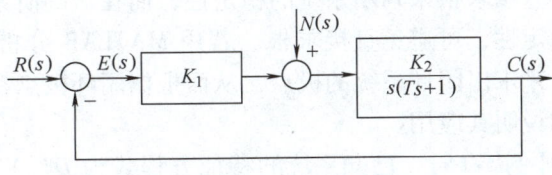

图 3-23　例 3-15 系统结构图

(2) 求 e_{ss}

由于系统为 1 型系统，所以给定阶跃输入时的稳态误差为零，即 $e_{ssr}=0$，而干扰作用下的稳态为

$$e_{ssn}=\lim_{s\to 0}\left[s\frac{-G_2(s)H(s)}{1+G_1(s)G_2(s)H(s)}N(s)\right]=\lim_{s\to 0}\left[s\cdot\frac{-\dfrac{K_2}{s(Ts+1)}}{1+K_1\dfrac{K_2}{s(Ts+1)}}\cdot\frac{1}{s}\right]=-\frac{1}{K_1}$$

所以系统作用下的总误差为 $e_{ss}=e_{ssn}+e_{ssr}=-1/K_1$。

本例说明，**扰动作用点与误差点之间的放大倍数 K_1 越大，则误差越小。$r(t)$ 和 $n(t)$ 作用下的误差规律是不相同的**。本例中 $r(t)$ 和 $n(t)$ 同是阶跃输入，但产生的误差不同。

为了进一步减小误差，可用 $G_1(s)$ 代换原系统中的 K_1，寻求 $e_{ssn}=0$ 的条件。

由上例中以 $G_1(s)$ 代替 K_1 得稳态误差为

$$e_{ssn}=\lim_{s\to 0}\left[s\cdot\frac{-\dfrac{K_2}{s(Ts+1)}}{1+G_1(s)\dfrac{K_2}{s(Ts+1)}}\cdot\frac{1}{s}\right]=\lim_{s\to 0}\frac{-1}{G_1(s)} \tag{3-74}$$

要 $e_{ss}=0$，则 $G_1(s)$ 中必须至少有一个积分环节，若设 $G_1(s)=K_1/s$，则系统成为不稳定系统，因此还必须设置一比例-微分因子 $(\tau s+1)$，故取

$$G_1(s)=\frac{K_1(\tau s+1)}{s} \tag{3-75}$$

代入式 (3-74)，得

$$e_{ssn}=\lim_{s\to 0}\frac{-1}{G_1(s)}=\lim_{s\to 0}\frac{-s}{K_1(\tau s+1)}=0 \tag{3-76}$$

同理，当系统为斜坡干扰时，为使干扰引起的稳态误差为零，则要取

$$G_1(s)=\frac{K_1(\tau_1 s+1)(\tau_2 s+1)}{s^2} \tag{3-77}$$

可见，**在扰动作用点与偏差信号之间增加的积分环节的个数，可以提高系统在干扰作用下的稳态精度**。

3.6　MATLAB 在时域分析中的应用

本节主要介绍如何用 MATLAB 分析线性定常系统的稳定性、计算稳态误差以及如何求时域响应。在本节例子中用到的一些 MATLAB 语句，可参阅本书附录 A 中相关内容。

3.6.1　用 MATLAB 分析系统的稳定性

稳定性是控制的重要性能，是系统正常工作的首要条件。对一阶或二阶系统的稳定性分

析可直接求根来判断系统的稳定性,而在对高阶系统的稳定性分析中,用代数判据判别系统的稳定性,可避免直接求根。若用 MATLAB 分析系统的稳定性,则可直接用 **tf2zp** 或 **root** 命令来求出闭环系统的极点,从而根据闭环极点在 s 平面的分布来判别系统的稳定性。下面举例说明其应用。

【例 3-16】 已知系统的特征方程式为 $D(s) = s^4 + 2s^3 + 3s^2 + 4s + 5 = 0$,判别系统的稳定性。

解:求系统特征根的 MATLAB 程序为

d = [1 2 3 4 5];

roots(d)

结果为

ans =

0.2878 + 1.4161i

0.2878 − 1.4161i

−1.2878 + 0.8579i

−1.2878 − 0.8579i

可见,系统有两个正实部的极点,系统不稳定。

【例 3-17】 设系统的传递函数为

$$\Phi(s) = \frac{s^3 + 11s^2 + 30s}{s^4 + 9s^3 + 45s^2 + 87s + 50}$$

求系统的零、极点,并判别系统的稳定性。

解:num = [1 11 30 0];

den = [1 9 45 87 50];

[z,p] = tf2zp(num,den)

结果为

z =

0

−5.0000

−6.0000

p =

−3.0000 + 4.0000i

−3.0000 − 4.0000i

−3.0000

−1.0000

由此可见,系统的零、极点全部具有负实部,所以系统稳定。

若已知系统的结构图,则可直接由 MATLAB 求出系统的闭环传递函数,然后求根,判断系统的稳定性。

【例 3-18】 设系统结构如图 3-24 所示,判别系统的稳定性。

解:可用如下 MATLAB 命令,求出系统的闭环传递函数,然后再求出其特

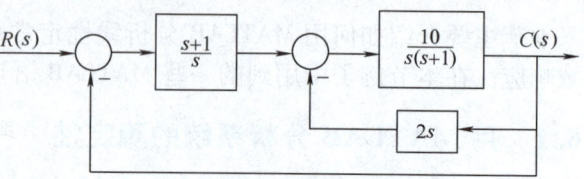

图 3-24 例 3-18 系统结构图

征方程的根,即可判别系统的稳定性。

求闭环传递函数的程序为

 num1 = 10;
 den1 = [1 1 0];
 G1 = tf(num1,den1);
 num2 = [2 0];
 den2 = 1;
 G2 = tf(num2,den2);
 num3 = [1 1];
 den3 = [1 0];
 G3 = tf(num3,den3);
 GG = feedback(G1,G2, -1);
 G4 = G3 * GG;
 GG1 = feedback(G4,1, -1)

得出的闭环传递函数为

Transfer function:

$$\frac{10s + 10}{s\wedge 3 + 21s\wedge 2 + 10s + 10}$$

roots(GG1.den{1})
ans =
 -20.5368
 -0.2316 + 0.6582i
 -0.2316 - 0.6582i

系统的全部特征根都在 s 的左半平面,所以系统稳定。

3.6.2 系统的时域响应

在 MATLAB 中,可以通过单输入/单输出系统的传递函数,进行系统的脉冲响应、阶跃响应、一般响应等时域分析。如果给定系统的传递函数为 $G(s) = \frac{\text{num}(s)}{\text{den}(s)}$,则其时域响应可以由以下函数得到。

 单位脉冲响应 **impulse(num,den)** 或 y = impulse(num,den,t)
 单位阶跃响应 **step(num,den)** 或 y = step(num,den,t)
 一般输入响应 y = lsim(num,den,u,t)

以上函数中,时间 t 轴是事先定义的矢量;u 为输入信号。

【**例 3-19**】试求下列系统的单位脉冲响应

$$\frac{C(s)}{R(s)} = G(s) = \frac{1}{s^2 + 0.3s + 1}$$

解:在 MATLAB 命令窗口输入

 t = [0:0.1:40];

num = [1];
den = [1,0.3,1];
impulse(num,den,t)
grid

则可得到其单位脉冲响应结果如图 3-25 所示。

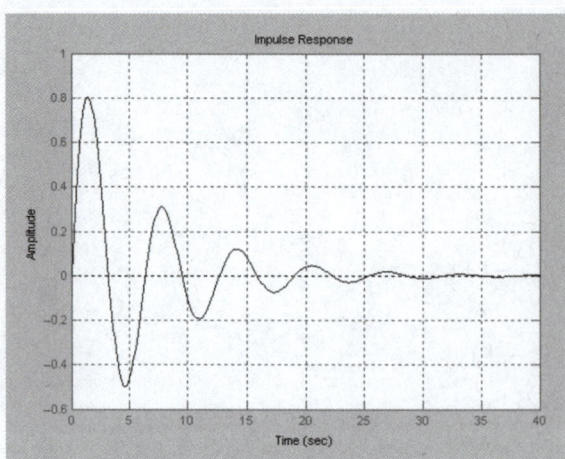

图 3-25 例 3-19 的单位脉冲响应

【例 3-20】 系统闭环传递函数为

$$\frac{C(s)}{R(s)} = G(s) = \frac{1}{s^2 + 0.5s + 1}$$

求单位阶跃响应。

解： 在 MATLAB 命令窗口输入以下命令

t = [0:0.1:10];
num = [1];
den = [1,0.5,1];
y = step(num,den,t);
plot(t,y);
grid;
xlabel('t');
ylabel('y')

其单位响应结果如图 3-26 所示。

在 MATLAB 中要求系统的斜坡响应，没有直接的命令函数，需要利用阶跃响应的命令来求。根据单位斜坡响应输入是单位阶跃输入的积分，当求传递函数为 $\Phi(s)$ 的斜坡响应时，可先用 s 除以 $\Phi(s)$，再利用阶跃响应命令即可求得斜坡响应。

【例 3-21】 已知系统闭环传递函数为

$$\frac{C(s)}{R(s)} = G(s) = \frac{1}{s^2 + 0.3s + 1}$$

试求其单位斜坡响应。

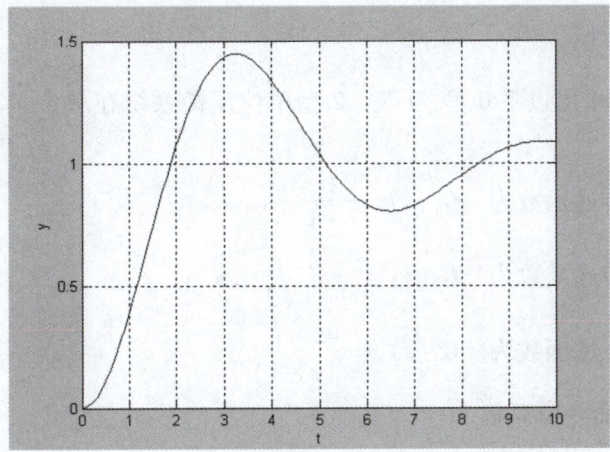

图 3-26 例 3-20 的单位阶跃响应

解： 对单位斜坡输入有

$$r(t)=t, \quad R(s)=\frac{1}{s^2}$$

则

$$G(s)=\frac{1}{s^2+0.3s+1}\times\frac{1}{s^2}=\frac{1}{(s^2+0.3s+1)s}\times\frac{1}{s}$$

利用阶跃响应的命令，可写出单位斜坡响应的 MATLAB 命令如下：

t = [0:0.3:10];
num = [1];
den = [1,0.3,1,0];
c = step(num,den,t);
plot(t,c);
grid;
xlabel('t');
ylabel('c');

其响应曲线如图 3-27 所示。

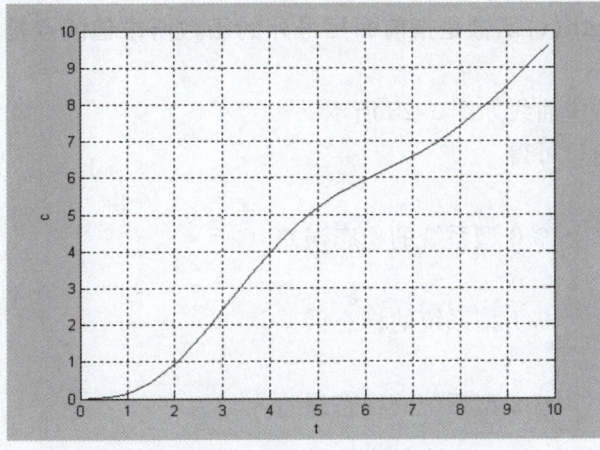

图 3-27 例 3-21 的单位斜坡响应

3.6.3 稳态误差分析

【例 3-22】 分别求出以下 0 型、1 型、2 型单位反馈系统在单位斜坡信号作用下的系统响应和稳态误差。

0 型系统的开环传递函数为 $G_1(s) = \dfrac{1}{s+1}$

1 型系统的开环传递函数为 $G_2(s) = \dfrac{1}{s(s+1)}$

2 型系统的开环传递函数为 $G_3(s) = \dfrac{4s+1}{s^2(s+1)}$

解：在 MATLAB 命令窗口输入
t = [0:0.1:20];
t1 = [0:0.1:100];
[num1,den1] = cloop([1],[1 1]);
[num2,den2] = cloop([1],[1 1 0]);
[num3,den3] = cloop([4 1],[1 1 0 0]);
y1 = step(num1,[den1 0],t1);
y2 = step(num2,[den2 0],t);
y3 = step(num3,[den3 0],t);
subplot(311);
plot(t1,y1,t1,t1);
subplot(312);
plot(t,y2,t,t);
subplot(313);
plot(t,y3,t,t);
er1 = y1(length(t1)) - t1(length(t1));
er2 = y2(length(t)) - t(length(t));
er3 = y3(length(t)) - t(length(t));

注意：程序中 **length(t)** 函数是指前面括号外的函数所求值的点是所考虑的时间段内最后一个时间点。

程序运行后可得响应曲线如图 3-28 所示。

与此同时在命令窗口可得
er1 =
  -50.2500   %0 型系统的稳态误差
er2 =
  -1.0000   %1 型系统的稳态误差
er3 =
  -0.0011   %2 型系统的稳态误差

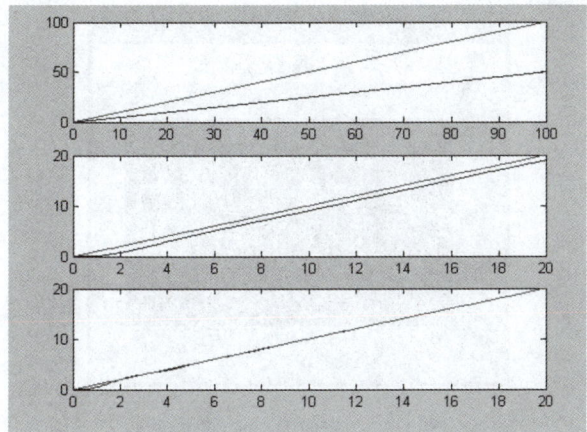

图 3-28　例 3-22 0 型、1 型、2 型系统的单位斜坡响应稳态误差

3.6.4　时域分析中的 Simulink 仿真

用 Simulink 仿真图可方便地求出系统对典型信号的时间响应曲线。下面给出了一个能演示输入信号为脉冲、阶跃、斜坡、抛物线函数时的系统输出响应情况,其仿真系统如图 3-29 所示。

在仿真图中置 gain1 = 1,gain2 = gain3 = gain4 = 0,可得系统的脉冲响应。

在仿真图中置 gain2 = 1,gain1 = gain3 = gain4 = 0,可得系统的阶跃响应。

在仿真图中置 gain3 = 1,gain1 = gain2 = gain4 = 0,可得系统的斜坡响应。

在仿真图中置 gain4 = 1,gain1 = gain2 = gain3 = 0,可得系统的抛物线响应。

在仿真图中置 gain2 = gain3 = 1,gain1 = gain4 = 0,可得系统的阶跃信号和斜坡信号共同作用系统时的响应情况。

图 3-29 和图 3-30 给出了系统阶跃响应的情况。

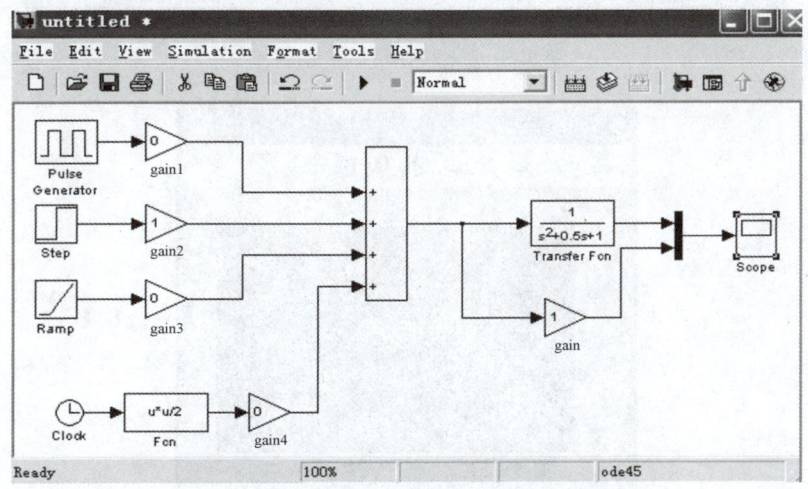

图 3-29　系统阶跃响应仿真图

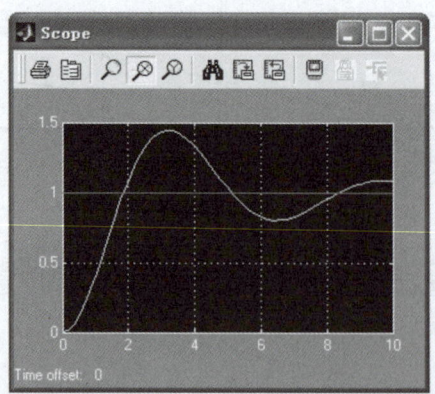

图 3-30　系统阶跃响应曲线

图 3-31 和图 3-32 给出的是系统斜坡响应的情况。

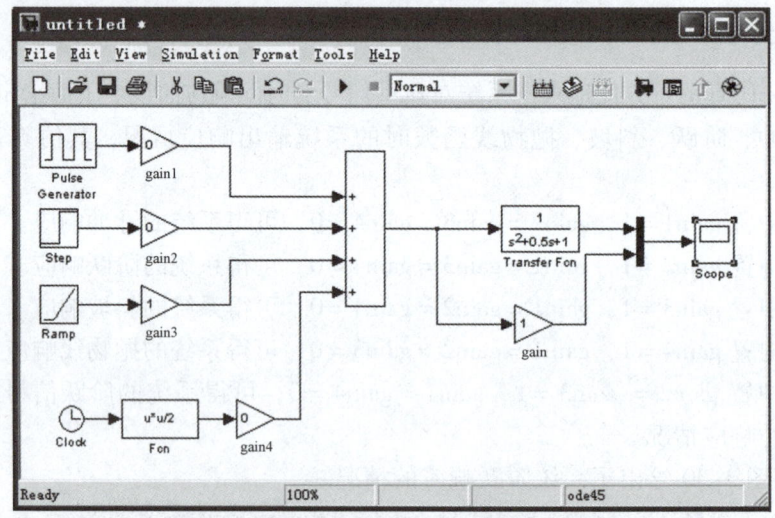

图 3-31　系统斜坡响应仿真图

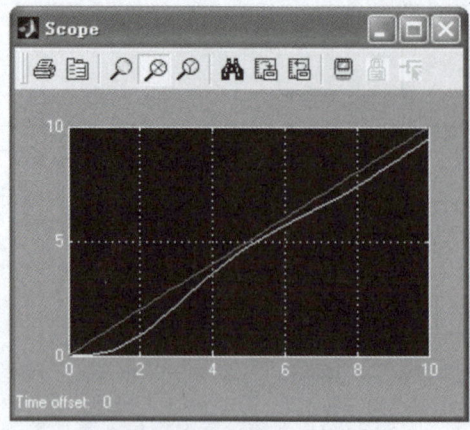

图 3-32　系统斜坡响应曲线

本 章 小 结

1. 时域分析法是通过求解控制系统在典型输入信号作用下的时间响应来分析系统稳定性、快速性和准确性的。它具有直观、准确、物理概念清楚的特点，是学习和研究自动控制系统最基本的方法。

2. 时域分析法通常以系统阶跃响应的超调量、调节时间和稳态误差等性能指标来评价系统性能的优劣。

3. 一阶系统的性能指标主要决定于一阶系统的时间常数 T，一阶系统的动态性能指标主要考虑的是调节时间 t_s。

4. 二阶系统的分析在时域分析中占有重要的位置，它是高阶系统分析的基础。二阶系统的阶跃响应及性能指标计算，重点是欠阻尼时的响应及性能指标分析。若阻尼比 ξ 取值适当（如 $\xi = 0.7$ 左右），则系统既能实现响应的快速性，又能保持过渡过程的平稳性，因而在控制系统中常把二阶系统设计为欠阻尼。

5. 稳定是自动控制系统正常工作的首要条件。线性定常系统稳定的充分必要条件是系统闭环特征方程的根全部位于 s 的左半平面。线性定常系统是否稳定是系统固有的特性，它取决于系统的结构和参数，与外施信号的形式和大小无关。

6. 判别系统稳定性的方法还有劳斯稳定判据和古尔维茨稳定判据，它们统称为代数稳定判据。它们都是根据系统的特征方程系数，不用求根而直接判断系统稳定性的方法。其中劳斯稳定判据不但回答了系统的稳定性问题，同时也回答了系统特征方程在 s 右半平面根的个数。

7. 稳态误差是系统控制精度的度量，也是系统的一个重要性能指标。系统的稳态误差既与其结构和参数有关，也与控制信号的形式、大小和作用点有关。

8. 通常误差的定义有两种：一种是给定输入作用下的误差，另一种是扰动输入作用下的误差。本章重点介绍的是按输入端定义的给定输入作用下误差的计算。介绍了用拉氏变换终值定理求稳态误差的条件、稳态误差系数的定义及用它求稳态误差的方法。

9. 利用 MATLAB 和 Simulink 可以方便地分析系统的稳定性、在给定输入信号作用下控制系统的瞬态响应、稳态误差等，直观地看出系统时域响应性能指标的情况。

本章知识技能综合训练

任务目标要求：有一直流电动机调速系统如图 3-33 所示，试分析其稳定性和稳态误差；在加装了一调节器以后，如图 3-34 所示，再分析其稳定性和稳态误差。并比较说明两种情况下系统的性能变化。图中，K、K_1 为放大倍数；T_m 为时间常数；K_t 为测速反馈系数；K_2 为常数。系统受到的干扰 $n(t) = -A1(t)$，A 为常数。

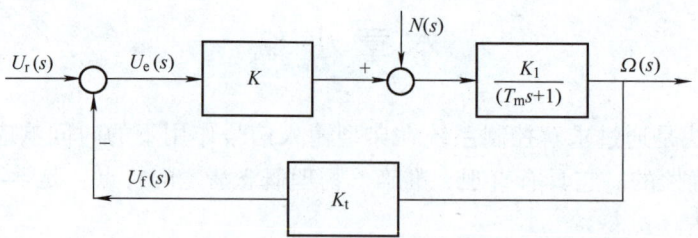

图 3-33　未加调节器时的电动机调速系统结构图

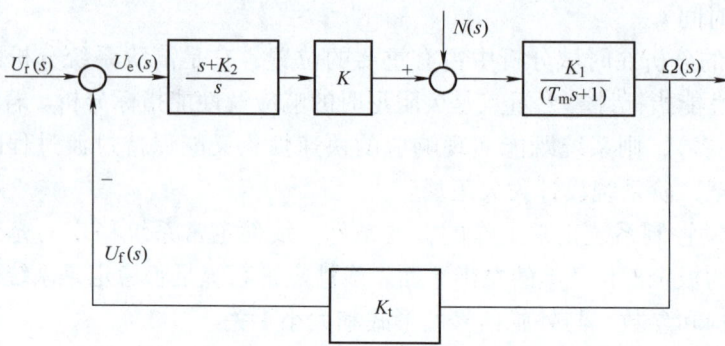

图 3-34　加了调节器后的电动机调速系统结构图

综合训练任务书见表 3-1。

表 3-1　综合训练任务书

训练题目		
任务要求	1）判断两系统的稳定性 2）确定两系统的暂态性能指标，并比较分析两系统 3）求两系统在扰动力矩作用下的稳态误差，比较两系统的情况，并分析放大倍数 K 对系统稳定误差的影响 注：为方便计算教师可给出系统的有关参数值	
训练步骤	1）写出系统的传递函数	图 3-33 的开环传递函数
		图 3-33 的闭环传递函数
		图 3-34 的开环传递函数
		图 3-34 的闭环传递函数

（续）

训练步骤	2）确定系统的阶数、类型、特征方程，用劳斯稳定判据判断系统的稳定性及稳定域	图 3-33 的阶数、类型、特征方程，用劳斯稳定判据判断系统的稳定性及稳定域
		图 3-34 的阶数、类型、特征方程，用劳斯稳定判据判断系统的稳定性及稳定域
	3）求解系统的暂态性能指标（超调量、调节时间等）	图 3-33 的暂态性能指标（超调量、调节时间）
		图 3-34 的暂态性能指标（超调量、调节时间）
	4）求解系统扰动力矩作用下的稳态误差	图 3-33 系统扰动作用下的稳态误差
		图 3-34 系统扰动作用下的稳态误差
	5）比较讨论	图 3-33 系统和图 3-34 系统在稳定性方面的比较，放大倍数 K 对系统稳定性的影响
		图 3-33 系统和图 3-34 系统在暂态指标方面的比较
		图 3-33 系统和图 3-34 系统在稳态误差方面的比较，放大倍数 K 对系统稳态误差的影响
	6）用 MATLAB 软件求系统的暂态性能指标、判断系统的稳定性及扰动作用下的稳态误差	图 3-33 系统
		图 3-34 系统
		比较说明
检查评价		

思考题与习题

3-1 设温度计为一惯性环节,把温度计放入被测物体中,在 1min 内指示稳态值的 98%,求此温度计的时间常数。

3-2 已知某元件的传递函数为 $G(s)=\dfrac{10}{0.2s+1}$,若采用图 3-35 中引入负反馈的方法,求系统总的放大倍数 K 和时间常数 T。

3-3 已知单位负反馈系统的开环传递函数为

$$G(s)=\dfrac{\omega_n^2}{s(s+2\xi\omega_n)}$$

试求 $\xi=0.2, \omega_n=5\text{s}^{-1}$; $\xi=0.7, \omega_n=5\text{s}^{-1}$; $\xi=1.0, \omega_n=5\text{s}^{-1}$ 时的单位阶跃响应指标 $\sigma\%$、t_s、t_p。

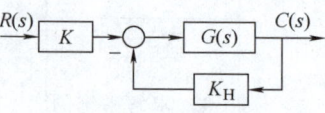

图 3-35 习题 3-2 系统结构图

3-4 设单位负反馈系统的开环传递数为 $G(s)=\dfrac{K}{s(0.1s+1)}$,试计算 $K=10\text{s}^{-1}$ 和 $K=20\text{s}^{-1}$ 时的系统阻尼比 ξ、自然振荡角频率 ω_n,并求系统阶跃响应的 $\sigma\%$、t_s 及 t_p,并讨论 K 对响应性能的影响。

3-5 由实验测得某二阶系统的单位阶跃响应曲线如图 3-36 所示,试求系统的开环传递函数。

3-6 系统结构如图 3-37 所示,已知其单位阶跃响应时的超调量 $\sigma=25\%$,峰值时间 $t_p=2\text{s}$,试求 K 和 K_f 的值。

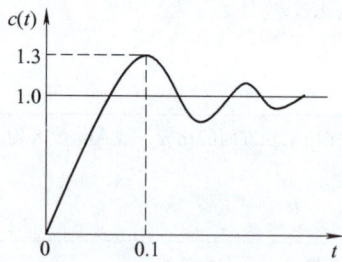

图 3-36 习题 3-5 系统响应曲线

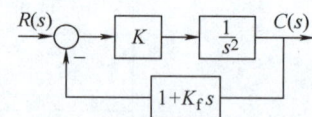

图 3-37 习题 3-6 系统结构图

3-7 已知系统的特征方程如下,试用代数判据判别系统的稳定性。

(1) $s^3+3s^2+2s+2=0$

(2) $2s^2+2s+27=0$

(3) $s^4+2s^3+5s^2+6s=0$

(4) $3s^5+4s^4+s^3+6s^2+4s+1=0$

3-8 某系统单位阶跃响应为 $c(t)=1+0.2e^{-60t}-1.2e^{-10t}$,试求:(1) 系统的闭环传递函数。(2) 系统的阻尼比 ξ 和无阻尼自然频率 ω_n。

3-9 已知下列单位负反馈系统的开环传递函数,确定使系统稳定的 K 值范围。

(1) $G(s)=\dfrac{K}{(s+1)(0.1s+1)}$

(2) $G(s)=\dfrac{K}{s(s+1)(0.5s+1)}$

(3) $G(s)=\dfrac{K}{s(s^2+8s+25)}$

3-10 系统如图 3-38 所示,(1) 求系统参数 $K-n$ 的稳定域。(2) 计算 $n=1$、0.5、0.1、0.01、0 时的 K

值稳定范围。(3) 讨论各环节时间常数 T 大小对系统稳定性的影响。

3-11 控制系统如图 3-39 所示,试计算当 $r(t)=1(t)$, $n(t)=1(t)$ 和 $r(t)=t$, $n(t)=t$ 时,下列系统各的稳态误差。

(1) $G_1(s)=K_1$, $G_2(s)=\dfrac{K_2}{s(T_2s+1)}$

(2) $G_1(s)=\dfrac{K_1(T_1s+1)}{s}$, $G_2(s)=\dfrac{K_2}{s(T_2s+1)}$, $T_1>T_2$

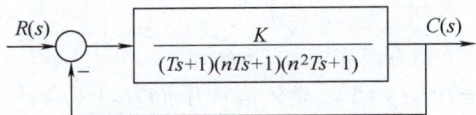

图 3-38 习题 3-10 系统图

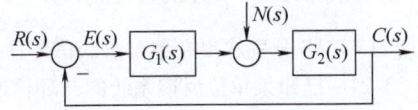

图 3-39 习题 3-11 系统结构图

3-12 系统结构如图 3-40 所示,定义误差 $e(t)=r(t)-c(t)$。试问
(1) $K_2=1$ 时,系统相当于几型系统?
(2) 要求系统具有 1 型系统精度,试选择 K_2 值。

3-13 图 3-41 所示系统中 $r(t)=1(t)$, $n(t)=0.1\cdot 1(t)$,试求系统的总稳态误差,定义误差为 $e(t)=r(t)-c(t)$。

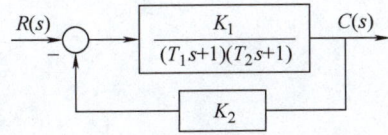

图 3-40 习题 3-12 系统图

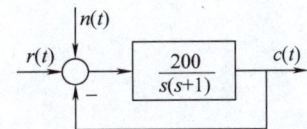

图 3-41 习题 3-13 系统结构图

3-14 已知单位负反馈的闭环传递函数为

$$\Phi(s)=\dfrac{a_1s+a_0}{a_ns^n+a_{n-1}s^{n-1}+\cdots+a_1s+a_0},\ \text{试求:}$$

(1) $r(t)=t$ 时系统的稳态误差。
(2) $r(t)=\dfrac{1}{2}t^2$ 时系统的稳态误差。

3-15 系统闭环传递函数为

$$\dfrac{C(s)}{R(s)}=\dfrac{G(s)}{1+G(s)}=\dfrac{b_0s^m+b_1s^{m-1}+\cdots+b_{m-1}s+b_m}{s^n+a_1s^{n-1}+\cdots+a_{n-1}s+a_n},\ (m\leqslant n)$$

设系统稳定,且误差定义为 $e(t)=r(t)-c(t)$。
试证:(1) 系统在阶跃信号作用下,稳态误差等于零的条件是 $b_m=a_n$。
(2) 在斜坡信号作用下,系统稳态误差等于零的条件是 $b_m=a_n$, $b_{m-1}=a_{n-1}$。

3-16 系统结构如图 3-42 所示,指令输入信号 $r(t)$ 和干扰信号 $n(t)$ 均为阶跃信号,要求系统稳态误差为零,试设计控制器的传递函数 $G(s)$。

3-17 系统结构如图 3-43 所示,试分析负载干扰 $N(s)$ 对系统输出和稳态误差的影响。

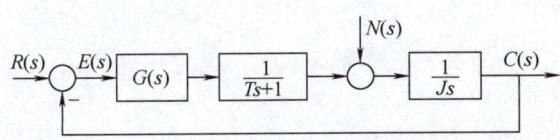

图 3-42 习题 3-16 系统结构图

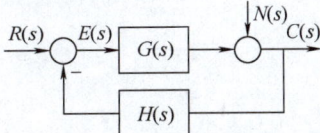

图 3-43 习题 3-17 系统结构图

3-18　用 MATLAB 求题 3-3 的单位阶跃响应曲线及其对应的性能指标。

3-19　用 MATLAB 求题 3-7 的特征根，并判断系统的稳定性。

3-20　以下分别给出了 0 型、1 型、2 型单位反馈系统的开环传递函数：

0 型系统的开环传递函数为　$G_1(s) = \dfrac{1}{s+1}$

1 型系统的开环传递函数为　$G_2(s) = \dfrac{1}{s(s+1)}$

2 型系统的开环传递函数为　$G_3(s) = \dfrac{4s+1}{s^2(s+1)}$

试用 MATLAB 分别求出在单位阶跃信号作用下的系统响应和稳态误差。

3-21　已知某单位反馈系统的开环传递函数为 $G(s) = 10/s(s+1)$，输入信号为 $r(t) = 1 + t + t^2$。试用 Simulink 软件作出系统的仿真图，求出其响应结果并求出其响应误差。

第 4 章
控制系统的根轨迹分析法

学习目标

◆ **知识目标：**
1) 掌握自动控制系统根轨迹的概念及根轨迹方程形式。
2) 掌握根轨迹绘制的基本规则和方法。
3) 掌握根轨迹法分析系统性能的方法。
4) 懂得在系统中改变系统结构（增加开环零点、开环极点、开环偶极子）对根轨迹的影响。
5) 掌握用 MATLAB 软件绘制和分析根轨迹图。

◆ **技能目标：**
1) 会根据系统结构图正确求出其根轨迹方程及闭环特征方程。
2) 会根据系统的闭环特征方程绘制出其根轨迹。
3) 会利用系统的根轨迹分析判断系统的稳定性及性能指标。
4) 会应用 MATLAB 软件绘制出系统的根轨迹。

◆ **素质目标：**
1) 通过根轨迹法对系统的分析，拓展对事物间接、抽象分析和研究的方法。
2) 建立创新思维的意识，增强对工程领域的科学探索精神。

闭环系统的动态性能（如稳定性等）与闭环极点在 s 平面上的位置密切相关。因此，确定系统闭环极点的位置，对于分析和设计系统具有重要意义。在时域分析中已经看到，对于低阶系统，可以方便地求出系统的特征根，而对于三阶或三阶以上的系统，采用解析法求取系统的闭环特征根（闭环极点）通常是比较困难的，且当系统某一参数（如开环增益）发生变化时，又需要重新计算，这就给系统分析带来很大的不便。伊凡思（W. R. Evans）在 1948 年根据反馈系统中开、闭环传递函数间的内在联系，提出了求解闭环特征方程根的比较简易的图解方法，这种方法称为根轨迹法，其基本思想是直接由反馈系统的开环传递函数判别系统闭环特征根在 s 平面的分布情况，从而确定其稳定性。因为根轨迹法直观形象，所以在控制工程中获得了广泛应用。

本章介绍根轨迹的概念、绘制根轨迹的法则和应用根轨迹分析控制系统性能的方法。

4.1 根轨迹的概念与根轨迹方程

4.1.1 系统的根轨迹

根轨迹是指系统某参数（如开环增益 K）由 0 增加到 ∞ 时，闭环特征根在 s 平面移动的轨迹。在介绍图解法之前，先用直接求根的方法来说明根轨迹的含义。

考虑一个典型二阶系统如图 4-1 所示，其开环传递函数为

$$G(s) = \frac{K}{s(0.5s+1)} = \frac{2K}{s(s+2)} = \frac{K^*}{s(s+2)}$$

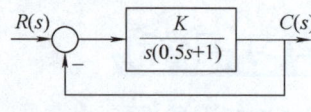

图 4-1 典型二阶系统结构图

则系统的闭环传递函数为

$$\Phi(s) = \frac{C(s)}{R(s)} = \frac{2K}{s^2+2s+2K} = \frac{K^*}{s^2+2s+K^*}$$

式中，K 为系统的开环增益；K^* 为系统的根轨迹增益。

于是得到系统的闭环特征方程式为

$$s^2 + 2s + K^* = 0$$

解得特征根为

$$s_{1,2} = -1 \pm \sqrt{1-2K} = -1 \pm \sqrt{1-K^*}$$

讨论：当 $K=0$ 时，$K^*=0$，$s_1=0$，$s_2=-2$

$K=0.5$ 时，$K^*=1$，$s_1=s_2=-1$

$K=1$ 时，$K^*=2$，$s_{1,2}=-1\pm j1$

$K\to\infty$ 时，$K^*\to\infty$，$s_{1,2}=-1\pm j\infty$

利用计算结果在 s 平面上描点，并用平滑曲线将其连接，便得到 K 或 K^* 从 0 变化到 ∞ 时闭环极点在 s 平面上移动的轨迹，即根轨迹如图 4-2 所示。图中，根轨迹用粗实线表示，箭头表示 K 或 K^* 增大时系统两条根轨迹移动的方向。

由根轨迹图可得如下分析结果：

(1) 当根轨迹增益 K^* 由 0 变到 ∞ 时，该系统的根轨迹均在 s 左半面，因此可以认为，只要 $K>0$，系统的特征根全部具有负实部，系统总是稳定的。

(2) 当 $0<K<0.5$ 时，即 $0<K^*<1$ 时，系统闭环特征根为两个不相等实数根，相当于 $\xi>1$，故都呈过阻尼状态。

(3) $K=0.5$ 时，即 $K^*=1$ 时，系统闭环特征根为两个相等实数根，呈临界阻尼状态。

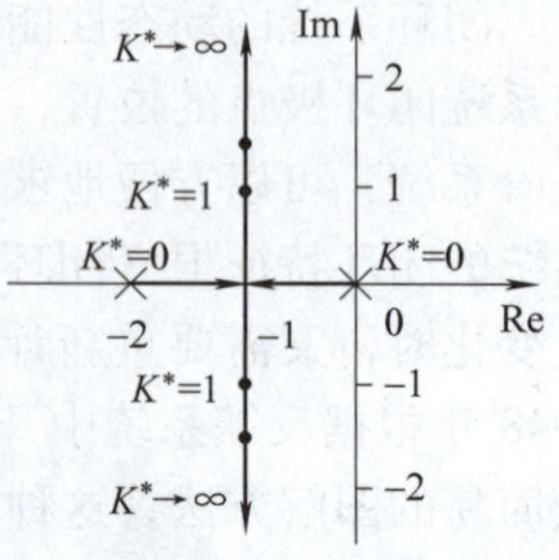

图 4-2 K^* 从 0 变化到 ∞ 的根轨迹图

(4) $K>0.5$ 时，即 $K^*>1$ 时，系统闭环特征根为一对负实部的共轭复数根，呈欠阻尼状态。

(5) K 越大，共轭复数根离对称轴（实轴）越远。

上述分析表明，指定一个 $K(K^*)$ 值，就可以在根轨迹上找到对应的两个特征根，指定

根轨迹上任意一特征根的位置，就可以求出该特征根对应的 $K(K^*)$ 值和其余特征根。且根轨迹与系统性能之间有着密切的联系，利用根轨迹可以分析出当系统参数（K）增大时系统动态性能的变化趋势。但用解析的方法逐点描画绘制系统的根轨迹是很麻烦的。事实上，可以根据已知的开环零、极点迅速地绘出闭环系统的根轨迹。为此，需要研究闭环零、极点与开环零、极点之间的关系。下面讨论根轨迹的一般情况。

4.1.2 根轨迹方程形式

既然根轨迹是闭环特征根随参数变化的轨迹，那么描述其变化关系的闭环特征方程就是根轨迹方程。

设控制系统的一般结构如图4-3所示，其开环传递函数为

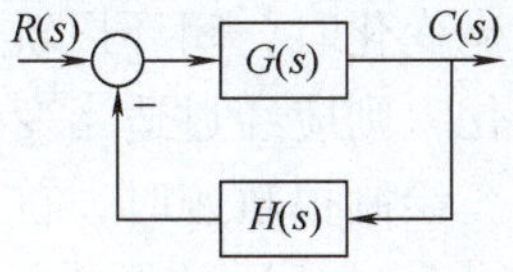

$$G(s)H(s) = \frac{K^* \prod_{j=1}^{m}(s-z_j)}{\prod_{i=1}^{n}(s-p_i)}, (m \leq n) \tag{4-1}$$

图 4-3 系统一般结构图

式中，z_j 是分子多项式的根，又称为开环零点；p_i 是分母多项式的根，又称为开环极点。

由于系统的闭环传递函数为

$$\Phi(s) = \frac{G(s)}{1+G(s)H(s)} \tag{4-2}$$

所以得系统的根轨迹方程（系统闭环特征方程）为

$$1 + G(s)H(s) = 0 \tag{4-3}$$

即

$$\frac{K^* \prod_{j=1}^{m}(s-z_j)}{\prod_{i=1}^{n}(s-p_i)} = -1 \tag{4-4}$$

显然，满足上式的 s 即是系统的闭环特征根。式（4-4）称为系统的根轨迹方程。式（4-4）可以用幅值条件和相角条件来表示，称为模方程和相方程。

模方程为

$$|G(s)H(s)| = \frac{K^* \prod_{j=1}^{m}|s-z_j|}{\prod_{i=1}^{n}|s-p_i|} = 1 \tag{4-5}$$

相方程为

$$\angle G(s)H(s) = \sum_{j=1}^{m}\angle(s-z_j) - \sum_{i=1}^{n}\angle(s-p_i) = (2k+1)\pi \tag{4-6}$$

式中，$k = 0, \pm 1, \pm 2, \cdots$

从式（4-5）和式（4-6）可以看出，幅值条件与根轨迹增益 K^* 有关，而相角条件却与 K^* 无关。所以，s 平面上的某个点，只要满足相角条件，则该点必在根轨迹上。至于该点所对应的 K^* 值，可由幅值条件得出。绘制根轨迹时，可以先在 s 平面找出满足相角条件的点，

然后利用幅值条件在根轨迹上标出对应的参数值,并用箭头表示随参数增加时,根轨迹的变化趋势。因此,**相角条件是确定根轨迹 s 平面上一点是否在根轨迹上的充分必要条件。**

4.2 绘制根轨迹的基本规则和方法

根轨迹是一种根据系统开环传递函数的零、极点,求出闭环极点的一般方法,是控制系统分析的一种图解方法。绘制根轨迹时,如采用上节所述方法,即先求根,然后在 s 平面描点绘制是不可取的,而是应找出其绘制规则。下面讨论在负反馈系统中,根轨迹增益由 0 趋向 ∞ 变化时,闭环根轨迹的绘制法则,这些法则称为基本法则。如果讨论的是系统其他参数变化,则应经过适当变换后应用。

绘制根轨迹时,首先将开环传递函数化为用零、极点表示的标准形式,即应表示成式 (4-1) 所示的形式,才能应用下述法则。

4.2.1 根轨迹的分支数

由于 n 阶系统的特征方程有 n 个特征根,当根轨迹增益 K^* 由 0 变到 ∞ 时,则有 n 个特征根跟随 K^* 变化,在 s 平面上可绘出 n 条根轨迹,即 n 阶系统将有 n 条根轨迹。

4.2.2 根轨迹的起点和终点

根轨迹的起点是指 $K^*=0$ 时特征根在 s 平面上的位置;根轨迹的终点是指 $K^* \to \infty$ 时的特征根在 s 平面上的位置。根轨迹起始于开环极点(包括无限远极点),终止于开环零点(包括无限远零点)。

由式 (4-4) 得

$$\frac{\prod_{j=1}^{m}(s-z_j)}{\prod_{i=1}^{n}(s-p_i)} = \frac{-1}{K^*} \tag{4-7}$$

当 $K^*=0$ 时,只有 $s=p_i(i=0,1,2,\cdots,n)$ 能满足式 (4-7),即说明 n 阶系统的 n 条根轨迹分别从 n 个开环极点 p_i 开始(包括无限远极点)。

当 $K^* \to \infty$ 时,只有 $s=z_j(j=0,1,2,\cdots,m)$ 才能使式 (4-7) 成立,即说明 n 条根轨迹中有 m 条终于开环零点 z_j。除 m 个零点 z_j 能满足方程 $s=z_j$ 外,当 $s \to \infty$ 时,方程也成立。又由于 n 条根轨迹中,已有 m 条有终点,所以还有 $(n-m)$ 条趋向无穷远。

4.2.3 根轨迹的对称性

由式 (4-4) 得出的系统特征方程式的系数一定是实数,所以其根若是实数,则位于 s 平面实轴上,若为复数则共轭出现,因此复平面上的每一个(对)根均对称于实轴。

4.2.4 实轴上的根轨迹

实轴上的根轨迹存在的条件是:实轴上根轨迹段右侧实轴上开环零、极点数之和为奇

数,而与复平面上的开环零极点无关。

该法则可由相角方程作如下说明:设开环零、极点分布如图 4-4 所示,若在实轴根轨迹上取一试探点 s_1,则必满足相角条件。由于复数极点是成对出现的共轭极点,它们对 s_1 点的相角之和恒等于 360°,对相角没有影响,而在实轴上 s_1 点右侧的开环零、极点到 s_1 点的向量产生的相角是 180°,在实轴上 s_1 点左侧的开环零、极点到 s_1

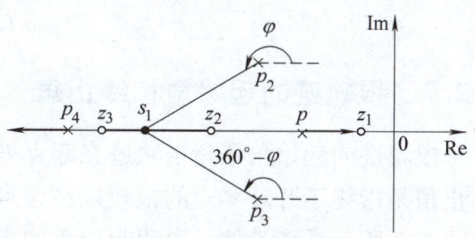

图 4-4　确定实轴上根轨迹

点的向量产生的相角是 0°。因此,根据式(4-6)可知,只有存在于其右侧开环实零、极点数之和为奇数时,s_1 才能满足相角条件。

4.2.5　根轨迹的渐近线方位

如果开环零点数 m 小于开环极点数 n,则系统的根轨迹增益 $K^* \to \infty$ 时,趋向无穷远处的根轨迹共有 $(n-m)$ 条,这 $(n-m)$ 条根轨迹趋向无穷远处的方位可由渐近线决定。

渐近线与实轴交点坐标 σ_a 为

$$\sigma_a = \frac{\sum_{i=1}^{n} p_i - \sum_{j=1}^{m} z_j}{n-m} \tag{4-8}$$

渐近线与实轴正方向的夹角为

$$\varphi_a = \frac{(2k+1)\pi}{n-m} \tag{4-9}$$

式中,k 依次取 0、±1、±2、…一直到获得 $(n-m)$ 个倾角为止。此处证明从略。

【例 4-1】　单位负反馈系统,开环传递函数为

$$G(s) = \frac{K^*(\tau s + 1)}{s(Ts + 1)}$$

且 $\tau > T$。试求系统参数 K^* 由 0 变到 ∞ 时的渐近线,并画出其根轨迹。

解:由于 $n=2$,$m=1$ 可知:

(1) 系统为二阶系统,有两条根轨迹。

(2) 根轨迹的起点为 0,$-1/T$,终点为 $-1/\tau$ 和无穷远处。

(3) 实轴上根轨迹段为 $[0, -1/\tau]$,$[-1/T, -\infty]$。

(4) 由于 $(n-m)=1$,所以只有一条无穷远处的根轨迹,其渐近线与实轴正方向的夹角为

$$\varphi_a = \frac{(2k+1)\pi}{n-m} = \frac{(2k+1)\pi}{2-1} = 180°$$

最后绘出的根轨迹如图 4-5 所示。

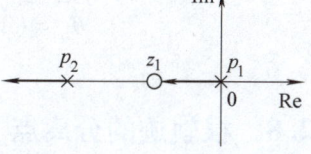

图 4-5　例 4-1 的根轨迹图

4.2.6　根轨迹与虚轴的交点 ω

根轨迹可能和虚轴相交,表明系统特征方程式有纯虚根。其交点的坐标及相应的 K^* 值可在特征方程中令 $s = j\omega$,然后使特征方程的实部和虚部分别为零求得。根轨迹和虚轴交点

对应于系统处于临界稳定状态。此时增益 K^* 称为临界根轨迹增益，即有方程

$$1 + G(j\omega)H(j\omega) = 0 \tag{4-10}$$

4.2.7 根轨迹的起始角和终止角

根轨迹的起始角是指根轨迹在起点处的切线与水平方向的夹角，如图 4-6 所示；根轨迹的终止角是指终于开环零点的根轨迹在该点处的切线与水平方向的夹角，如图 4-6 所示。下面以图 4-7 所示系统为例，说明起始角的求法。

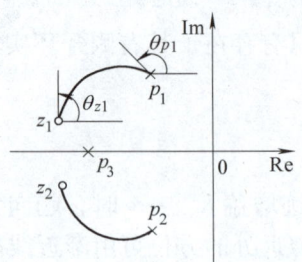

图 4-6 根轨迹的起始角与终止角　　　　图 4-7 起始角的求法

设其开环零、极点分布如图 4-7 所示。现研究极点 p_1 的起始角 θ_{p_1}。在根轨迹靠近极点 p_1 处取一点 s_1，由相角方程可得

$$\angle(s_1 - z_1) - \angle(s_1 - p_1) - \angle(s_1 - p_2) - \angle(s_1 - p_3) = (2k+1)\pi \tag{4-11}$$

当 s_1 无限靠近 p_1 时，各开环零、极点引向 s_1 的向量，就相当于引向 p_1 的向量，在相角关系中令 p_1 点的起始角 θ_{p_1} 为

$$\theta_{p_1} = \angle(s_1 - p_1) \tag{4-12}$$

对式（4-11）取 $s_1 \to p_1$ 极限，故有

$$\theta_{p_1} = (2k+1)\pi + \angle(p_1 - z_1) - \angle(p_1 - p_2) - \angle(p_1 - p_3) \tag{4-13}$$

故一般系统开环复极点 p_k 的起始角为

$$\theta_{p_k} = (2k+1)\pi + \sum_{j=1}^{m} \angle(p_k - z_j) - \sum_{\substack{i=1 \\ \neq k}}^{n} \angle(p_k - p_i) \tag{4-14}$$

同理可得系统开环零点 z_k 的终止角公式为

$$\theta_{z_k} = (2k+1)\pi - \sum_{\substack{j=1 \\ \neq k}}^{m} \angle(z_k - z_j) + \sum_{i=1}^{n} \angle(z_k - p_i) \tag{4-15}$$

4.2.8 根轨迹的分离点（或汇合点）d 的求取

两条或两条以上根轨迹分支，在 s 平面上某处相遇后又分开的点，称作根轨迹的分离点（或汇合点），通常简称为分离点，用 d 表示。分离点就是特征方程出现重根之处。重根的重数就是汇合到（或离开）该分离点的根轨迹分支数。一般在实轴上两个相邻的开环极点或开环零点之间有根轨迹，则这两个极点或零点之间必定存在分离点或汇合点。根据相角条件可以推证，分离点 d 可用式（4-16）求得

$$\sum_{i=1}^{n} \frac{1}{d-p_i} = \sum_{j=1}^{m} \frac{1}{d-z_j} \qquad (4-16)$$

式（4-16）的证明略。

应用式（4-16）时，若系统开环传递函数无开环零点，则式子右边为零。

【例 4-2】 已知系统开环传递函数为

$$G(s)H(s) = \frac{K^*(s+1)}{s^2+3s+3.25}$$

试求分离点坐标，并画出系统闭环根轨迹。

解：系统开环传递函数为

$$G(s)H(s) = \frac{K^*(s+1)}{s^2+3s+3.25} = \frac{K^*(s+1)}{(s+1.5+j)(s+1.5-j)}$$

由此可知：

(1) 系统有两条根轨迹。

(2) 根轨迹起点为 $p_1 = -1.5+j$, $p_2 = -1.5-j$；终点为 $z_1 = -1$ 和无穷远处。

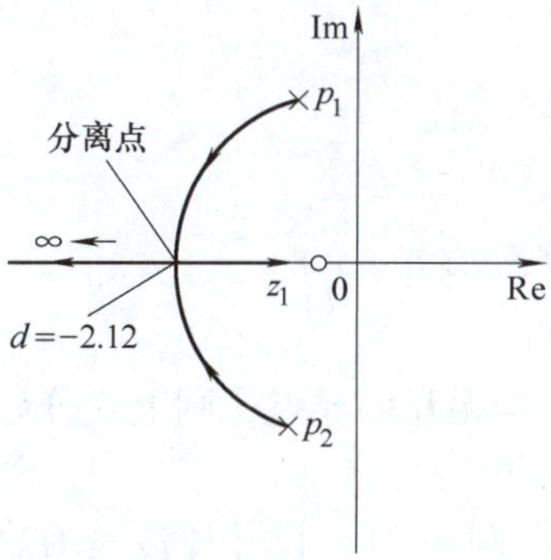

图 4-8 例 4-2 根轨迹图

(3) 实轴上的根轨迹为 $-1 \to -\infty$。

(4) 求分离点坐标：根据式（4-16）有

$$\frac{1}{d+1.5+j} + \frac{1}{d+1.5-j} = \frac{1}{d+1}$$

解此方程得 $d_1 = -2.12$, $d_2 = 0.12$。

d_1 在根轨迹上，即为所求的分离点；d_2 不在根轨迹上，则舍弃。

(5) 此系统根轨迹如图 4-8 所示。

4.2.9 闭环特征根之和

式（4-4）又可表示为如下的闭环特征方程式形式

$$\prod_{i=1}^{n}(s-p_i) + K^* \prod_{j=1}^{m}(s-z_j) = 0 \qquad (4-17)$$

由于闭环特征方程式又可用闭环极点 s_i 的因式表示为

$$\prod_{i=1}^{n}(s-s_i) = 0 \qquad (4-18)$$

当 $(n-m) \geq 2$ 时，展开上述两方程式得

$$s^n + \left(\sum_{i=1}^{n} -p_i\right)s^{n-1} + \cdots = s^n + \left(\sum_{i=1}^{n} -s_i\right)s^{n-1} + \cdots \qquad (4-19)$$

故得

$$\sum_{i=1}^{n} p_i = \sum_{i=1}^{n} s_i \qquad (4-20)$$

式（4-20）表明当 n 阶系统的开环极点数比开环零点数多两个或两个以上时，n 个闭环极点之和等于 n 个开环极点之和，且为常数。所以若系统满足 $(n-m) \geq 2$，当根轨迹增益变动，使某些闭环根轨迹分支在 s 平面上向左移动时，则必有另一些根轨迹分支向右移动，而保持闭环极点之和为常数，即通常所说的根轨迹重心不变。

4.2.10 根轨迹放大系数的求取

按相角条件绘出控制系统的根轨迹后，有时需求出根轨迹上的某些点所对应的根轨迹增益，此时可用式（4-5）的模值关系式求取，即对应根轨迹上点 s_l 的根轨迹增益为

$$K_l^* = \frac{\prod_{i=1}^{n}|(s_l - p_i)|}{\prod_{j=1}^{m}|(s_l - z_j)|} \tag{4-21}$$

式中，$|(s_l - p_i)|_{(i=1,2,\cdots,n)}$；$|(s_l - z_j)|_{(j=1,2,\cdots,m)}$ 分别表示 s_l 点到开环极点和开环零点的距离。

若无开环零点，则上式分母为1。因此应用式（4-21）求根轨迹增益时，应将根轨迹画准确些。

【例4-3】 设开环传递函数为

$$G(s)H(s) = \frac{K^*}{s(s+1.5+j1.5)(s+1.5-j1.5)}$$

求根轨迹与虚轴的交点、计算临界根轨迹增益并画系统的根轨迹。

解：（1）系统有3条根轨迹，起点为 $p_1 = 0$，$p_2 = -1.5 + j1.5$，$p_3 = -1.5 - j1.5$，由于无开环零点，3条根轨迹都趋向无穷远。

（2）实轴上的根轨迹段是 $0 \to -\infty$。

（3）这3条趋向无穷远处的渐近线与实轴的夹角为

$$\varphi_a = \frac{(2k+1)\pi}{n-m} = \begin{cases} 60° \\ -60° \\ 180° \end{cases}$$

而与实轴的交点为

$$\sigma_a = \frac{(-1.5 - j1.5) + (-1.5 + j1.5)}{3} = -1$$

（4）根轨迹在 p_2 处的起始角：

$$\theta_{p_2} = (2k+1)\pi - \left(180° - \text{tg}^{-1}\frac{1.5}{1.5}\right) - 90° = \begin{cases} -45°(k=0) \\ 45°(k=1) \end{cases}$$

（5）求与虚轴的交点

将 $s = j\omega$ 代入特征方程

$$s(s+1.5+j1.5)(s+1.5-j1.5) + K^* = 0$$

得

$$\omega_1 = 0, \quad \omega_{2,3} = \pm 2.12$$

临界根轨迹增益为 $K^* = 13.5$。

（6）系统根轨迹如图4-9所示。从根轨迹图可看出，当 $K^* > 13.5$ 时，此多回路系统将有2个闭环极点分布在 s 平面的右半部，系统为不稳定情况。

【例4-4】 已知单位反馈的开环传递函数为

$G(s)H(s) = \dfrac{K(1+0.1s)}{s(s+1)(0.25s+1)^2}$，绘制系统的根轨迹。

解： 开环传递函数化为如下形式：

$$G(s)H(s) = \frac{K(1+0.1s)}{s(s+1)(0.25s+1)^2} = \frac{K^*(s+10)}{s(s+1)(s+4)^2}$$

式中，$K^* = 1.6K$。

(1) 系统有 4 条根轨迹，分别起始于 0、-1、-4、-4，终止于 -10 和无穷远处。

(2) 实轴根轨迹区间是 [-1, 0]、(-∞, -10]。

(3) 根轨迹的渐近线

$$\sigma_a = \frac{-1-4-4+10}{4-1} = 0.33$$

$$\varphi_a = \frac{(2k+1)\pi}{4-1} = \begin{cases} 60° \\ 180° \\ -60° \end{cases}$$

(4) 根轨迹的分离点

$$\frac{1}{d+10} = \frac{1}{d} + \frac{1}{d+1} + \frac{2}{d+4}$$

用试探法求得 $d_1 = -0.45, d_2 = -2.25, d_3 = -12.5$。显然 d_1 和 d_3 在根轨迹上，故分离点为

$$d_1 = -0.45, \quad d_3 = -12.5$$

(5) 根轨迹与虚轴的交点

系统的特征方程为 $s^4 + 9s^3 + 24s^2 + (16+K^*)s + 10K^* = 0$

将 $s = j\omega$ 代入特征方程得 $\begin{cases} \omega^4 - 24\omega^2 + 10K^* = 0 \\ -9\omega^3 + (16+K^*)\omega = 0 \end{cases}$

$$\omega = \pm 1.53, \quad K^* = 5.07, \quad K = 3.17$$

系统的根轨迹如图 4-10 所示。

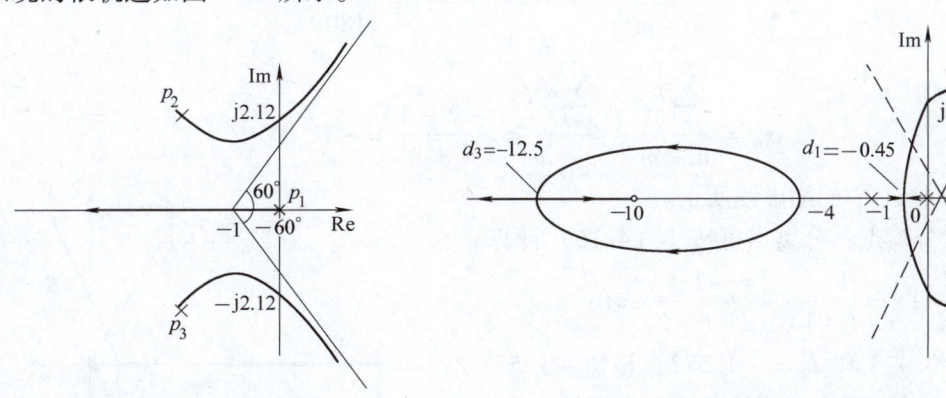

图 4-9　例 4-3 根轨迹图　　　　图 4-10　例 4-4 系统根轨迹图

4.3 用根轨迹分析控制系统

利用根轨迹法可以确定系统闭环零、极点，从而可利用根轨迹对系统进行分析，它的应用是多方面的：在参数已知的情况下求系统的特性；分析参数变化对系统特性的影响（即系统特性对参数变化的敏感度和添加零、极点对根轨迹的影响）；对于高阶系统，运用"主导极点"概念，快速估价系统的基本特性等。下面以实例说明其应用。

在举例之前，先介绍主导极点和偶极子的概念。**在闭环极点中离虚轴最近且附近又无零点的闭环极点，对系统的响应影响最大，起着主要作用的极点，称为主导极点**。主导极点可以是实极点，也可以是复数极点。一般地说，在某一 K 值下的极点中，其他极点的实部比主导极点的实部大 5 倍以上时，这些极点对系统的动态性能的影响可以忽略，一般工程上将 2~3 倍及以上的非主导极点的影响略去不计。在工程中利用主导极点可以对高阶系统进行降阶处理，从而可利用一阶或二阶系统的指标计算式对系统进行指标估算。

偶极子是指一对靠得很近的闭环零、极点。由于构成偶极子的闭环极点的相应项数值可能很小，它对系统的影响可忽略不计。利用这一概念可以有意地在系统中设置适当的零点，以抵消对动态过程影响较大的不利极点，用以改善系统的性能。

【**例 4-5**】 已知开环传递函数

$$G(s)H(s) = \frac{K}{s(s+1)(0.5s+1)}$$

试绘制其根轨迹；确定使闭环系统的一对共轭复数主导极点的阻尼比 ξ 等于 0.5 的 K 值；并估算系统阶跃输入的性能指标 σ、t_s。

解： 系统开环传递函数化为如下标准式：

$$G(s)H(s) = \frac{2K}{s(s+1)(s+2)} = \frac{K^*}{s(s+1)(s+2)}$$

1. 绘制根轨迹

（1）系统有 3 条根轨迹，开环极点为 0，-1，-2，分别是根轨迹各分支上的起点，由于开环无有限零点，故 3 条根轨迹分支都将趋向无穷远处。

（2）实轴上的根轨迹段为 [0，-1]，[-2，-∞)。

（3）根轨迹的渐近线：

$$\varphi_a = \frac{\pm(2k+1)\pi}{n-m} = \frac{\pm(2k+1)\pi}{3} = \begin{cases} \pm 60° \\ 180° \end{cases}$$

$$\sigma_a = \frac{\sum_{i=1}^{n} p_i - \sum_{j=1}^{m} z_j}{n-m} = \frac{-2-1}{3} = -1$$

该渐近线如图 4-11 中的细虚线所示。

（4）确定分离点：分离点可按式（4-16）计算。

$$\frac{1}{d} + \frac{1}{d-(-1)} + \frac{1}{d-(-2)} = 0$$

解得：$d_1 = -0.423$ 和 $d_2 = -1.577$，显然 -1.577 不在根轨迹上，不是分离点，而 -0.423 在根轨迹上，为分离点。

（5）确定根轨迹与虚轴的交点：由开环传递函数得系统闭环特征方程式为

$$s^3 + 3s^2 + 2s + K^* = 0$$

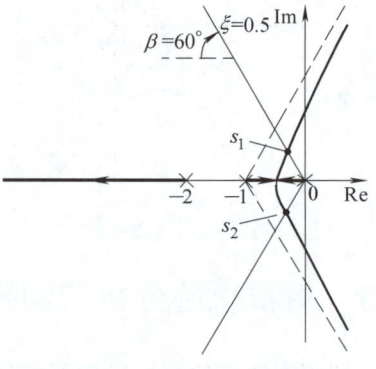

图 4-11 例 4-5 根轨迹图

将 $s = j\omega$ 代入上式，解得 $\omega = 0$ 及 $\omega = \pm\sqrt{2}$，相应的 K^* 为 0 和 6，则临界开环增益为 0 及 3。由上述分析可画出根轨迹如图 4-11 所示。

2. 确定一对共轭复数闭环主导极点，并求使它的阻尼比 $\xi=0.5$ 时的 K^* 值

$\xi=0.5$ 的闭环极点位于原点，且与负实轴夹角为 $\beta = \pm\cos^{-1}\xi = \pm\cos^{-1}0.5 = \pm 60°$ 的直线上，由图 4-11 可以看出：当 $\xi=0.5$ 时，这一对闭环主导极点为

$$s_{1,2} = -0.33 \pm j0.58$$

与这对极点相对应的 K^* 值，可根据模值条件式（4-5）求得

$$K^* = |s_1||s_1-p_1||s_1-p_2| = |s_1||s_1+1||s_1+2| = 0.68 \times 0.89 \times 1.8 = 1.08$$

此时的开环放大倍数为 $K = K^*/2 = 0.54$。

3. 估算性能指标

先确定 $K=0.54$ 时的第 3 个根 s_3。由于本系统 $n-m=3>2$，满足根之和不变的条件，即有关系式：

$$s_1+s_2+s_3 = p_1+p_2+p_3 = 0+(-1)+(-2) = -3$$

所以有：$s_3 = -3-s_1-s_2 = -3-(-0.33+j0.58)-(-0.33-j0.58) = -2.34$

s_3 对虚轴的距离是 s_1、s_2 的 7 倍，故可将 s_1、s_2 看成主导极点，系统降为二阶，其闭环传函为

$$\Phi(s) = \frac{s_1 s_2}{(s-s_1)(s-s_2)} = \frac{0.445}{s^2+0.667s+0.445}$$

由于 $\xi=0.5$，所以有

$2\xi\omega_n = 0.667$，得 $\omega_n = 0.667$。代入二阶系统指标计算式，得

$$\sigma = e^{-\frac{\xi\pi}{\sqrt{1-\xi^2}}} = 16.3\%$$

$$t_s = \frac{3}{\xi\omega_n} = 9.0s$$

[例 4-6] 已知单位负反馈系统的开环传递函数为 $G(s) = \dfrac{K}{S(0.25s+1)}$，试画出其根轨迹，并求出当闭环共轭复数极点呈现阻尼比 $\xi=0.707$ 时，系统的单位阶跃响应及 $\sigma\%$。

解： 系统的开环传递函数为 $G(s) = \dfrac{4K}{s(s+4)} = \dfrac{K^*}{s(s+4)}$

式中，$K^* = 4K$。

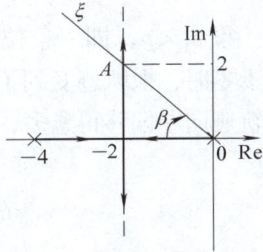

图 4-12 例 4-6 根轨迹图

（1）根轨迹起始于（0，j0）和（-4，j0），终止于无穷远处。

（2）根轨迹的渐近线：$\sigma_a = -2$，$\varphi_a = \dfrac{(2k+1)\pi}{2} = \begin{cases} 90° \\ -90° \end{cases}$

（3）根轨迹的分离点 $d = -2$。

（4）系统的根轨迹如图 4-12 所示。

（5）由于对应 $\xi=0.707$ 时的 $\beta=45°$，所以作一条 45°的射线交根轨迹于 A 点，求得此时闭环共轭复数极点为 $s_{1,2} = -2 \pm j2$，相应的 $K^*=8$，即 $K=2$。

系统的闭环传递函数为

$$\Phi(s) = \frac{G(s)}{1+G(s)} = \frac{K^*}{s^2+4s+K^*} = \frac{8}{s^2+4s+8}$$

所以系统的单阶跃响应为

$$c(t) = L^{-1}[\Phi(s)R(s)] = 1 - \sqrt{2}e^{-2t}\sin(2t+45°)$$

系统的超调量 $\sigma = 4.3\%$

通过以上的例子，可以归纳出用根轨迹法分析系统的一般步骤：

1) 根据系统工作原理和结构参数，求出系统的数学模型——开环传递函数。

2) 根据该系统的开环传递函数绘制系统的根轨迹图。

3) 分析根轨迹图，估计系统开环增益 K 或其他参数对闭环极点、零点分布的影响，当参数一定时，确定闭环系统的零点和极点位置。

4) 计算或估算系统暂态性能指标。对于高阶系统要尽可能准确地找出它的闭环主导极点，用主导极点估算系统的暂态性能指标。

4.4 根轨迹的改造

上一节讨论了系统参数和结构已经确定的情况下，如何用根轨迹分析系统的主要性能。本节将介绍当系统的结构和参数发生变化时，即增加开环零点和极点时，系统根轨迹的变化规律和特点。这是后续研究控制系统的校正的必要基础。

4.4.1 增加开环零点对根轨迹的影响

设一系统的开环传递函数为

$$G(s) = \frac{K^*}{s^2(s+p)} \quad (p>0)$$

其根轨迹如图 4-13 所示，显然这样的根轨迹系统是不稳定的。现在在系统中增加一个开环实零点 $-z_1$，使开环传递函数变为

$$G'(s) = \frac{K^*(s+z_1)}{s^2(s+p)}$$

设 $z_1 < p$，即 $-z_1$ 位于 $-p$ 的右侧，这时根轨迹如图 4-14 曲线 1 所示，可以看出，当 K^* 大于零时，根轨迹变到了 s 的左半平面，不再进入 s 的右半平面。开环零点 $-z_1$ 离虚轴愈近，根轨迹向左偏移得愈多，例如零点为 $-z_2$ 时，对应的根轨迹如图 4-14 中的曲线 2 所示。

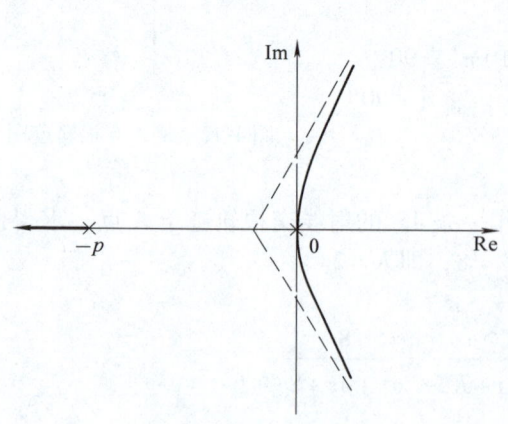

图 4-13 系统的根轨迹

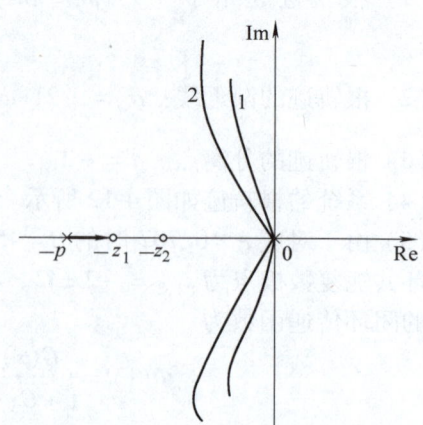

图 4-14 增加零点后系统的根轨迹变化情况

由此可见，增加开环零点可以使系统根轨迹向左移动或弯曲，有利于改善系统的稳定性及暂态性能，恰当地选择附加零点的位置，可以使系统的阶跃响应具有较快的响应速度，且调整时间不致太长，超调量也不太大。

4.4.2 增加开环极点对根轨迹的影响

设某系统的开环传递函数为

$$G(s) = \frac{K^*}{s(s+p)} \quad (p > 0)$$

下面分析在增加一个开环极点 $-p_c$ 后，根轨迹的变化情况。图 4-15 中的粗实线表示未增加极点前的根轨迹，粗虚线表示增加极点后的根轨迹，极点 $-p_c$ 分别取 $-p_1$、$-p_2$、$-p_3$、…等实数值，且有 $-p_1 < -p_2 < -p_3$、…则从图 4-15 可以看出：实轴上的根轨迹发生了变化，$-p_c$ 左侧的实轴属于根轨迹。渐近线由 2 条变成了 3 条，方向由 $\pm 90°$ 变为 $\pm 60°$ 和 $180°$。渐近线与实轴的交点也变了。$-p_c$ 越远离虚轴，根轨迹向右偏移程度愈小，反之愈大。

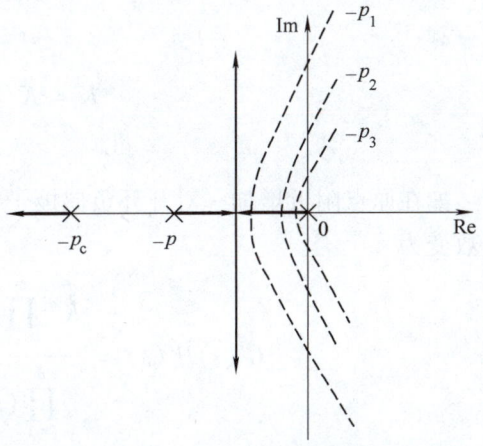

图 4-15 增加开环极点对根轨迹的影响情况

由此可见，增加开环极点对根轨迹有如下影响。
（1）改变了根轨迹在实轴上的分布。
（2）改变了渐近线的条数、方向角及与实轴的交点。
（3）使根轨迹向右偏移或弯曲，不利于系统的稳定性及暂态性能。

4.4.3 增加开环偶极子对根轨迹的影响

由于偶极子是一对相距很近的零点和极点，因此如果在系统中增加一对开环偶极子 $-z_c$ 和 $-p_c$，则它对根轨迹的影响不大。这是因为，一方面引入的偶极子其零点和极点到距它们较远的点的矢量近似相等，它们在相角条件和模值条件中相互抵消，所以它不影响远处根轨迹的形状及根轨迹增益 K^* 值。另一方面，若开环偶极子靠近原点，它也不影响主导极点的位置及相应的根轨迹增益 K^* 值，因此对系统的暂态性能不会产生重要的影响，但是在原点附近增加合适的开环偶极子，可以提高系统的开环增益，改善系统的稳态精度。

系统开环传递函数可表示为根轨迹增益的形式，也可表示为开环增益的形式。
根轨迹增益形式

$$G(s)H(s) = \frac{K^* \prod_{i=1}^{m}(s+z_i)}{\prod_{j=1}^{n}(s+p_j)}, (n \geq m)$$

开环增益形式

$$G(s)H(s) = \frac{K\prod_{i=1}^{m}(\tau_i s + 1)}{\prod_{j=1}^{n}(T_j s + 1)}, (n \geq m)$$

显然可得开环增益 K 与根轨迹增益 K^* 之间的关系为

$$K = K^* \frac{\prod_{i=1}^{m} z_i}{\prod_{j=1}^{n} p_j}, (n \geq m)$$

如在原点附近增加一对开环负偶极子 $-z_c$ 和 $-p_c$,且假设 $z_c = 10p_c$,则系统的开环传递函数变为

$$G'(s)H'(s) = \frac{K^* \prod_{i=1}^{m}(s + z_i)}{\prod_{j=1}^{n}(s + p_j)} \times \frac{(s + z_c)}{(s + p_c)}, (n \geq m)$$

此时系统的开环增益 K' 为

$$K' = K^* \frac{\prod_{i=1}^{m} z_i}{\prod_{j=1}^{n} p_j} \times \frac{z_c}{p_c} = 10K^* \frac{\prod_{i=1}^{m} z_i}{\prod_{j=1}^{n} p_j}, (n \geq m)$$

由于根轨迹增益 K^* 不变,所以开环增益 K' 变为

$$K' = 10K$$

可见开环增益提高了 10 倍。这说明**在原点附近增加开环偶极子,能够在不影响系统暂态特性的情况下,提高系统的开环增益,改善系统的稳态精度**。

通过以上的分析,可以定性地了解到增加适当的开环零点、极点对根轨迹的形状的影响,这样在系统设计时就可以把握住如何将系统的闭环极点设在最佳的位置或我们所希望的位置上。

4.5 用 MATLAB 软件绘制和分析根轨迹图

在 MATLAB 中提供了 **rlocus( )** 函数来绘制给定系统的根轨迹,使用非常方便,该函数的调用格式有两种:

rlocus(num, den) 或 rlocus(num, den, K)

其中,**num** 为开环传递函数分子多项式的系数向量,**den** 为开环传递函数中分母多项式的系数向量,即对单输入单输出系统开环传递函数为 $G(s) = num(s)/den(s)$。

使用这些命令后,根轨迹图是自动生成的。如果这第 3 个参数(向量 K)是指定的,命令将按照给定的参数绘制根轨迹图,否则增益是自动确定的。

如果引入变量 r,即

$$[r,K] = \text{rlocus}(num,den) \text{ 或 } [r,K] = \text{rlocus}(num,den,K)$$

则在屏幕上显示矩阵 r 和开环增益 K。其中，r 为由根轨迹各个点构成的复数矩阵，式子左端的 K 向量为自动生成的增益向量，式子右端的 K 向量为用户自己指定的增益向量范围。利用绘图命令 **plot（r）** 即可以画出系统的根轨迹。

下面的命令可求得系统的闭环极点。

$$\text{clpoles} = \text{rlocus}(num,den) \text{ 或 } \text{clpoles} = \text{rlocus}(num,den,K)$$

axis（）命令可以定义绘制图形轴线的区域。

采用函数 **rlocus(num,den)** 也可绘制系统根轨迹的渐近线，根据前述渐近线与实轴交点为

$$\sigma_a = \frac{\sum_{i=1}^{n} p_i - \sum_{j=1}^{m} z_j}{n-m}$$ 可构造多项式 $G(s) = \frac{1}{(s-\sigma_a)^{n-m}}$，输入命令

rlocus(G.num{1},G.den{1})，

即可绘出根轨迹。

可用 **rlocfind( )** 函数求根轨迹上指定点的开环增益 K 的值，其格式为

$$[K,p] = \text{rlocfind}(num,den)$$

【例 4-7】 已知某单位负反馈系统的开环传递函数为

$$G(s) = \frac{K}{s(s+1)(0.5s+1)}$$

试绘制其根轨。

解：输入以下 MATLAB 命令，绘制根轨迹。

num1 = 1;
den1 = [conv(conv([1 0],[1 1]),[0.5 1])];
rlocus(num1,den1)
grid

本例根轨迹如图 4-16 所示，由于系统有 3 条趋向无穷远处的根轨迹，而渐近线与实轴上交点的坐标为 $\sigma_a = -1$，则可输入以下命令，在上述根轨迹图上绘制根轨迹的渐近线。

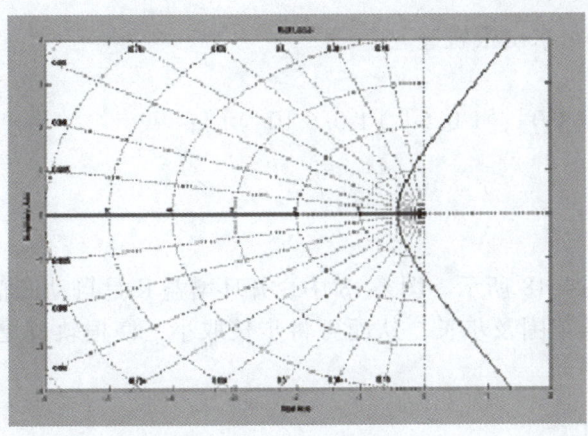

图 4-16　系统根轨迹图

```
hold on;
num2 = 1;
den2 = [conv(conv([1 1],[1 1]),[1 1])];
rlocus(num2,den2)
axis([-4 4 -3 3])
grid on
title('root - locus plot of G(s) = K/[s(s+1)(0.5s+1)]')
```
图 4-17 所示即为在图 4-16 中绘制了渐近线的根轨迹图。

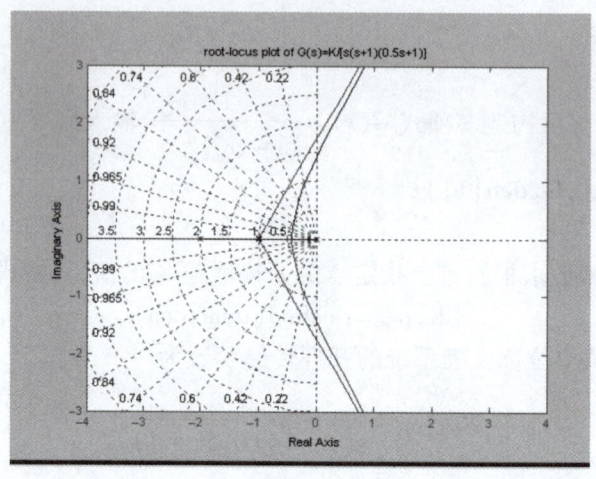

图 4-17 例 4-7 带渐近线的根轨迹图

上述命令中，**hold on** 的作用是使系统根轨迹曲线与根轨迹渐近线绘于同一响应图形中；**grid on** 的作用是为图形加栅格；**title( )** 的作用是为图形加标注；**axis( )** 的作用是为图形设定实、虚轴坐标范围。

【例 4-8】 已知系统开环传递函数为 $G(s) = \dfrac{K}{s(s+0.5)(s^2+0.6s+10)}$，试绘制负反馈系统的根轨迹。

解： 输入以下命令可求出根轨迹
```
num = 1;
den = [conv(conv([1 0],[1 0.5],[1 0.6 10]))];
rlocus(num,den)
grid on
axis([-8 8 8 8])
```
绘出的根轨迹如图 4-18 所示。图 4-18 中，开环增益 K 是自动调整的。当然也可以自己定义开环增益 K 的取值范围及步长，从而可将步长取小，使根轨迹更精确，本例中可用下述命令实现。
```
num = 1;
den = [conv(conv([1 0],[1 0.5]),[1 0.6 10])]
```

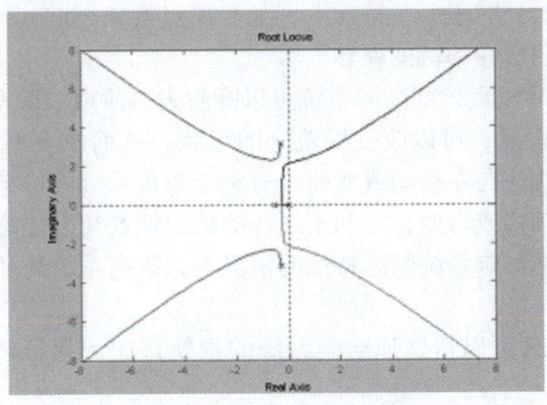

图 4-18　例 4-8 根轨迹图

k = 0:0.01:1000;
rlocus(num,den,k)
axis([-4 4 -4 4]);
grid on

可重绘出较为细化的根轨迹，如图 4-19 所示。

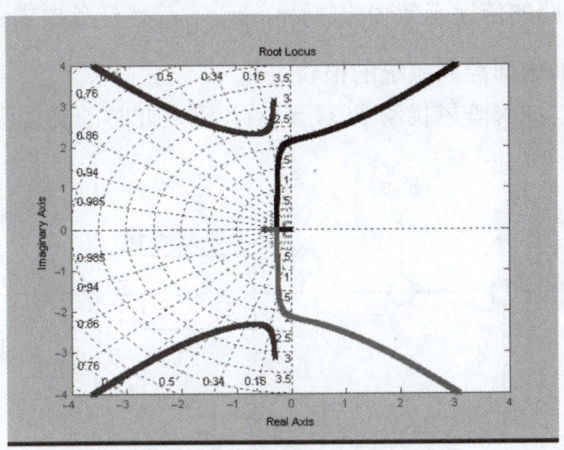

图 4-19　例 4-8 更细化的根轨迹图

本章小结

1. 根轨迹是一种图解的方法。它是在已知控制系统的开环零点和极点的基础上，研究某一个或某些参数变化时系统闭环极点在 s 平面的分布情况；利用根轨迹能够分析结构和参数已确定的系统的稳定性和暂态响应特性；还可以用来改造一个系统，使其根轨迹满足自动控制系统期望的要求。

2. 绘制根轨迹应把握住本章第 2 节介绍的 10 条基本规则。即绘制根轨迹应首先用起、终点法则、渐近线法则、实轴区段法则及根之和法则判断一下总体的特征，然后再计算有关的特征量及虚轴交点等，以尽可能避免全局失误。对于简单的系统，运用这些规则可以较快地画出根轨迹的概略图形，对于一些特殊点（如分离点等），如与分析问题无关，则不必准确求出，只要能找出它们所在的范围就够了。

3. 如果系统存在主导极点，则高阶系统可以降阶为一阶或二阶系统来估算其性能指标。

4. 增加开环零点或极点，可以改变根轨迹的形状，从而改变系统的性能。增加合适的开环零点可以使系统根轨迹向左移动或弯曲，有利于改善系统的稳定性及暂态性能；增加开环极点会使根轨迹向右偏移或弯曲，不利于系统的稳定性及暂态性能；在原点附近增加合适的开环偶极子，能够在不影响系统暂态特性的情况下，提高系统的开环增益，改善系统的稳态精度。

5. 利用 MATLAB 软件可以精确地绘制系统的根轨迹图，使根轨迹分析变得更加准确、灵活和方便。

本章知识技能综合训练

任务目标要求：图 4-20 所示为直升机的俯仰控制系统的结构图，其中直升机的动态特性传递函数为 $G_0(s) = \dfrac{10(s+0.5)}{(s+1)(s-0.4)^2}$，为提高直升机的静稳定性，在图中加入了镇定控制回路，其镇定控制回路的传递函数为 $H(s) = \dfrac{K_1(s+1)}{(s+9)}$，任务要求：

1）绘制出直升机的俯仰控制系统的根轨迹。

2）在 $K_1 = 1.9$ 时，如果阵风扰动 $T(s) = 1/s$，确定此时的扰动稳态误差。

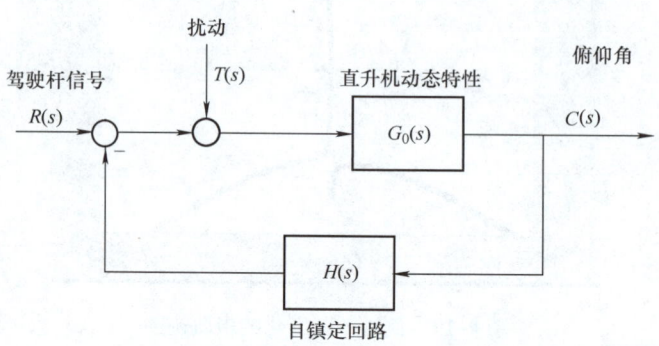

图 4-20 直升机的俯仰控制系统结构图

综合训练任务书见表 4-1。

表 4-1 综合训练任务书

训练题目	
任务要求	1）根据系统动态结构图，求出系统开环传递函数标准式 2）绘制系统根轨迹，并分析其稳定性 3）确定出在给定参数条件下的扰动稳态误差 4）用 MATLAB 软件绘制其根轨迹，并与手绘的根轨迹进行比较

(续)

训练步骤	1）系统开环传递函数确定	开环传递函数表达式： 化为零极点形式的标准式：
	2）绘制根轨迹	系统极点： 系统零点： 实轴上的根轨迹： 渐近线： 分离点： 与虚轴的交点：
		系统根轨迹图：
	3）确定在 K_1 = 1.9 时，扰动 $T(s)$ = $1/s$ 时的扰动稳态误差（此时给定输入视为零）	扰动作用下的稳态误差表达式 $e_{ssn} = \lim_{s \to 0} sE_n(s)$ 求出 $K_1 = 1.9$ 时的扰动稳态误差
	4）根据系统开环传递函数用 MATLAB 软件求取系统根轨迹，并与上面手绘的比较	
检查评价		

思考题与习题

4-1 画出下列开环传递函数的零、极点图。

(1) $G(s) = \dfrac{K^*(2s+1)}{s(4s+1)(s+3)}$

(2) $G(s) = \dfrac{K^*(s^2+2s+1)}{s(4s+1)(s^2+2s+3)}$

(3) $G(s) = \dfrac{K^*}{s(4s+1)(2s+1)}$

(4) $G(s) = \dfrac{K^*(2s+1)}{(4s+1)(s+3)(s^3+2s^2+1)}$

4-2 系统的开环传递函数如下，试确定实轴上的根轨迹及分离点的坐标。

(1) $G(s)H(s) = \dfrac{K^*}{s(s+2)(s+5)}$

(2) $G(s)H(s) = \dfrac{K^*(s+5)}{s(s+2)(s+3)}$

(3) $G(s)H(s) = \dfrac{K(s+1)}{s(2s+1)}$

4-3 单位负反馈系统的开环传递函数为

$$G(s) = \frac{K}{s(s^2+2s+2)}$$

试绘制系统的根轨迹。

4-4 单位负反馈系统的开环传递函数为

$$G(s) = \frac{K(0.25s+1)}{s(0.5s+1)}$$

试用根轨迹法确定系统无超调响应的开环增益 K。

4-5 系统闭环特征方程式为 $s^2(s+a) + K(s+1) = 0$，试确定系统根轨迹有 1 个、2 个和没有分离点 3 种情况下，参数 a 的取值范围，并作出相应的根轨迹。

4-6 试绘出下列系统的根轨迹，系统开环传递函数如下所示。确定根轨迹与虚轴的交点并求出相应的 K^* 值。

(1) $G(s) = \dfrac{K^*}{s(s+3)(s+5)^2}$ (2) $G(s) = \dfrac{K^*(s+1)}{s^2(s+5)(s+12)}$

4-7 绘制下列负反馈控制系统的根轨迹。已知系统的开环传递函数 $G(s)H(s)$ 的零点和极点如下。
(1) 极点在 0，-3 及 -4；零点在 -5。
(2) 极点在 -1+j1 和 -1-j1；零点在 -2。
(3) 极点在 0，-3，-1+j1 及 -1-j1；无有限的零点。
(4) 极点在 0，0，-12 及 -12；零点在 -6+j5，-6-j5。
(5) 极点在 0，0，-12 及 -12；零点在 -4，-8。

4-8 系统开环传递函数的零、极点如图 4-21 所示，试绘制系统概略根轨迹。

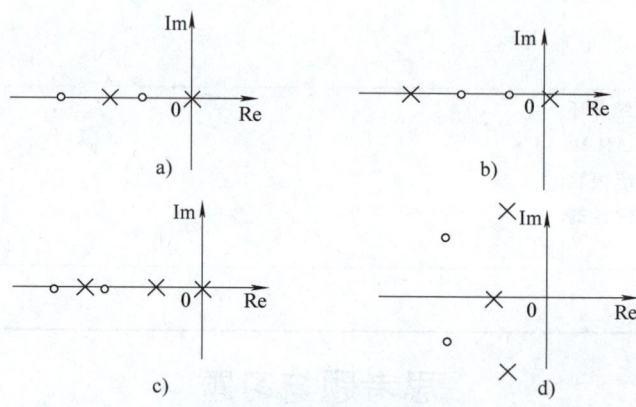

图 4-21 题 4-8 中开环传递函数的零、极点分布图

4-9 单位反馈系统的开环传递函数为

$$G(s) = \frac{K^*(s+2)}{s(s+1)}$$

证明：复数根根轨迹部分是以 (2, j0) 为圆心，以 $\sqrt{2}$ 为半径的一个圆。

4-10 已知单位负反馈系统的开环传递函数为

$$G(s) = \frac{K^*}{s(s+2)}$$

试画出系统的根轨迹，并求出主导极点阻尼比 ξ 为 0.5 时的 K^* 值。

4-11 用 MATLAB 绘制题 4-3 的根轨迹。

4-12 用 MATLAB 绘制题 4-9 的根轨迹，验证其根轨迹复数部分为一个圆。

第 5 章　控制系统的频域分析法

学习目标

◆ **知识目标：**
1) 懂得自动控制系统频域分析法的基本方法。
2) 掌握典型环节的频率特性及性能指标。
3) 掌握系统开环频率特性的绘制方法。
4) 掌握奈奎斯特稳定判据、对数稳定判据及其对应的系统性能指标。
5) 熟悉 0 型、Ⅰ型、Ⅱ型系统的开环频率特性及其暂态性能指标。
6) 掌握 MATLAB 软件在频域分析中的应用。

◆ **技能目标：**
1) 会绘制系统的开环对数频率特性。
2) 会根据系统的幅相频率特性和对数频率特性判断系统的稳定性。
3) 会根据系统的对数频率特性估算系统的暂态性能指标。
4) 会应用 MATLAB 软件绘制系统的频率特性和暂态指标。

◆ **素质目标：**
1) 频域分析法是一种用图解的方法间接分析复杂工程问题的有效途径，通过本章的学习，进一步拓展思路，培养建立多渠道、多思路解决问题的意识和方法。
2) 开阔思路，进一步提升创新意识和探索精神。

控制系统的频域分析法是本书的一个重点内容，它是控制系统三大工程分析法中最重要、最常用的方法，是一种用图解的方法分析、设计系统的有效手段，和其他方法相比，它具有如下特点：①频率特性可以通过实验获得，对于难以列写微分方程的元器件或系统来说，具有重要的实际意义；②频率特性可用多种图形曲线表示，可用图解法来分析系统，还可以推广应用于某些非线性系统。

本章重点介绍频率特性的基本概念和频率特性曲线的绘制方法，研究频域稳定判据和用频率特性分析系统的性能。

5.1　频率特性的基本概念

5.1.1　频率特性的定义

由电路基础的知识可知：一个线性定常系统，在它的输入端加一个振幅为 A_r、角频率

为 ω 且初相为 φ_1 的正弦信号,那么经过一段过渡过程系统达到稳态后,系统的输出端也将输出一同频率的正弦信号,只是输出信号的振幅 A_c 和初相 φ_2 有所变化。改变输入正弦信号的角频率,那么同频率输出的正弦信号的振幅和初相也跟着改变。假设输入信号 $r(t) = A_r \sin(\omega t + \varphi_1)$,那么输出信号就为 $c(t) = A_c \sin(\omega t + \varphi_2)$,如图 5-1 所示。

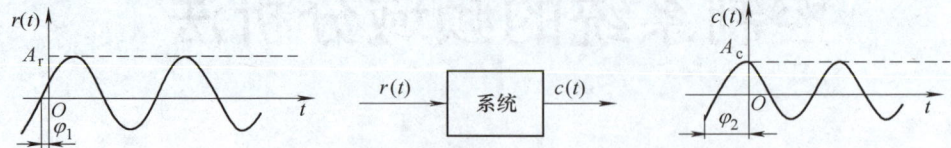

图 5-1 线性定常系统频率特性响应示意图

因此,利用电路基础中表示正弦量的"相量"概念,则有 $\dot{R} = A_r \underline{/\varphi_1}$、$\dot{C} = A_c \underline{/\varphi_2}$,可以得到如下的定义式:

$$G(j\omega) = \frac{\dot{C}}{\dot{R}} = \frac{A_c \underline{/\varphi_2}}{A_r \underline{/\varphi_1}} = A(\omega) \underline{/\varphi(\omega)} \tag{5-1}$$

式中,$G(j\omega)$ 称为系统的频率特性,它表示了系统在正弦作用下,稳态输出的振幅、相位随频率变化的关系;$\dot{C}$ 表示输出正弦量的相量;$\dot{R}$ 表示输入正弦量的相量。

在式 (5-1) 中,$A(\omega) = \dfrac{A_c}{A_r} = |G(j\omega)|$,称为系统的幅频特性;$\varphi(\omega) = \underline{/G(j\omega)}$,称为系统的相频特性。

频率特性还可以表示为复数的形式:

$$G(j\omega) = A(\omega) e^{j\varphi(\omega)} = A(\omega) \underline{/\varphi(\omega)} \tag{5-2}$$

其复数的代数形式为

$$G(j\omega) = P(\omega) + jQ(\omega) \tag{5-3}$$

式中,$P(\omega)$ 为 $G(j\omega)$ 的实部,又称为实频特性;$Q(\omega)$ 为 $G(j\omega)$ 的虚部,又称为虚频特性;综合式 (5-1) ~ 式 (5-3),显然有以下关系:

$$\begin{cases} P(\omega) = A(\omega) \cos\varphi(\omega) \\ Q(\omega) = A(\omega) \sin\varphi(\omega) \\ A(\omega) = \sqrt{P^2(\omega) + Q^2(\omega)} \\ \varphi(\omega) = \arctan \dfrac{Q(\omega)}{P(\omega)} \end{cases} \tag{5-4}$$

【例 5-1】 在图 5-2 所示的 RC 电路中,当输入电压为 $u_r = U_r \sin\omega t$ 时,其稳态输出电压为 $u_c = U_c \sin(\omega t + \varphi)$,求该电路的频率特性。

解:由题设及电路理论可知:

$$\dot{U}_r = U_r \underline{/0°}$$

$$\dot{U}_c = \frac{\dfrac{1}{j\omega C}}{R + \dfrac{1}{j\omega C}} \dot{U}_r = \frac{1}{1 + j\omega RC} \dot{U}_r$$

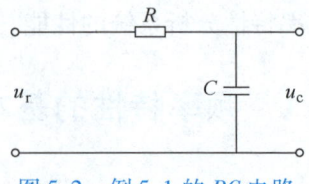

图 5-2 例 5-1 的 RC 电路

令 $T = RC$，则有

$$G(j\omega) = \frac{\dot{U}_c}{\dot{U}_r} = \frac{1}{1+j\omega RC} = \frac{1}{1+j\omega T} = \frac{1}{\sqrt{1+(\omega T)^2}} \angle -\arctan\omega T$$

或者表示为

$$G(j\omega) = \frac{1}{1+j\omega RC} = \frac{1}{1+(\omega T)^2} - j\frac{\omega T}{1+(\omega T)^2}$$

由此可得出该系统的各项参数

$$\begin{cases} \text{幅频特性：} A(\omega) = 1/\sqrt{1+(\omega T)^2} \\ \text{相频特性：} \varphi(\omega) = -\arctan\omega T \\ \text{实频特性：} P(\omega) = 1/[1+(\omega T)^2] \\ \text{虚频特性：} Q(\omega) = -\omega T/[(1+(\omega T)^2] \end{cases}$$

对于一个确定的系统，当 $A(\omega) > 1$ 时，表示系统输出的幅值大于输入的幅值，系统有幅值的增益；若 $A(\omega) < 1$，则说系统有幅值衰减。如果 $\varphi(\omega) > 0$，则表示系统输出信号的相位超前输入信号的相位；若 $\varphi(\omega) < 0$，则说系统输出信号的相位滞后于输入信号的相位。

5.1.2 系统频率特性与传递函数的关系

从对例 5-1 中 RC 电路的分析，其频率特性为

$$G(j\omega) = \frac{1}{1+j\omega T} \tag{5-5}$$

而该电路系统的传递函数可求得为

$$G(s) = \frac{1}{1+sT} \tag{5-6}$$

显然，如果把式(5-6)传递函数中的复变量 s 用 $j\omega$ 来代替，就得到该系统的频率特性式(5-5)。因此频率特性和传递函数之间可用式(5-7)来表示。

$$G(j\omega) = G(s)|_{s=j\omega} \tag{5-7}$$

可以证明，这个结论对于结构稳定的线性定常系统都是成立的。所以，如果已知系统（或环节）的传递函数，只要用 $j\omega$ 置换其中的 s，就可以得到该系统（或环节）的频率特性。

反过来看，如果能用实验方法获得系统（或元部件）的频率特性，则可由频率特性确定出系统（或元器件）的传递函数。

5.1.3 频率特性的图示方法

频率特性 $G(j\omega)$ 的图形表示是描述频率 ω 从 $0\to\infty$ 变化时频率响应的幅值、相位与频率之间关系的一组曲线，由于采用的坐标系不同而有所不同。本章主要介绍常用的幅相频率特性曲线，即奈奎斯特（Nyquist）图和对数频率特性曲线也叫伯德（Bode）图两种。

1. 幅相频率特性曲线（Nyquist 图） $G(j\omega)$ 的幅相频率特性曲线就是当 ω 从 $0\to\infty$ 变化时，在极坐标上表示的 $G(j\omega)$ 的幅值 $|G(j\omega)|$ 与相角 $\angle G(j\omega)$ 随 ω 变化的曲线，即当 ω 从 $0\to\infty$ 变化时，相量 $G(j\omega)$ 的矢端轨迹，也称为极坐标图或 Nyquist 图。

下面以例 5-1 的 RC 电路为例来具体说明幅相频率特性曲线的绘制，由前面的分析可知：

$$G(j\omega) = \frac{1}{1+j\omega T} = \frac{1}{\sqrt{1+(\omega T)^2}} \angle -\arctan\omega T$$

由此可列出该 RC 电路幅频特性和相频特性的计算数据如表 5-1 所示。

表 5-1　幅频特性和相频特性在不同 ω 取值时的数据

ω	0	$\dfrac{1}{2T}$	$\dfrac{1}{T}$	$\dfrac{2}{T}$	$\dfrac{3}{T}$	$\dfrac{4}{T}$	$\dfrac{5}{T}$	∞
$\dfrac{1}{\sqrt{1+(\omega T)^2}}$	1	0.89	0.71	0.45	0.32	0.24	0.20	0
$-\arctan\omega T/(°)$	0	-26	-45	-63.5	-71.5	-76	-78.7	-90

根据以上数据可在极坐标中画出 RC 电路的幅相频率特性曲线如图 5-3 所示。图中当 ω 从 $0\to\infty$ 变化时，$G(j\omega)$ 的轨迹为一半圆，从原点到轨迹上任一点的连线所构成的相量，表示电路对应某个频率 ω 值的幅值 $A(\omega)$ 和相角的大小与位置。

注意：相角 $\varphi(\omega)$ 的大小与正负，要从正实轴开始按逆时针方向为正、顺时针方向为负进行计算。

2. 对数频率特性曲线（Bode 图）　由上面的介绍可知，幅相频率特性是一个以 ω 为参变量的图形，在定量分析时有一定的不便之处，因此，在工程上，常常将 $A(\omega)$ 和 $\varphi(\omega)$ 分别表示在两个图上，且横坐标采用对数刻度，故被称作对数频率特性曲线也叫伯德（Bode）图。

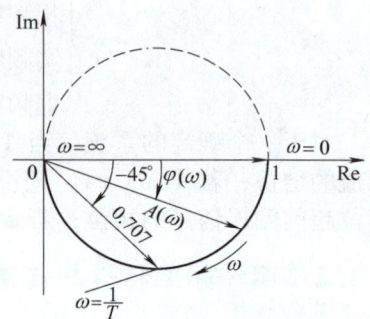

图 5-3　RC 电路的幅相频率特性

（1）对数幅频率特性。对数频率特性定义为

$$L(\omega)=20\lg A(\omega) \tag{5-8}$$

式中，$L(\omega)$ 的单位为 dB（分贝）。

$L(\omega)$ 的图形就是对数频率特性曲线（Bode 图）。在图形中，纵轴按线性分度，标以增益值 $L(\omega)$；横轴按对数分度标以频率 ω 值。横坐标按对数分度的意义在于：ω 每变化 10 倍，横坐标就增加 1 个单位长度，这个长度单位代表 10 倍频的距离，故称为"10 倍频程"，如图 5-4 所示。

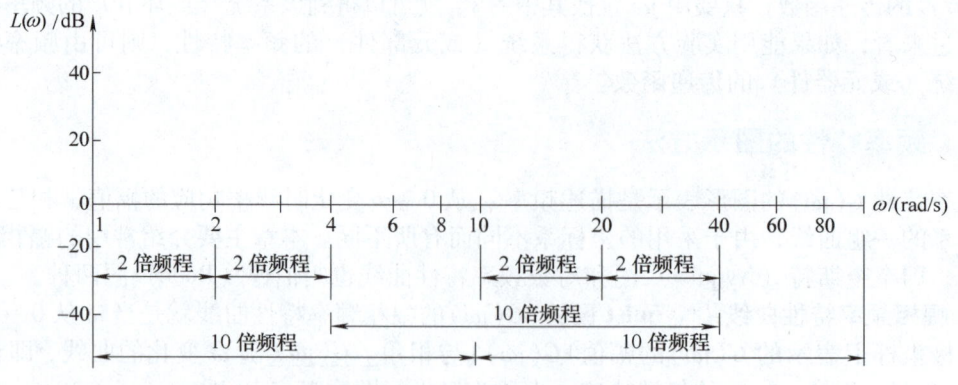

图 5-4　对数坐标

10 倍频程内的 ω（或 ω/ω_0）的对数分度值则如表 5-2 所示。

表 5-2 10 倍频程中的对数分度值

ω/ω_0	1	2	3	4	5	6	7	8	9	10
$L(\omega)$	0	0.301	0.477	0.602	0.699	0.778	0.845	0.903	0.954	1

对数频率特性的纵坐标表示增益 $L(\omega)$，$A(\omega)$ 每变化 10 倍，$L(\omega)$ 就变化 20dB，如图 5-4 中纵坐标所示。

对于例 5-1 的 RC 电路，则其对数幅频特性表达式应为

$$L(\omega) = 20\lg \frac{1}{\sqrt{1+(T\omega)^2}} = -20\lg \sqrt{1+(T\omega)^2} \tag{5-9}$$

要精确画出系统的对数频率特性曲线是很难的，在系统分析中也不要求作出精确的对数频率特性曲线，一般只需作出其渐近线即可。下面就重点介绍其对数频率特性曲线渐近线的绘制方法。根据式（5-9）有：

当 $\omega \ll \omega_1 = \frac{1}{T}$ 或近似认为 $T\omega = 0$ 时，则 $L(\omega) \approx 20\lg 1 = 0$dB。

当 $\omega \gg \omega_1 = \frac{1}{T}$ 时，$T\omega \gg 1$，则 $L(\omega) \approx -20\lg T\omega$。

在 $\omega = \omega_1 = \frac{1}{T}$ 处，$L(\omega) = -20\lg \sqrt{2} = -3$dB。

根据上述分析，RC 电路的对数幅频特性可以用渐近线近似地表示：

1) $\omega < \frac{1}{T}$ 部分为水平线。

2) $\omega > \frac{1}{T}$ 部分为斜率等于 -20dB/10 倍频程（可简写为 [-20]）的直线，如图 5-5 所示。

3) 在渐近线交接处的角频率 $\omega_1 = \frac{1}{T}$ 称为转折角频率，此处渐近线的幅值误差为 3dB。

（2）对数相频特性。纵轴按均匀分度，标以 $\varphi(\omega)$ 值，单位为度（°）；横轴分度及标值方法与幅频特性相同。对于例 5-1 的 RC 电路，其对数相频特性为

$$\varphi(\omega) = -\arctan\omega t = -\arctan \frac{\omega}{\omega_1}, \left(\omega_1 = \frac{1}{T}\right) \tag{5-10}$$

根据表 5-1 的数据，可绘出其对数相频特性，如图 5-5 所示，对数相频特性具有奇

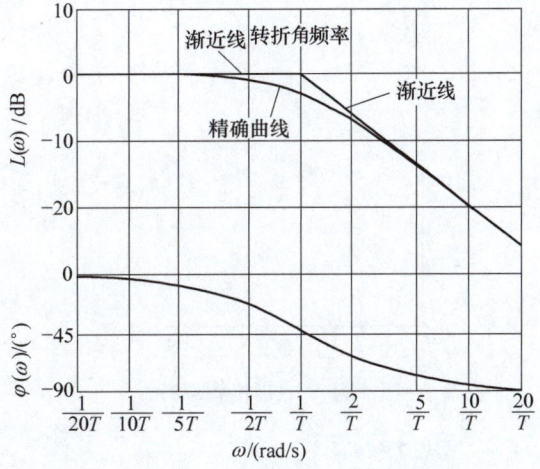

图 5-5 RC 电路的对数幅频特性和相频特性

对称性，转折角频率 $\omega_1 = \frac{1}{T}$ 就是相频特性的奇对称点 $\varphi(\omega) = -45°$。

只要确定了 $\varphi(\omega)$ 在起点 $(\omega \to 0)$，折频点 $\left(\omega = \omega_1 = \frac{1}{T}\right)$ 和终点 $(\omega \to \infty)$ 的大致位置，就

可以利用对数相频特性的奇对称特点，方便地绘出其对数相频特性曲线。

对数频率特性在工程实际中得到广泛的应用，有以下两个优点。

1) 在研究频率范围很宽的频率特性时，缩小了比例尺。在一张图上，既画出了频率特性的中、高频段，又能清楚地画出其低频段，为系统的分析、设计提供了方便。

2) 可以大大简化绘制系统频率特性的工作，由于系统往往是许多环节串联构成，因此其幅值是各环节幅值的积。利用频率特性法（对数运算法则）可将各环节的乘积关系转化为加法关系，即如果绘出各环节的对数幅频特性，然后进行加减法，就能得到串联各环节所组成的系统的对数幅频特性，从而简化了系统的分析与设计。

5.2 典型环节的频率特性

控制系统通常由若干环节所组成，根据它们的数学模型特点，可以划分为几种典型环节。下面就介绍这些典型环节的频率特性。

5.2.1 比例环节

比例环节的框图如图 5-6 所示，则其

传递函数： $\quad G(s) = K \quad$ (5-11)

频率特性： $\quad G(j\omega) = K \quad$ (5-12)

对数幅频特性： $L(\omega) = 20\lg A(\omega) = 20\lg K \quad$ (5-13)

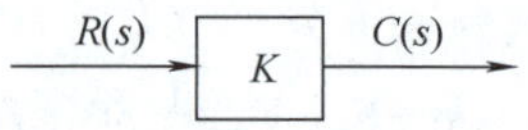

图 5-6 比例环节的框图

比例环节的幅相频率特性为实轴上的一点（K，j0），如图5-7所示。对数幅频特性为一水平线，相频特性与横坐标重合，如图 5-8 所示。

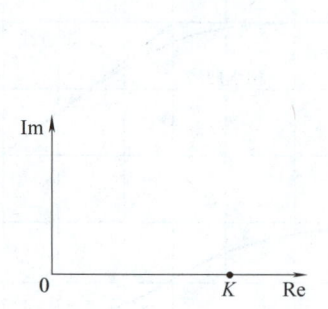

图 5-7 比例环节的幅相频率特性

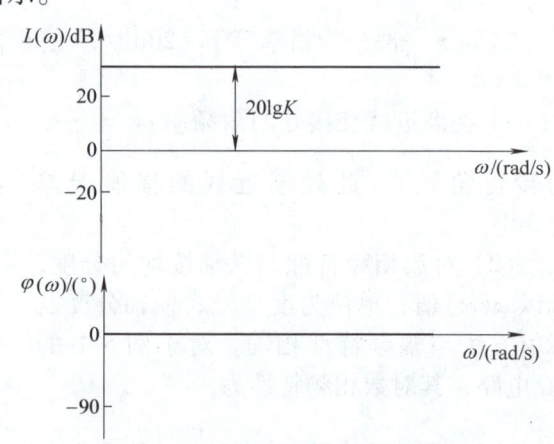

图 5-8 比例环节的对数频率特性

5.2.2 积分环节

积分环节的框图如图 5-9 所示，则其

传递函数： $\quad G(s) = \dfrac{1}{s} \quad$ (5-14)

频率特性： $\quad G(j\omega) = \dfrac{1}{j\omega} = \dfrac{1}{\omega} \angle -90° \quad$ (5-15)

对数幅频特性：
$$L(\omega) = 20\lg A(\omega) = -20\lg\omega \tag{5-16}$$

幅相频率特性图：当 ω 由 $0 \to \infty$ 时，$G(j\omega)$ 的实部总为零，虚部由 $-\infty \to 0$，所以其幅相频率特性图为一条与负虚轴重合的直线，如图5-10所示。

对数频率特性图：由 $L(\omega) = -20\lg\omega$，频率每增加10倍，对数幅值下降20dB，且 $\omega=1$ 时 $L(\omega)=0$，即 $L(\omega)$ 是一条斜率为 -20dB/10倍频程，记为 $[-20]$ 的直线，且 $\omega=1$ 时对数幅值为0dB，而相频特性为一条距实轴90°的水平线，如图5-11所示。

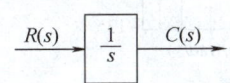

图5-9　积分环节的框图

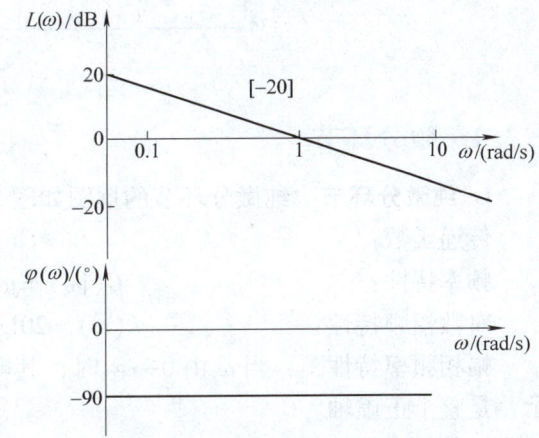

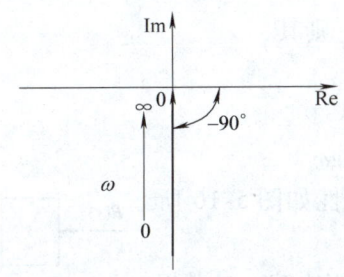

图5-10　积分环节的幅相频率特性　　　图5-11　积分环节的对数频率特性

5.2.3　惯性环节

惯性环节的框图如图5-12所示，则

传递函数：
$$G(s) = \frac{1}{Ts+1} \tag{5-17}$$

频率特性：
$$G(j\omega) = \frac{1}{1+j\omega T} = \frac{1}{\sqrt{1+(\omega T)^2}} \angle -\arctan\omega T \tag{5-18}$$

对数幅频特性
$$L(\omega) = 20\lg\frac{1}{\sqrt{1+(T\omega)^2}} = -20\lg\sqrt{1+(T\omega)^2} \tag{5-19}$$

幅相频率特性图：是以极坐标 $(1/2, j0)$ 为圆心、$1/2$ 为半径的半圆，如图5-13所示（具体作法见5.1节）。

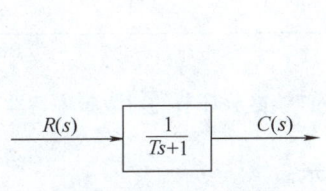

图5-12　惯性环节的框图

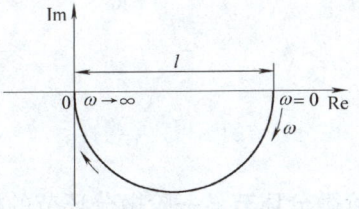

图5-13　惯性环节的幅相频率特性

对数频率特性图如图5-14所示（具体作法参见5.1节）。

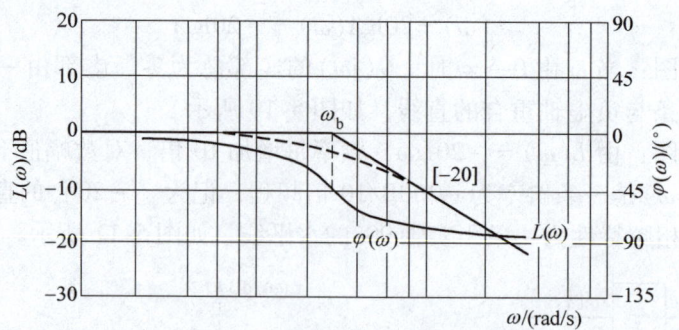

图 5-14 惯性环节的对数频率特性

5.2.4 微分环节

1. 纯微分环节 纯微分环节的框图如图 5-15 所示，则其

传递函数： $$G(s) = s \tag{5-20}$$
频率特性： $$G(j\omega) = j\omega = \omega\angle 90° \tag{5-21}$$
对数幅频特性： $$L(\omega) = 20\lg A(\omega) = 20\lg\omega \tag{5-22}$$

幅相频率特性图：当 ω 由 $0 \to \infty$ 时，其幅相频率特性如图 5-16 所示，是整个正虚轴。

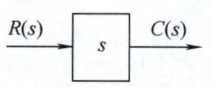

图 5-15 纯微分环节的框图

对数频率特性图：由于 $L(\omega) = 20\lg\omega$，与积分环节相比较，二者相差一负号，所以其对数幅频特性 ω 每增加 10 倍，对数幅质上升 20dB，且 $\omega = 1$ 时 $L(\omega) = 0$，是一条斜率为 [+20] 过横轴上 $\omega = 1$ 处的直线，如图 5-17 所示，微分环节、积分环节以 0dB 线互为镜像。

对数相频特性图为一条距实轴距离为 +90° 的水平线，如图 5-17 所示。

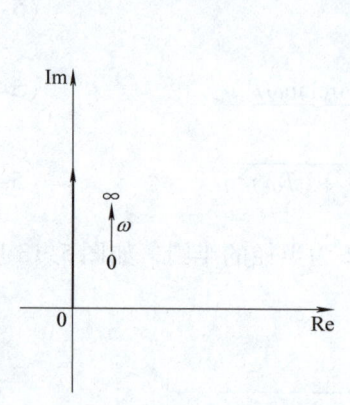

图 5-16 微分环节的幅相频率特性

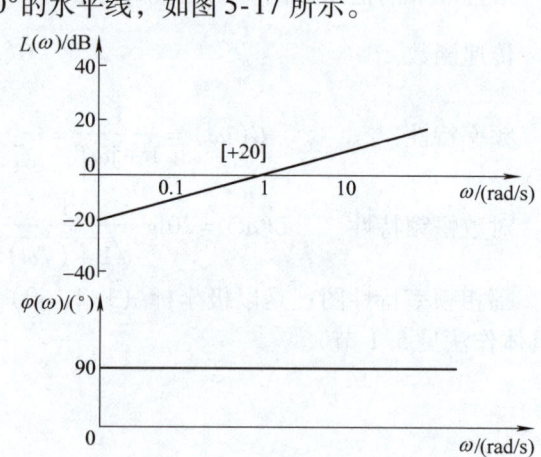

图 5-17 微分环节的对数频率特性

2. 一阶微分环节 一阶微分环节的框图如图 5-18 所示。

传递函数： $$G(s) = 1 + Ts \tag{5-23}$$
频率特性： $$G(j\omega) = 1 + j\omega T = \sqrt{1 + (\omega T)^2}\angle \arctan\omega T \tag{5-24}$$
对数幅频特性： $$L(\omega) = 20\lg A(\omega) = 20\lg\sqrt{1 + (\omega T)^2} \tag{5-25}$$

幅相频率特性图：在复平面上由（1，j0）点出发，平行于虚轴向上的一条直线，如图 5-19 所示。

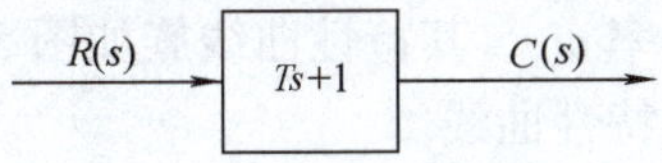

对数频率特性图：不难分析，一阶微分环节 $G(s) = 1 + Ts$ 与惯性环节 $G(s) = \dfrac{1}{1+Ts}$ 的对数频率特性图互为镜像，如图 5-20 所示。

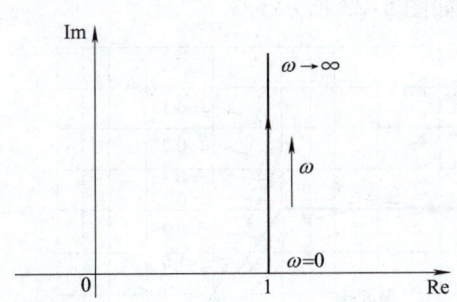

图 5-18　一阶微分环节的框图

图 5-19　一阶微分环节的幅相频率特性

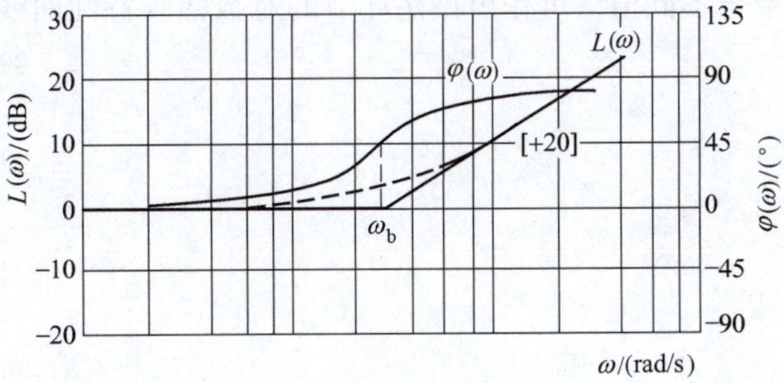

图 5-20　一阶微分环节的对数频率特性

5.2.5　振荡环节

振荡环节的框图如图 5-21 所示。

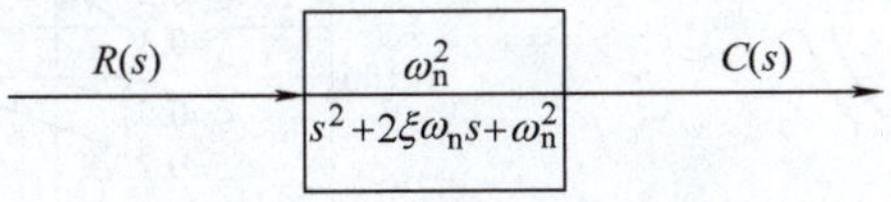

图 5-21　振荡环节的框图

传递函数为
$$G(s) = \dfrac{\omega_n^2}{s^2 + 2\xi\omega_n s + \omega_n^2} \tag{5-26}$$

式中，$\omega_n \geq 0$；$0 < \xi \leq 1$。

频率特性：
$$G(j\omega) = \dfrac{\omega_n^2}{(j\omega)^2 + 2\xi\omega_n j\omega + \omega_n^2}$$

$$= \dfrac{1}{\sqrt{\left[1 - \left(\dfrac{\omega}{\omega_n}\right)^2\right]^2 + \left(2\xi\dfrac{\omega}{\omega_n}\right)^2}} \angle -\arctan\dfrac{2\xi\omega/\omega_n}{1 - \left(\dfrac{\omega}{\omega_n}\right)^2} \tag{5-27}$$

幅相频率特性图：以阻尼比 ξ 为参变量，给出 $\omega(0 \to \infty)$ 的一系列值，计算出对应的幅值和相角，即可绘出幅相频特性，其中几个特征点如表 5-3 所示。

表 5-3　振荡环节的几个特征量

ω	0	ω_n	∞
$A(\omega)$	1	$\dfrac{1}{2\xi}$	0
$\varphi(\omega)$	0°	$-90°$	$-180°$

由表 5-3 可知，振荡环节的幅相频率特性从实轴（1，j0）点开始，最后在第三象限和

负实轴相切并交于原点，且不论 ξ 为何值，幅相频率特性与虚轴交点处的频率都是自然振荡频率 ω_n，其特性曲线族如图 5-22 所示。图中分别给出了 ξ 为 0.4、0.6、0.8 时的幅相频率特性曲线。

对数频率特性图：对数幅频特性为

$$L(\omega) = -20\lg \sqrt{\left[1-\left(\frac{\omega}{\omega_n}\right)^2\right]^2 + \left(2\xi\frac{\omega}{\omega_n}\right)^2} \tag{5-28}$$

结合不同值，可作出振荡环节的对数幅频特性曲线族，如图 5-23 所示。

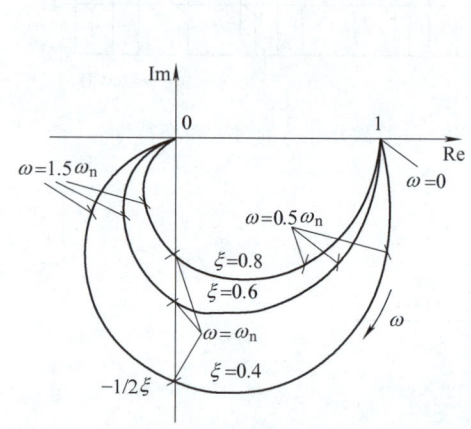

图 5-22 振荡环节的幅相频率特性

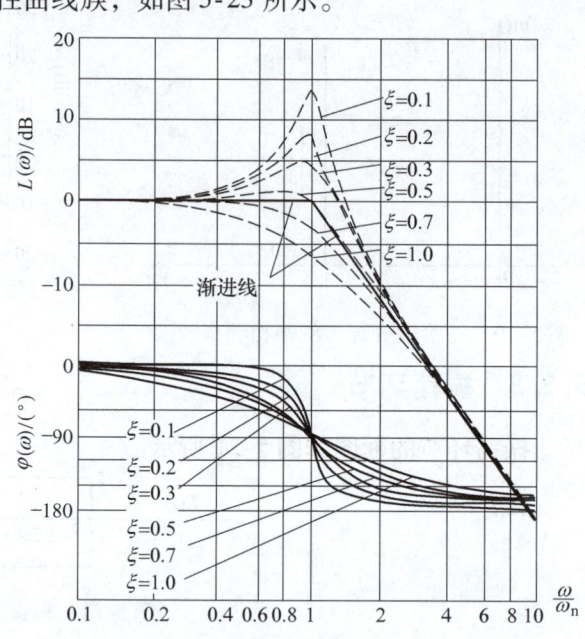

图 5-23 振荡环节的对数频率特性

振荡环节的对数幅频特性也可采用近似作图法来绘制。

（1）低频段 $\omega \ll \omega_n$，即 $\frac{\omega}{\omega_n} \ll 1$ 时，略去 $\frac{\omega}{\omega_n}$，近似取

$$L(\omega) = -20\lg 1 = 0\text{dB}$$

即低频段为一条 0dB 的水平线。

（2）高频段 $\omega \gg \omega_n$，即 $\frac{\omega}{\omega_n} \gg 1$ 时，略去 1 和 $2\xi\frac{\omega}{\omega_n}$，近似取

$$L(\omega) = -20\lg \sqrt{\left[1-\left(\frac{\omega}{\omega_n}\right)^2\right]^2} = -20\lg\left(\frac{\omega}{\omega_n}\right)^2 = -40\lg\frac{\omega}{\omega_n}$$

可见，高频段为一条斜率为 [-40] 的直线，且 $\omega = \omega_n$ 时，$L(\omega) = 0\text{dB}$。$\omega = \omega_n$ 为其转折频率，因此，其对数频率特性曲线如图 5-23 所示。

（3）转折频率处的误差：用渐近线代替准确曲线，在 $\omega = \omega_n$ 附近有较大的误差。当 $\omega = \omega_n$ 时，由渐近线得 $L(\omega) = 20\lg 1$，运用准确曲线时，$L(\omega) = 20\lg\frac{1}{2\xi}$，与阻尼比有关。只有在 $\xi = 0.5$ 时才有 $L(\omega) = 20\lg 1$，而在 $\xi \neq 0.5$ 时，$L(\omega) \neq 20\lg 1$。所以，渐近线作为振荡环节

的对数幅频特性 ξ 在 0.4~0.7 之间，误差不大，而当 ξ 较小时，要考虑它有一个尖峰。

由图 5-23 可以看出：对数相频特性关于 $\omega = \omega_n$、$\varphi(\omega) = -90°$ 点是斜对称的，其形状因阻尼比 ξ 不同而不同。但对任何 ξ 值均存在：$\omega = 0$ 时，$\varphi(\omega) = 0°$；$\omega = \omega_n$ 时，$\varphi(\omega) = -90°$；$\omega = \infty$ 时，$\varphi(\omega) = -180°$。

5.2.6 延迟环节

延迟环节的框图如图 5-24 所示。

传递函数： $$G(s) = e^{-\tau s} \tag{5-29}$$
频率特性： $$G(j\omega) = 1 \underline{/-\omega\tau} \tag{5-30}$$
对数幅频特性： $$L(\omega) = 20\lg 1 = 0 dB \tag{5-31}$$

幅相频率特性图：是一个圆心在原点、半径为 1 的圆，如图 5-25 所示。

对数频率特性图：如图 5-26 所示，图中 τ 越大，相角迟后越大。

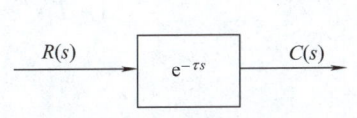

图 5-24 延迟环节的框图

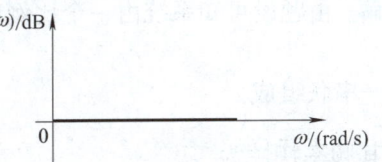

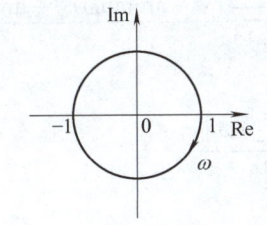

图 5-25 延迟环节的幅相频率特性

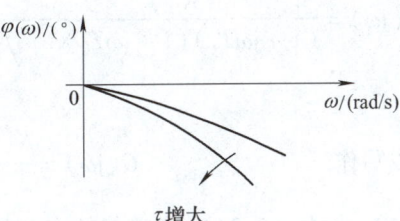

图 5-26 延迟环节的对数频率特性

5.3 系统的开环频率特性

5.3.1 系统开环幅相频率特性

开环频率特性通常都是由若干个典型环节串联组成，其传递函数为

$$G(s) = G_1(s) G_2(s) \cdots G_n(s) \tag{5-32}$$

对应的频率特性为

$$\begin{aligned} G(j\omega) &= G_1(j\omega) G_2(j\omega) \cdots G_n(j\omega) \\ &= A_1(\omega)\underline{/\varphi_1(\omega)}\, A_2(\omega)\underline{/\varphi_2(\omega)} \cdots A_n(\omega)\underline{/\varphi_n(\omega)} \\ &= A(\omega)\underline{/\varphi(\omega)} \end{aligned} \tag{5-33}$$

式中，$A(\omega) = A_1(\omega) A_2(\omega) \cdots A_n(\omega)$；$\varphi(\omega) = \varphi_1(\omega) + \varphi_2(\omega) + \cdots + \varphi_n(\omega)$。

当 ω 由 $0 \to \infty$ 变化时，则可以计算出各 ω 值对应的 $A(\omega)$ 和 $\varphi(\omega)$ 的数据，于是系统的幅相频率特性图即可绘出，但是，绘制准确的幅相频率特性图比较麻烦，工程应用中往往只需要概略绘制出其图形即可。

概略绘制幅相频率特性曲线的方法如下。

(1) 确定幅相频率的起始点和终止点。

起始点：$\lim\limits_{\omega \to 0} G(j\omega)$

终止点：$\lim\limits_{\omega \to \infty} G(j\omega)$

(2) 确定曲线实轴的交点，即令 $\mathrm{Im}[G(j\omega)]=0$，得交点频率 ω_x，再代入 $G(j\omega)$，可得交点坐标 $\mathrm{Re}[G(j\omega_x)]$。

(3) 确定曲线的变化趋势，即 $\varphi(\omega)$ 的变化范围。

【例 5-2】 某 0 型系统开环传递函数为

$$G(s) = \frac{K}{(1+T_1 s)(1+T_2 s)}$$

试概略画出其幅相频率特性曲线。

解：由题设可知系统由一个比例环节 $G_1(s)=K$ 和两个惯性环节 $G_2(s)=\dfrac{1}{1+T_1 s}$ 和 $G_3(s)=\dfrac{1}{1+T_2 s}$ 串联组成。

其频率特性为

$$G(j\omega) = \frac{K}{(1+j\omega T_1)(1+j\omega T_2)} = \frac{K}{\sqrt{1+(\omega T_1)^2}\sqrt{1+(\omega T_2)^2}} \angle -\arctan\omega T_1 - \arctan\omega T_2 \tag{5-34}$$

或写作

$$G(j\omega) = \frac{K[1-T_1 T_2 \omega^2 - j(T_1+T_2)\omega]}{(1+\omega^2 T_1^2)(1+\omega^2 T_2^2)} \tag{5-35}$$

(1) 由式（5-34）确定起始点和终止点。

起始点：$\lim\limits_{\omega \to 0} G(j\omega) = K \angle 0°$

终止点：$\lim\limits_{\omega \to \infty} G(j\omega) = 0 \angle -180°$

(2) 由式(5-35)确定曲线与实轴的交点。

令 $\mathrm{Im}[G(j\omega)]=0$ 得 $\omega_x=0$，这说明系统除在 $\omega=0$ 处与实轴无交点。

(3) 确定 $\varphi(\omega)$ 的变化范围。

因为

$$\varphi(\omega) = -\arctan\omega T_1 - \arctan\omega T_2$$

所以当 ω 在 $0 \to \infty$ 之间变化时，$\varphi(\omega)$ 变化只能在 $0° \sim -180°$ 之间，因此其幅相频率特性曲线一定是在第四、第三象限。

由以上 3 个条件，可概略画出此系统的开环幅相频率特性，如图 5-27 所示。

【例 5-3】 设某 1 型系统的开环传递函数为

$$G(s) = \frac{K}{s(1+T_1 s)(1+T_2 s)}$$

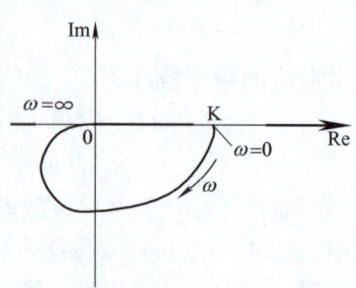

图 5-27 例 5-2 的幅相频率特性

试概略绘制系统的开环幅相频率特性。

解： 该系统由 4 个典型环节组成：1 个比例环节，1 个积分环节，2 个惯性环节，其频率特性为

$$G(j\omega) = \frac{K}{j\omega(1+j\omega T_1)(1+j\omega T_2)}$$

$$= \frac{K}{\omega\sqrt{1+(\omega T_1)^2}\sqrt{1+(\omega T_2)^2}} \angle -90° - \arctan\omega T_1 - \arctan\omega T_2$$

或写为

$$G(j\omega) = \frac{K[-(T_1+T_2)\omega + j(-1+T_1T_2\omega^2)]}{\omega(1+T_1^2\omega^2)(1+T_2^2\omega^2)}$$

（1）确定起始点、终止点。

起始点： $\lim_{\omega \to 0} G(j\omega) = \infty \angle -90°$

终止点： $\lim_{\omega \to \infty} G(j\omega) = 0 \angle -270°$

（2）确定曲线与实轴的交点。令 $\text{Im}[G(j\omega)] = 0$ 得 $\omega_x = 1/\sqrt{T_1T_2}$，由此可得在实轴上的交点为

$$G(j\omega) = \text{Re}[G(j\omega_r)] = -\frac{KT_1T_2}{T_1+T_2}$$

（3）确定 $\varphi(\omega)$ 的变化范围。因为 $\varphi(\omega) = -90° - \arctan\omega T_1 - \arctan\omega T_2$，所以当 ω 在 $0 \to \infty$ 时，$\varphi(\omega)$ 从 $-90°$ 变到 $-270°$。

由此可概略绘出该系统的开环幅相频率特性曲线如图 5-28 所示。

由以上两个例子可以体会到，要快速精确地画出系统的幅相频率特性曲线，特别是在环节较多时是比较繁锁且有一定难度的，但利用计算机辅助设计软件能使绘制过程简单、准确，实现方法详见本章 5.6 节。

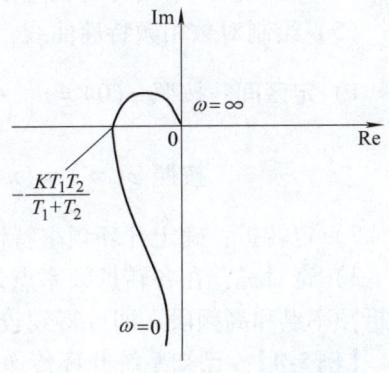

图 5-28 例 5-3 的幅相频率特性

5.3.2 系统开环对数频率特性

设开环系统由 n 个环节串联组成，系统的频率特性为

$$G(j\omega) = G_1(j\omega)G_2(j\omega)\cdots G_n(j\omega) = A(\omega)\angle\varphi(\omega)$$

式中，$A(\omega) = A_1(\omega)A_2(\omega)\cdots A_n(\omega)$。

则系统的对数频率特性为

$$L(\omega) = 20\lg A_1(\omega) + 20\lg A_2(\omega) + \cdots + 20\lg A_n(\omega) \quad (5-36)$$

$$\varphi(\omega) = \varphi_1(\omega) + \varphi_2(\omega) + \cdots + \varphi_n(\omega) \quad (5-37)$$

$A_i(\omega)(i = 1, 2, \cdots, n)$ 表示各典型环节的幅频特性，$L_i(\omega)$ 和 $\varphi_i(\omega)$ 分别表示各典型环节的对数幅频特性和相频特性。因此，画出 $G(j\omega)$ 所含典型环节的对数幅频和相频曲线，然后按式 (5-36)、式 (5-37) 对其分别进行代数相加，就可以得到开环系统的对数幅频特性和相频特性曲线。

但是，上述方法作图同样工作量较大。事实上，在熟悉了对数幅频特性的性质后，可以

采用较为简捷的方法直接画出开环系统的对数频率特性曲线图。直接绘制系统开环对数频率特性的方法：

设系统开环传递函数形式为

$$G(s) = \frac{K(\tau_1 s + 1)\cdots(\tau_m s + 1)}{s^\nu(T_1 s + 1)\cdots(T_{n-\nu} s + 1)} \quad (n > m) \quad (5-38)$$

式中，ν 为积分环节的个数（即系统的型）；n 为极点数；m 为零点数。

设 p 为开环右极点个数，则可进行以下步骤。

（1）将频率特性 $G(\mathrm{j}\omega)$ 分解成若干典型环节的乘积。

（2）确定出开环各典型环节的转折频率，并将其由小到大依次标注在频率轴上。

（3）绘制幅频渐近线，其步骤如下。

1）确定低频段。图中系统开环对数幅频特性的低频段由 $K/(\mathrm{j}\omega)^\nu$ 确定，所以，低频段（或其延长线）必定经过点（1，$20\lg K$），其斜率为 $[-20\nu]$。

2）沿频率增大的方向每遇到一个转折频率就在原有斜率的基础上，按照相应环节的斜率变化，改变一次斜率。如遇惯性环节，斜率变化 $[-20]$；遇一阶微分环节，斜率变化 $[+20]$；遇振荡环节，斜率变化 $[-40]$ 等。

（4）在转折频率处，对相应段的渐近线进行修正。

（5）绘制对数相频特性曲线，可以遵循"定区间，定转折，奇对称"的方法进行。

1）定区间：按照 $\varphi(0) = \nu\left(-\dfrac{\pi}{2}\right) + p(-\pi)$ 确定相频特性曲线的低频段趋近值。

按照 $\varphi(\infty) = (n-m)\left(-\dfrac{\pi}{2}\right)$ 确定相频特性曲线的高频段最终趋近值。

2）定转折：确定开环频率特性在转折频率处的相角值 $\varphi(\omega_1), \varphi(\omega_2), \cdots$。

3）奇对称：在各转折频率点处曲线为奇对称，按此原则，用平滑曲线连接低频段、各转折频率点和高频段，即可得到较为精确的对数相频特性曲线。

【例 5-4】 已知系统开环传递函数为

$$G(s) = \frac{150}{s(1 + 0.1s)(1 + 0.01s)}$$

试绘制系统开环对数频率特性曲线。

解：（1）将系统分解成典型环节的乘积，显然该系统由 4 个典型环节组成，即

1 个放大环节：$K = 150$

1 个积分环节：$\dfrac{1}{s}$

2 个惯性环节：$\dfrac{1}{1 + 0.1s}, \dfrac{1}{1 + 0.01s}$

（2）确定转折频率：$\omega_1 = 1/0.1 = 10$，$\omega_2 = 1/0.01 = 100$，在对数坐标轴上可定出以上 2 点。

（3）绘制幅频渐近线。在 $\omega = 1$ 处，$L(\omega) = 20\lg K = 20\lg 150 = 44\mathrm{dB}$。因系统有一个积分环节（$\nu = 1$），所以其低频渐近线的斜率为 $[-20]$，并经过点（1，44），在第一个转折频率 $\omega_1 = 10$ 处，对应的是 1 个惯性环节，因此渐近线斜率变为 $[-40]$，到达第 2 个转折频率 $\omega_2 = 100$ 处，又遇到一个惯性环节，渐近线斜率变为 $[-60]$，如图 5-29 所示。

(4) 绘制对数相频特性的曲线。

1) 定区间。相频特性的低频段趋近值：$\varphi(0) = \nu\left(-\dfrac{\pi}{2}\right) + 0(-\pi) = \left(-\dfrac{\pi}{2}\right) = -90°$

相频特性的高频段趋近值：$\varphi(\infty) = (n-m)\left(-\dfrac{\pi}{2}\right) = \left(-\dfrac{3}{2}\pi\right) = -270°$

2) 定转折。由相频特性

$$\varphi(\omega) = -90° - \arctan 0.1\omega - \arctan 0.01\omega$$

可求出两转折频率处的相频为

$\varphi(\omega_1) = -90° - \arctan(0.1 \times 10) - \arctan(0.01 \times 10) = -90° - 45° - 0° = -135°$

$\varphi(\omega_2) = -90° - \arctan(0.1 \times 100) - \arctan(0.01 \times 100) = -90° - 90° - 45° = -225°$

在上面计算中作了两个近似计算，即 **arctan0.1 ≈ 0°** 和 **arctan10 ≈ 90°**，事实上作这样的近似对绘制相频特性影响不大，但可简化计算，这在后面常用到，请读者注意运用。

3) 奇对称。用平滑的曲线按照在转折频率处奇对称的特点，即可绘出系统的相频特性曲线，如图 5-29 所示。

【例 5-5】 已知开环传递函数

$$G(s) = \dfrac{64(s+2)}{s(s+0.5)(s^2+3.2s+64)}$$

试绘制系统的开环对数频率特性。

解：(1) 先将 $G(s)$ 化为典型环节表达式：

$$G(s) = \dfrac{4\left(\dfrac{s}{2}+1\right)}{s(2s+1)\left(\dfrac{s^2}{64}+0.05s+1\right)}$$

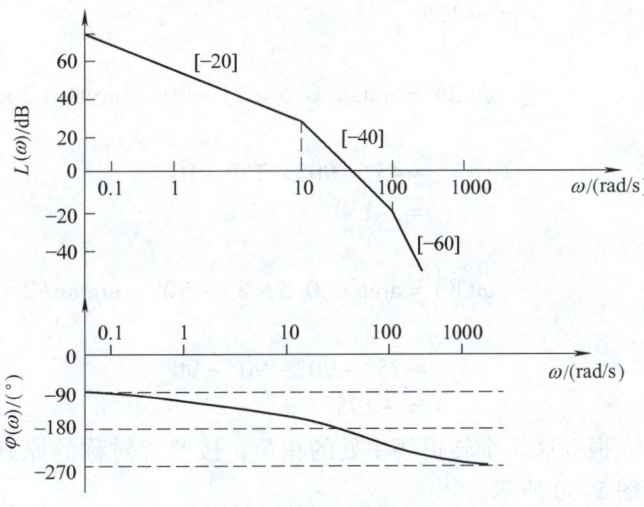

图 5-29 例 5-4 的对数频率特性

显然此系统由比例、积分、惯性、一阶微分和振荡共 5 个典型环节组成。

(2) 确定转折频率。

惯性环节转折频率：$\omega_1 = \dfrac{1}{T_1} = \dfrac{1}{2} = 0.5$

一阶微分转折频率：$\omega_2 = \dfrac{1}{T_2} = \dfrac{1}{1/2} = 2$

振荡环节转折频率：$\omega_3 = \dfrac{1}{T_3} = \dfrac{1}{1/8} = 8$

可在频率轴上确定出 0.5, 2, 8 的位置，如图 5-30 所示。

(3) 绘制幅频渐近线。由 $K=4$ 可知 $20\lg K = 12\text{dB}$；又因 $\nu=1$，可知低频段为 [-20]，延长线为过 (1, 12) 的斜线。在 $\omega_1 = 0.5$ 处，惯性环节使斜率由 [-20] 变为 [-40]；在 $\omega_2 = 2$ 处，一阶微分环节使斜率由 [-40] 变为 [-20]；在 $\omega_3 = 8$ 处，振荡环节使斜率由 [-20] 变为 [-60]，如图 5-30 所示。

(4) 绘制对数相频特性曲线。

1) 定区间。低频段趋近值：$\varphi(0) = -90°$

高频段趋近值：$\varphi(\infty) = (n-m)\left(-\dfrac{\pi}{2}\right) = (4-1)\left(-\dfrac{\pi}{2}\right) = -270°$

2) 定转折。由相频特性方程：

$$\varphi(\omega) = \arctan 0.5\omega - 90° - \arctan 2\omega - \arctan \dfrac{0.05\omega}{1-\left(\dfrac{\omega}{8}\right)^2}$$

可得 $\varphi(0.5) = \arctan(0.5 \times 0.5) - 90° - \arctan(2 \times 0.5) - \arctan\left[\dfrac{0.05 \times 0.5}{1-\left(\dfrac{0.5}{8}\right)^2}\right]$

$\approx 10° - 90° - 45° - 0°$
$= -125°$

$\varphi(2) = \arctan(0.5 \times 2) - 90° - \arctan(2 \times 2) - \arctan\left[\dfrac{0.05 \times 2}{1-\left(\dfrac{2}{8}\right)^2}\right]$

$\approx 45° - 90° - 75° - 10°$
$= -130°$

$\varphi(8) = \arctan(0.5 \times 8) - 90° - \arctan(2 \times 8) - \arctan\left[\dfrac{0.05 \times 2}{1-\left(\dfrac{8}{8}\right)^2}\right]$

$\approx 75° - 90° - 90° - 90°$
$= -195°$

根据这 3 个转折频率处的相角，按照奇对称的原则，即可绘出系统开环对数频率特性，如图 5-30 所示。

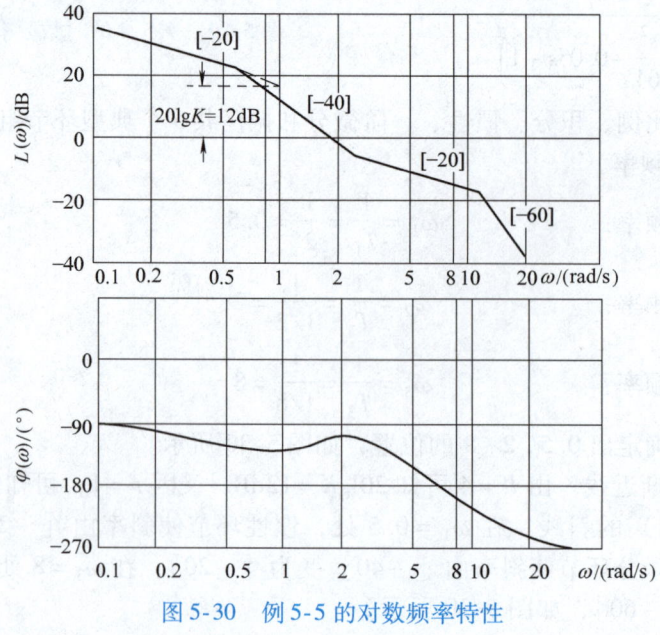

图 5-30　例 5-5 的对数频率特性

5.3.3 最小相位和非最小相位系统

1. 最小相位系统的概念   在 s 右半平面上既无极点、又无零点的传递函数,称为最小相位传递函数,否则,为非最小相位传递函数,具有最小相位传递函数的系统,称为最小相位系统。

一般只包含比例、积分、微分、惯性、振荡、一阶微分、二阶微分等环节的系统,一定是最小相位系统,包含有不稳定环节或延迟环节的系统,一定是非最小相位系统。

对于最小相位系统,对数幅频特性与相频特性之间存在惟一确定的对应关系,就是说,根据系统的对数幅频特性就可以惟一地确定相应的相频特性和传递函数,反之亦然。因此,从系统建模与分析设计角度看,只要绘出系统的幅频特性,就可以确定出系统的数学模型(传递函数)。

2. 由系统的对数频率特性确定系统的传递函数(最小相位系统)   如果已知系统的开环对数幅频特性,则可按照以下方法确定出系统的开环传递函数。

(1) 如果对数幅频曲线中有斜率变化了 [-20] 的情况,则系统中一定存在 $\dfrac{1}{T_i s + 1}$ 的惯性环节,其中 $T_i = \dfrac{1}{\omega_i}$,$\omega_i$ 为转折处的频率。

(2) 如果对数幅频曲线中有斜率变化了 [-40]、且有峰值的情况,则一定存在 $\dfrac{1}{T_n^2 s^2 + 2\xi T_n s + 1}$ 的振荡环节,其中 $T_n = \dfrac{1}{\omega_n}$,$\omega_n$ 为转折处的频率。ξ 由下式确定:

$$20\lg A_r = 20\lg \dfrac{1}{2\xi \sqrt{1-\xi^2}} \quad (0 < \xi < 0.707)$$

其中,A_r 为 ω_n 处特性曲线的峰值。

(3) 如果对数幅频特性曲线中有斜率变化了 [+20] 的情况,则一定存在 $(T_i s + 1)$ 的一阶微分环节,其中 $T_i = \dfrac{1}{\omega_i}$,$\omega_i$ 为转折处的频率。

(4) 判断对数幅频曲线的低频部分曲线形状。

1) 是 1 条水平线,则系统是 0 型系统,不含 $\dfrac{1}{s^v}$ 因子(积分环节),如图 5-31a 所示。

2) 是 1 条 [-20] 的斜线,则系统是 I 型系统,含有 $\dfrac{1}{s}$ 因子(1 个积分环节),如图 5-31b 所示。

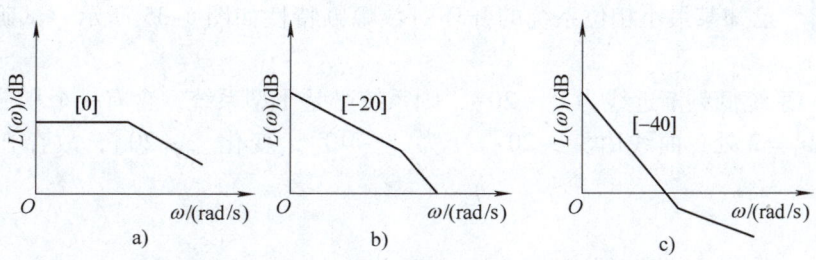

图 5-31   低频渐近线斜率与所含积分环节的关系

3）是 1 条 [-40] 的斜线，则系统是 2 型系统，含有 $\dfrac{1}{s^2}$ 因子（2 个积分环节），如图 5-31c 所示。

（5）开环放大倍数 K 的确定。

方法 1：在低频渐近线（或其延长线）与 $\omega = 1$ 处量出对应对数幅值 $L(\omega)$ 值，由 $L(\omega) = 20\lg K$ 即可求出 K 值。

方法 2：根据系统的型式分别确定。

1）0 型系统 K 的确定。如图 5-32 所示，根据 [0] 分贝线的高度（分贝数）由水平线高（分贝数）即可求出 K 值。

2）Ⅰ型系统 K 的确定。Ⅰ型系统低频渐近线为 [-20] 斜线，该斜线（或延长线）与 ω 轴的交点为 ω_K，则有 $K = \omega_K$，如图 5-33 所示。事实上，对Ⅰ型系统低频段有

$$L'(\omega) = 20\lg \dfrac{K}{\omega}$$

令 $L'(\omega) = 0$，则有

$$K = \omega = \omega_K$$

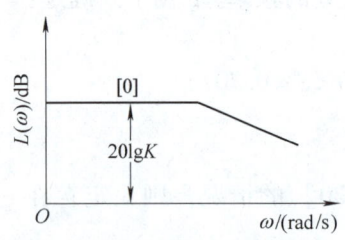

图 5-32　0 型系统 K 的确定

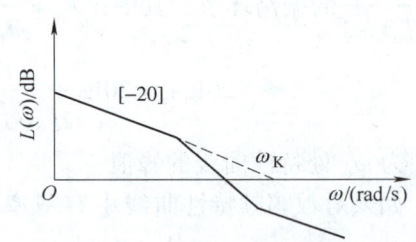

图 5-33　Ⅰ型系统 K 的确定

3）Ⅱ型系统 K 的确定。Ⅱ型系统低频渐近线为 [-40] 斜线，该斜线（或延长线）与 ω 轴的交点为 ω_K，则有 $K = \omega_K^2$，如图 5-34 所示。事实上，对于Ⅱ型系统其低频段有

$$L'(\omega) = 20\lg K/\omega^2$$

令 $L'(\omega) = 0$　则有

$$K = \omega^2 = \omega_K^2$$

【例 5-6】　已知某最小相位系统的开环对数幅频特性如图 5-35 所示，试确定系统的开环传递函数。

解：（1）系统低频渐近线为 [-20]，则系统必是Ⅰ型系统，含有一个积分环节 $1/s$。

（2）在 $\omega_1 = 2$ 处，曲线由 [-20] 变为 [-40]，变化 [-20]，故存在一个惯性环节 $\dfrac{1}{\left(\dfrac{s}{2}+1\right)}$。

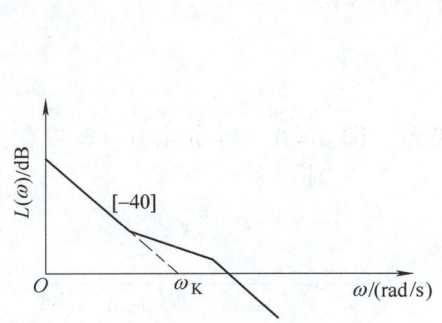

图 5-34　Ⅱ型系统 K 的确定　　　　图 5-35　例 5-6 图

在 $\omega_2 = 7$ 处，曲线由 [−40] 变为 [−20]，变化 [+20]，故存在一个一阶微分环节 $\left(\dfrac{s}{7}+1\right)$。

（3）确定开环放大倍数 K。

方法 1：在 $\omega = 1$ 处，量得低频渐近线处的 $L(\omega) = 15\text{dB}$，则由 $15 = 20\lg K$，可求得 $K = 5.6$。

方法 2：作 [−20] 低频渐近线的延长线，交 ω 轴于 ω_K，量得 $\omega_K = 5.6$

所以
$$K = \omega_K = 5.6$$

这两种方法确定出的 K 可能会有一定出入，这是由于作图不准引起，但出入不会太大。

由此可得出该系统的开环传递函数为

$$G(s) = \frac{K(T_2 s + 1)}{s(T_1 s + 1)} = \frac{5.6\left(\dfrac{s}{7}+1\right)}{s\left(\dfrac{s}{2}+1\right)} = \frac{5.6(0.143s+1)}{s(0.5s+1)}$$

5.4　频域法分析闭环系统的稳定性

在控制系统分析中，稳定性是研究系统的首要任务。在时域分析中，曾介绍了代数判据判定闭环系统稳定性的方法，但应用代数判据只能判断系统稳定还是不稳定，至于系统的稳定程度却不易判断。在频域分析中，利用系统的开环频率特性不仅可以判定闭环系统的稳定性，还可以判断系统稳定程度，并且还能方便地研究参数及结构变化对系统稳定性的影响，从而指示出改善系统稳定性的途径。

5.4.1　奈奎斯特（Nyguist）稳定判据

奈奎斯特稳定判据（简称奈氏判据）：系统闭环稳定的充分必要条件是，当频率 ω 从 $0 \to \infty$ 时，系统的开环幅相频率特性曲线逆时针绕 $(-1, j0)$ 点的角度为 $p\pi$，其中 p 为系统开环传递函数 $G(s)$ 位于 s 右半平面的极点数。

【例 5-7】 系统的开环传递函数为

$$G(s) = \frac{K}{(1+T_1 s)(1+T_2 s)}, \quad (T_1 > T_2)$$

试用奈奎斯特稳定判据判别闭环系统的稳定性。

解： 系统开环传递函数在 s 的右半平面上没有任何极点，即 $p=0$，当 ω 由 $0 \to \infty$ 变化时，$G(j\omega)$ 曲线如图 5-36 所示，由该图可知系统的开环幅相频率曲线没有包围 $(-1, j0)$ 点，即绕 $(-1, j0)$ 点的角度为 $0 \times \pi = 0$，故根据奈氏判据可知：对于任意正值 K、T_1 和 T_2，该闭环系统是稳定的。

【例 5-8】 有 3 个系统的开环幅相频率特性曲线分别如图 5-37a、b、c 所示，系统开环传递函数位于 s 右半平面的极点数 p 已知，试判别闭环系统的稳定性。

解： 图 5-37a 所示的系统开环幅相频率特性没有包围点 $(-1, j0)$，说明当 ω 从 $0 \to \infty$ 变化时，$G(j\omega)$ 曲线对 $(-1, j0)$ 点转过的角度为零，而 $p=0$，故由奈氏判据可判定图 5-37a 所示的闭环系统是稳定的。

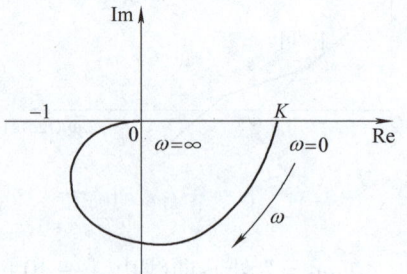

图 5-36 例 5-7 的幅相频率特性

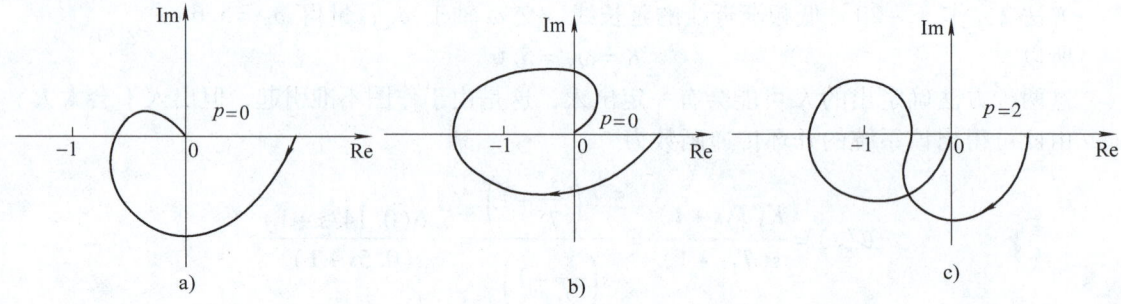

图 5-37 例 5-8 的幅相频率特性

在图 5-37b 所示系统中 $p=0$，但 $G(j\omega)$ 曲线包围了点 $(-1, j0)$，即当 ω 从 $0 \to \infty$ 变化时，其对 $(-1, j0)$ 点逆时针转过的角度为 -2π，故根据奈氏判据，此闭环系统不稳定。

在图 5-37c 所示系统中 $p=2$，开环有两个 s 右半平面的根，即开环是不稳定的，然而其 $G(j\omega)$ 曲线包围 $(-1, j0)$ 点，即绕 $(-1, j0)$ 点逆时针转过的角度为 $2\pi = p\pi$，故由奈氏判据，此闭环系统是稳定的。

以下对奈奎斯特稳定判据有两点说明。

(1) 开环传递函数中含有积分环节时奈氏判据的应用。开环传递函数中含有积分环节的系统，其幅相频率特性曲线在 $\omega=0$ 时，趋近于无穷远点。为了判断 $G(j\omega)$ 对 $(-1, j0)$ 点的转角，可以认为开环幅相频率特性曲线从实轴上无穷远点开始（即 $\omega=0$ 时，$G(j\omega)=$

∞∠0），在 $\omega=0^+$ 时，$G(\mathrm{j}\omega)=\infty\angle-\nu90°$，其中 ν 为积分环节的个数。由此可作辅助曲线，从实轴开始，半径为 ∞，顺时针转 $\nu\times90°$ 角，与开口的开环幅相频率特性曲线构成一个闭合曲线，以此来应用奈氏判据。

【例 5-9】 图 5-38 所示为 4 种含有积分环节的开环幅相频率特性曲线，每种情况的 p 和 ν 数值均标在图中，试用奈氏判据判断其闭环系统的稳定性。

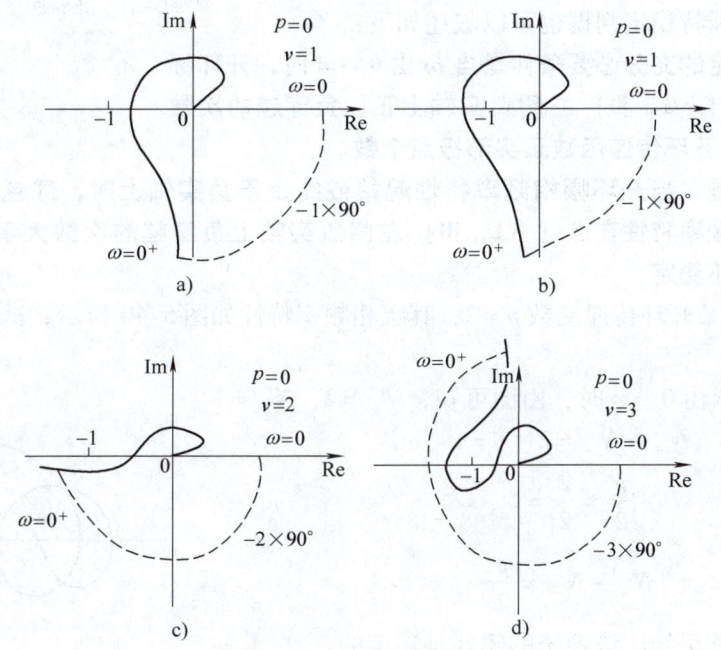

图 5-38 例 5-9 有积分环节的幅相频率特性

解：图 5-38a 中，因为 $\nu=1$，可作一辅助虚线，从实轴转过 $-90°$，与开环幅相频率特性构成一闭合曲线，由该闭合曲线应用奈氏稳定判据，显然该曲线没有包围点（-1，j0），因此该系统的闭环是稳定的。

图 5-38b 中，因为 $\nu=1$，同样可作一辅助虚线，如图 5-38b 所示，而该闭合曲线绕点（-1，j0）的转角不为零，而 $p=0$，故由奈氏判据可知该系统的闭环不稳定。

图 5-38c 中，因为 $\nu=2$，可作一辅助虚线从实轴转过 $-2\times90°$，与开环幅相频率特性构成一闭合曲线，显然该闭合曲线没有包围点（-1，j0），且 $p=0$，故由奈氏判据可知该系统的闭环是稳定的。

图 5-38d 中，因为 $\nu=3$，可作一辅助虚线从实轴转过 $-3\times90°$，与开环幅相频率特性构成一闭合曲线，显然该闭合曲线也没有包围点（-1，j0），而 $p=0$，因此由奈氏判据可知该系统的闭环是稳定的。

（2）用正穿越、负穿越来判别系统的稳定性。对于复杂的幅相频率特性图，采用"包围周数"的概念判定闭环系统是否稳定比较困难，容易出错。为了简化判定过程，可以引用正、负穿越的概念。如图 5-39 所示，如果曲线按逆时针方向（从上向下）穿过点（-1，

$j0$) 左侧负实轴，称为正穿越，正穿越时相位增加；如曲线按顺时针方向（从下向上）穿过点（-1，$j0$）左侧负实轴，称为负穿越，负穿越时相位减小。假设 N 为开环幅相频率特性穿越点（-1，$j0$）左侧负实轴的次数，N_+ 表示正穿越的次数和，N_- 表示负穿越的次数和，则有曲线逆时针绕（-1，$j0$）点的圈数应为 $2N=2(N_+ - N_-)$。

因此，奈奎斯特稳定判据也可以叙述如下：

闭环系统稳定的充分必要条件是当 ω 由 $0 \to \infty$ 时，开环幅相频率特性在点（-1，$j0$）左侧负实轴上正、负穿越的次数之差为 $p/2$，p 为开环传递函数正实部极点个数。

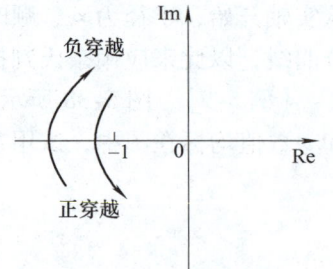

图 5-39 正、负穿越

值得说明的是，当开环幅相频率特性起始或终止于负实轴上时，穿越次数定义为 **1/2** 次。若开环幅相频率特性在点（-1，$j0$）左侧负实轴上负穿越的次数大于正穿越的次数，则闭环系统一定不稳定。

【**例 5-10**】 某开环传递函数 $p=2$，其幅相频率特性如图 5-40 所示，试判断闭环系统是否稳定。

解：$p=2$，ω 由 $0 \to \infty$ 时，由图可知，$N_+ = 2$，$N_- = 1$

$$N_+ - N_- = 2 - 1 = 1$$

而

$$\frac{p}{2} = \frac{2}{2} = 1$$

即

$$N_+ - N_- = \frac{p}{2}$$

故由奈氏判据可知，该系统的闭环是稳定的。

5.4.2 奈奎斯特对数稳定判据

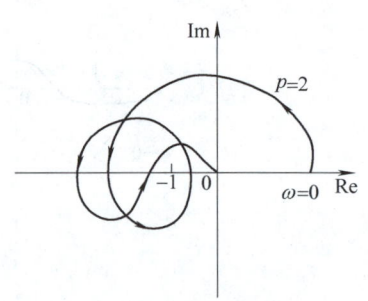

图 5-40 例 5-10 系统的开环幅相频率特性

对数幅相频率特性的稳定判据，实际上是奈奎斯特稳定判据的另一种形式，即利用开环系统的对数频率特性曲线来判别闭环系统的稳定性。

系统的开环幅相频率特性曲线和系统开环对数频率特性曲线之间存在着一定的对应关系。

（1）幅相频率特性图上的单位圆与对数频率特性上的 0dB 线相对应，单位圆外部对应于 $L(\omega)>0$，单位圆内部对应于 $L(\omega)<0$。

（2）幅相频率特性图上的负实轴与对数频率特性图上的 $-180°$ 线对应。

（3）幅相频率特性图上发生在负实轴上（-1，$-\infty$）区段的正、负穿越，在对数频率特性中映射成为在 $L(\omega)>0$dB 的频段内，沿频率 ω 增加方向，相频特性曲线 $\varphi(\omega)$ 从下向上穿越 $-180°$ 线，称为正穿越 N_+，而从上向下穿越 $-180°$ 线，称为负穿越 N_-。

幅相频率特性与对数频率特性的对应关系如图 5-41 所示。

综上所述，在对数频率特性图上奈奎斯特稳定判据可表述为：当 ω 由 $0 \to \infty$ 变化时，在开环对数幅频率特性曲线 $L(\omega) \geq 0$dB 的频段内，相频特性曲线 $\varphi(\omega)$ 对 $-180°$ 线的正穿越与负穿越次数之差为 $p/2$（p 为 s 平面右半部分开环极点数目），则闭环系统稳定。否则系统不稳定。

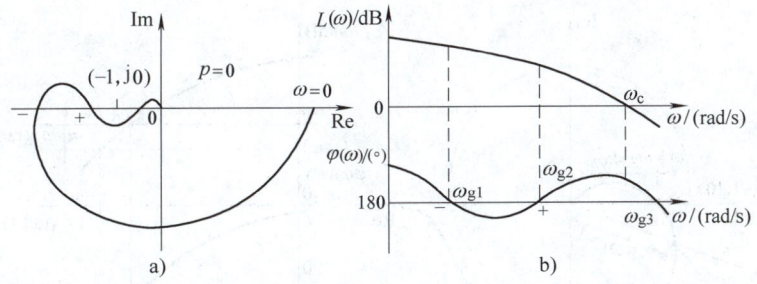

图 5-41　幅相频率特性与对数频率特性的对应关系

【例 5-11】　试判断图 5-42 所示的系统是否稳定。

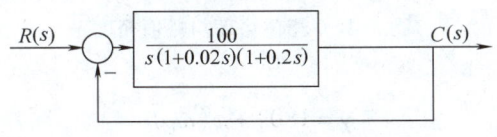

图 5-42　例 5-11 系统结构图

解：绘出 $G(s) = \dfrac{100}{s(1+0.02s)(1+0.2s)}$ 的对数频率特性，如图 5-43 所示。

此系统开环传递函数在虚轴右侧无极点，即 $p=0$，但在 $L(\omega)>0$ 范围内，$\varphi(\omega)$ 穿越了 $-180°$ 线，故对应的闭环系统不稳定。

5.4.3　稳定裕度

为了使控制系统能可靠地工作，不仅要求系统必须稳定，而且还希望有足够的稳定裕度。对于开环稳定的系统，度量其闭环系统稳定度的方法是通过开环幅相频率特性曲线与点 $(-1, j0)$ 的接近程度来表征，开环幅相频率特性曲线离点 $(-1, j0)$ 越远，稳定裕度越大，一般采用相位裕度和幅值裕度来定量表示系统的相对稳定性。

1. 相位裕度　系统开环频率特性曲线上幅值为 1 时所对应的角频率称为幅值穿越频率或穿越频率，记为 ω_c，即

$$A(\omega_c) = 1 \tag{5-39}$$

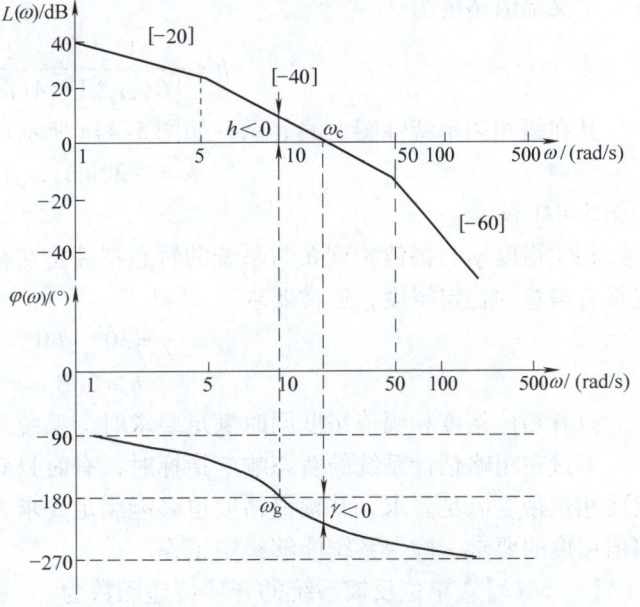

图 5-43　例 5-11 系统开环对数频率特性

在极坐标平面上，开环幅相频率特性曲线穿越单位圆的点所对应的角频率就是幅值穿越频率 ω_c，如图 5-44a 所示。在对数频率特性曲线上，$L(\omega)$ 曲线和 0dB 线的交点所对应的角频率就是 ω_c，如图 5-44b 所示。

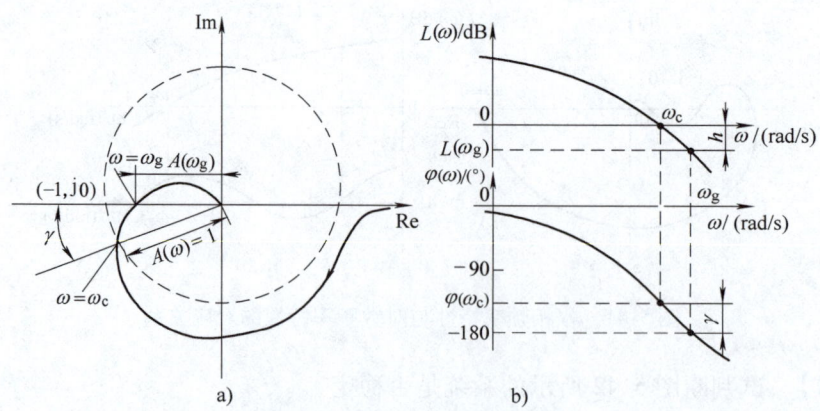

图 5-44 相位裕度与幅值裕度

定义相位裕度为

$$\gamma = 180° + \varphi(\omega_c) \tag{5-40}$$

式中，$\varphi(\omega_c)$ 为开环相频特性曲线在 $\omega = \omega_c$ 时的相位，如图 5-44 所示。

根据定义，对于稳定系统，γ 为正相位裕度，即极坐标图中 γ 角在负实轴以下，在对数频率图中 γ 角在 $-180°$ 线以上。

2. 幅值裕度 系统开环频率特性上相位等于 $-180°$ 时所对应的角频率称为相位穿越频率，记为 ω_g，即 $\varphi(\omega_g) = -180°$。

定义幅值裕度为

$$h = \frac{1}{|G(\omega_g)|} = \frac{1}{A(\omega_g)} \tag{5-41}$$

其在幅相频率特性图上的表示，如图 5-44a 所示，在对数频率特性中 h 可表示为

$$h = -20\lg A(\omega_g) \tag{5-42}$$

如图 5-44b 所示。

相位裕度 γ 与幅值裕度 h 与系统的暂态特性密切相关，从工程实践角度考虑，为了使系统具有满意的稳定裕度，通常要求

$$\gamma = 30° \sim 60°$$
$$h \geq 6\text{dB}$$

只有相位裕度和幅值裕度同时满足要求时，系统才能稳定工作。

不过在粗略估计系统的暂态响应指标时，有时只对相位裕度提出要求，因为大多数系统只要相位裕度满足要求，其幅值裕度也必能满足要求，但是，对于个别情况，还是应该遵循幅值裕度的要求，确保系统能够稳定工作。

【例 5-12】 单位反馈系统的开环传递函数为

$$G(s) = \frac{K}{s(s+1)(0.1s+1)}$$

试分别确定系统开环增益 $K = 5$ 和 $K = 20$ 时的相位裕度和幅值裕度。

解：由系统开环传递函数可知，转折频率为 $\omega_1 = 1$，$\omega_2 = 10$。绘制 $K = 5$ 和 $K = 20$ 时的对数频率特性曲线，如图 5-45 所示。

由 $K = 5$ 的特性，可查得对应的相位裕度和幅值裕度近似为

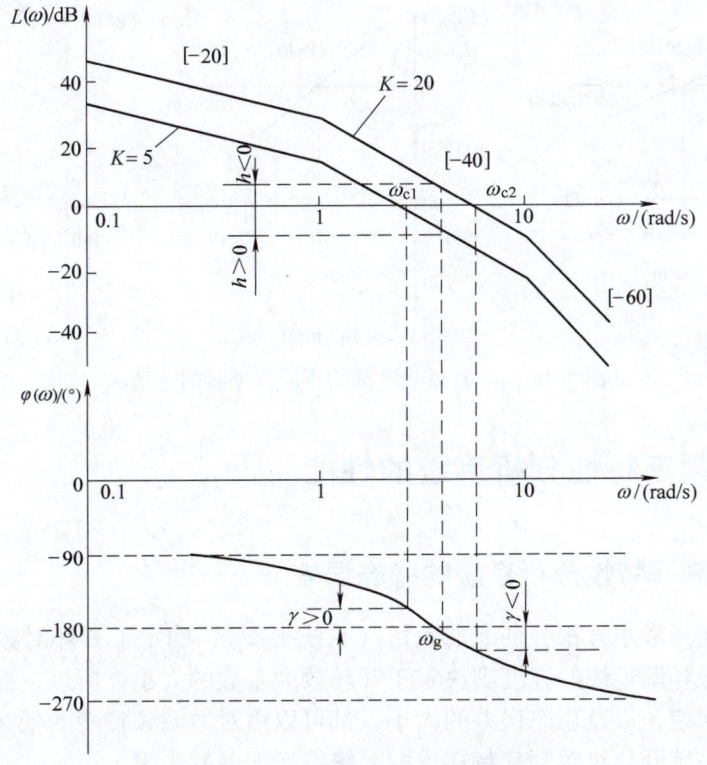

图 5-45　例 5-12 系统的对数特性

$$\gamma = 10°$$
$$h = 5\text{dB}$$

这说明 $K=5$ 时，对应的闭环系统稳定，但相位裕度较小。

由 $K=20$ 的特性，可近似查得

$$\gamma = -10°$$
$$h = -5\text{dB}$$

显然，此时 $\gamma<0$，$h<0$，对应的闭环系统不稳定。

3. 开环对数频率特性的斜率与相位裕度的关系　系统稳定性的好坏与稳定裕度有关，γ 越大，系统稳定性越好，而 γ 是由 $L(\omega)$ 过 0dB 线所对应的相角决定，因此过 0dB 线 $L(\omega)$ 的斜率对 γ 起着很大的影响。

若暂不考虑 $L(\omega)$ 曲线低频和高频部分的影响，只看 $L(\omega)$ 过 0dB 线的斜率与 $\varphi(\omega)$ 的关系，则有如图 5-46 所示的情况。

比较 $L(\omega)$ 过 0dB 线的斜率分别为 [-20]、[-40]、[-60] 情况所对应的 γ 可知：要使系统有足够的稳定裕度 γ，必须使 $L(\omega)$ 通过 0dB 线的斜率为 [-20]。若为 [-60]，则 $\gamma = -90°$ 系统是不稳定的；而斜率为 [-40] 时 $\gamma=0°$，系统处于临界稳定状态，在具体问题中要看 $L(\omega)$ 低频段和高频段的影响。若低频段为 [-20] 斜率，且 ω_c 又靠近低频段，则 γ 为正，系统稳定；若 ω_c 远离低频段，且高频段又有 [-60] 的斜率，则 γ 为负，系统不稳定。

一般在工程设计上，为了保证系统稳定，且有足够的相位裕度，应尽量使 $L(\omega)$ 曲线通过 0dB 线时的斜率为 [-20]，而尽量避开 [-40] 以上的斜率。

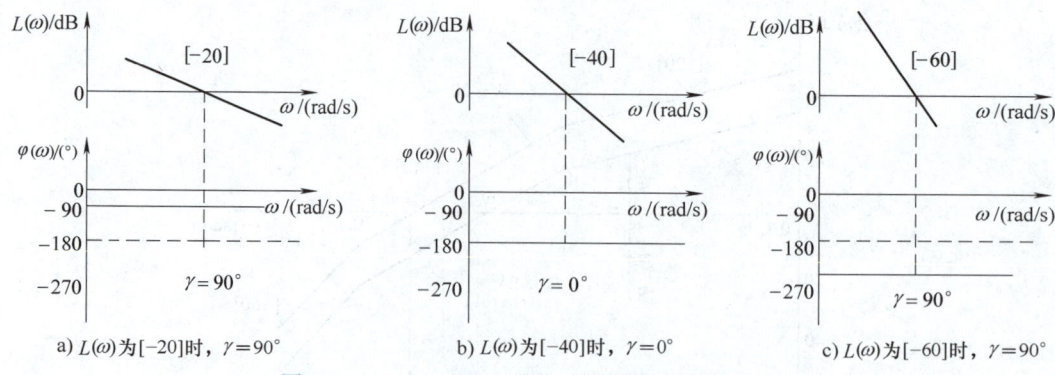

a) $L(\omega)$ 为 [-20] 时，$\gamma = 90°$　　b) $L(\omega)$ 为 [-40] 时，$\gamma = 0°$　　c) $L(\omega)$ 为 [-60] 时，$\gamma = 90°$

图 5-46　$L(\omega)$ 过 0dB 线为不同斜率时的 γ 情况

5.5 用开环频率特性分析系统的性能

5.5.1 用开环频率特性分析系统的稳态误差

系统开环传递函数中含积分环节的数目（系统类型），确定了开环对数幅频特性低频渐近线的斜率，而低频渐近线的高度则决定于开环放大系数的大小。所以，控制系统对稳定信号是否引起稳态误差，以及稳态误差的大小，都可以由对数幅频特性的低频渐近线来确定。

下面给出用系统开环对数频率特性求取系统稳态误差的步骤。

1. 由开环对数幅频特性的低频渐近线确定系统的型及开环放大系数 K　　如图 5-47a 所示，低频渐近线的斜率为 [0]，故为 0 型系统；图 5-47b 中的低频渐近线斜率为 [-20]，故为 I 型系统；图 5-47c 中的低频渐近线的斜率为 [-40]，故为 II 型系统。

（1）0 型系统开环放大系数 K 的确定：在图 5-47a 中，量出低频渐近线距 ω 轴的高度 H，由 $H = 20\lg K$，即可求出 K 的值。

（2）I 型系统开环放大系数 K 的确定：方法 1，在图 5-47b 中，在低频渐近线（或其延长线）上的 $\omega = 1$ 处量得其高度 H，由 $H = 20\lg K$，即可求得 K 值；方法 2，根据低频渐近线（或其延长线）与 ω 轴的交点，查出相交点的频率 ω_K，由 $K = \omega_K$，即求得 K 值。

（3）II 型系统开环放大系数 K 的确定：方法 1，在图 5-47c 中，在低频渐近线（或其延长线）上的 $\omega = 1$ 处量得其高度 H，由 $H = 20\lg K$，即可求得 K 值；方法 2，根据低频渐近线（或其延长线）与 ω 轴的交点，查出相交点的频率 ω_K，由 $K = \omega_K^2$，即求得 K 值。

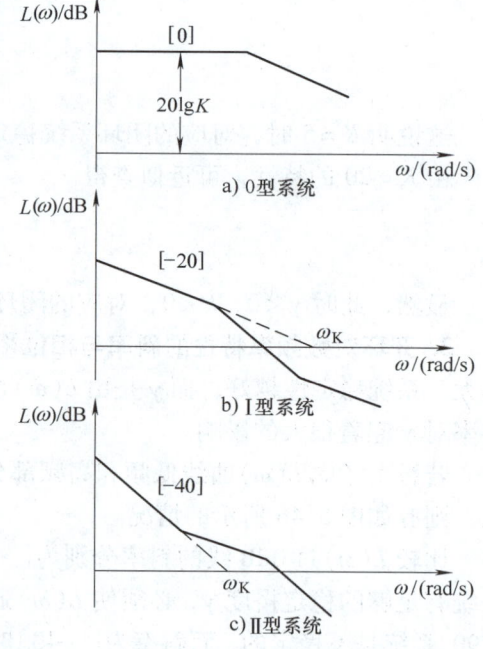

图 5-47　低频渐近线的斜率与系统型的关系

2. 根据系统的型和 K 值确定系统在不同输入信号作用下的稳定误差　　在各典型输入信

号作用下的稳定误差如表 5-4 所示。

表 5-4　不同输入信号作用下各型系统的稳定误差

系统类型	输入信号		
	单位阶跃信号	单位斜坡信号	单位抛物线信号
0 型	$e_{ss} = \dfrac{1}{1+K}$	$e_{ss} = \infty$	$e_{ss} = \infty$
Ⅰ 型	$e_{ss} = 0$	$e_{ss} = \dfrac{1}{K}$	$e_{ss} = \infty$
Ⅱ 型	$e_{ss} = 0$	$e_{ss} = 0$	$e_{ss} = \dfrac{1}{K}$

5.5.2　系统开环频率特性与暂态性能指标的关系

用开环频率特性分析系统的暂态性能时，一般用相位裕度 γ 和穿越频率 ω_c 作为开环频域指标。由于系统的暂态性能用超调量 σ 和调节时间 t_s 来描述，具有直观和准确的优点，因此用开环频率特性评价系统的暂态性能时，就必须找出开环频域指标 γ 和 ω_c 与时域指标 σ 和 t_s 之间的关系。

在暂态性能分析中，二阶闭环系统是分析的基础，而高阶系统的分析往往都是以其近似的二阶系统来进行初步分析。因此，确定二阶系统的频率特性与暂态性能之间的定量或定性的关系是系统频域法分析中的一个重要内容。

1. 二阶系统　典型二阶系统的结构图如图 5-48 所示。

系统开环传递函数为

$$G(s) = \frac{\omega_n^2}{s(s + 2\xi\omega_n)} \quad (0 < \xi < 1)$$

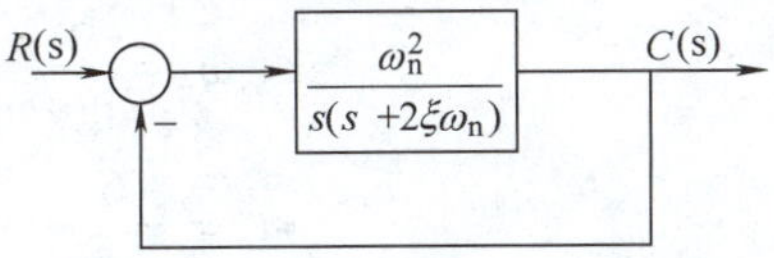

因此开环频率特性为

图 5-48　典型二阶系统的结构图

$$G(j\omega) = \frac{\omega_n^2}{j\omega(j\omega + 2\xi\omega_n)} \tag{5-43}$$

（1）γ 和 σ 之间的关系。由式（5-2）得开环幅频和相频特性分别为

$$A(\omega) = \frac{\omega_n^2}{\omega\sqrt{\omega^2 + (2\xi\omega_n)^2}}$$

$$\varphi(\omega) = 90° - \arctan\frac{\omega}{2\xi\omega_n}$$

在 $\omega = \omega_c$ 时，$A(\omega_c) = 1$，即

$$A(\omega_c) = \frac{\omega_n^2}{\omega_c\sqrt{\omega_c^2 + (2\xi\omega_n)^2}} = 1$$

得

$$\omega_c^4 + 4\xi^2\omega_n^2\omega_c^2 - \omega_n^4 = 0$$

解之得

$$\omega_c = \omega_n\sqrt{-2\xi^2 + \sqrt{4\xi^4 + 1}} \tag{5-44}$$

由

$$\varphi(\omega_c) = -90° - \arctan\frac{\omega_c}{2\xi\omega_n} \tag{5-45}$$

则
$$\gamma = 180° + \varphi(\omega_c) = 90° - \arctan\frac{\omega_c}{2\xi\omega_n} = \arctan\frac{2\xi\omega_n}{\omega_c} \quad (5\text{-}46)$$

将式（5-44）代入式（5-46）得

$$\gamma = \arctan\frac{2\xi}{\sqrt{-2\xi^2 + \sqrt{4\xi^4+1}}}$$

由此可绘出 γ 与 ξ 的关系曲线如图 5-49 所示。

在时域分析中，有

$$\sigma = e^{-\frac{\pi\xi}{\sqrt{1-\xi^2}}} \times 100\% \quad (5\text{-}47)$$

为了便于比较，把式（5-47）的关系也绘于图 5-49 中。由图可以看出：γ 越小，σ 越大；γ 越大，σ 越小。为使二阶系统不致于振荡得太厉害以及调节时间过长，一般希望 $30° \leq \gamma \leq 70°$。

（2）γ、ω_c 与 t_s 之间的关系。在时域分析中，有

$$t_s = \frac{3}{\xi\omega_n} \quad (5\text{-}48)$$

将式（5-44）代入式（5-48）中，得

$$t_s\omega_c = \frac{3}{\xi}\sqrt{-2\xi^2 + \sqrt{4\xi^4+1}} \quad (5\text{-}49)$$

由式（5-45）和式（5-49），可得

$$t_s\omega_c = \frac{6}{\text{tg}\gamma} \quad (5\text{-}50)$$

或

$$t_s = \frac{6}{\omega_c \text{tg}\gamma} \quad (5\text{-}51)$$

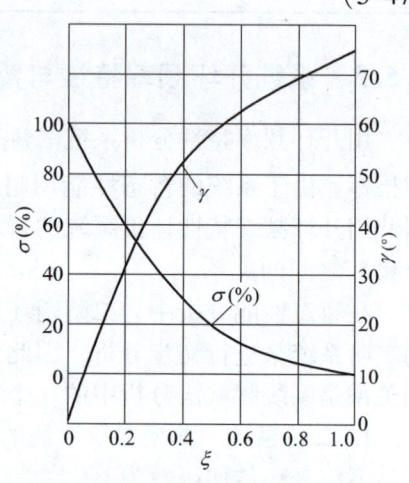

图 5-49 二阶系统 σ、γ、ξ 的关系曲线

由此可看出，调节时间 t_s 与相位裕度 γ 和穿越频率 ω_c 都有关。如果两个二阶系统的 γ 相同，则它们的最大超调量也相同，这时 ω_c 较大的系统，调节时间 t_s 较短。

【例 5-13】 某典型二阶系统的开环传递函数为

$$G(s) = \frac{7}{s(0.05s+1)}$$

试用频域法求系统的暂态性能指标及 σ 和 t_s 的值。

解： 首先作出开环对数频率特性曲线。系统为 I 型，转折频率为 $\omega_1 = \frac{1}{0.05} = 20$，穿越频率即为开环增益值为 $\omega_c = K = 7$。

由此可绘出其对数幅频特性和对数相频特性，如图 5-50 所示，其中对数相频特性：

$$\phi(\omega) = -90° - \arctan 0.05\omega$$

取几个特殊点：

$$\omega \to 0 \text{ 时，} \phi(\omega) = -90°$$

$$\omega = 20 \text{ 时，} \phi(\omega) = -90° - 45° = -135°$$

$$\omega \to \infty \text{ 时，} \phi(\omega) \to -180°$$

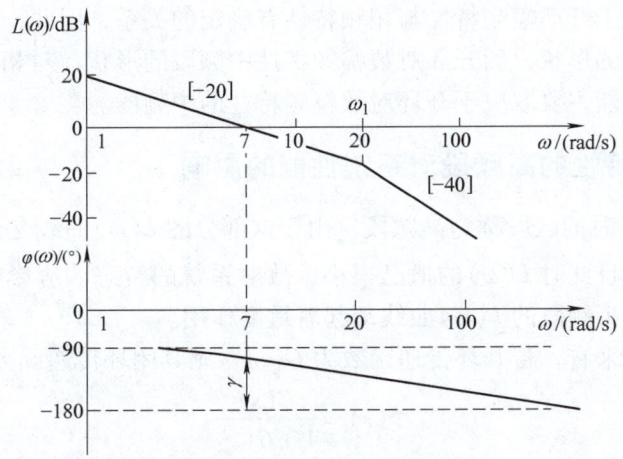

图 5-50 例 5-13 的对数频率特性

由系统的开环对数频率特性可查得：$\omega_c = 7$ 时，$\gamma = 70°$，或者由计算可得

$$\gamma = 180 + \phi(\omega_c) = 180° + [-90° - \arctan(0.05 \times 7)] = 70°$$

然后根据图 5-49，查出 γ 与 ξ 的关系曲线，即可得 $\gamma = 70°$ 时 $\xi = 0.8$，再查 ξ 与 σ 的关系曲线可得

$$\sigma = 2\%$$

或由公式得　超调量：$\sigma = e^{-\frac{\xi\pi}{\sqrt{1-\xi^2}}} \times 100\% = 2\%$

调节时间：$t_s = \dfrac{6}{\omega_c \tan\gamma} = \dfrac{6}{7\tan 70°} = 0.31\mathrm{s}$

2. 高阶系统　对于高阶系统，开环频域指标与时域指标之间没有准确的关系式，但是大多数实际系统，开环频域指标 γ 和 ω_c 能反映暂态过程的基本性能。下面给出两个反映高阶系统开环频域指标与时域指标的近似关系式：

$$\sigma = 0.16 + 0.4\left(\dfrac{1}{\sin\gamma} - 1\right) \quad (35° \leqslant \gamma \leqslant 90°) \tag{5-52}$$

$$t_s = \dfrac{K\pi}{\omega_c} \tag{5-53}$$

式中，$K = 2 + 1.5\left(\dfrac{1}{\sin\gamma} - 1\right) + 2.5\left(\dfrac{1}{\sin\gamma} - 1\right)^2$

$$(35° \leqslant \gamma \leqslant 90°)$$

将式（5-52）和式（5-53）表示的关系绘成曲线，如图 5-51 所示。

由此可看出，超调量 σ 随相位裕度 γ 的减小而增大；调节时间 t_s 随 γ 的减小而增大，但随 ω_c 的增大而减小。

由上面对二阶系统和高阶系统的分析可知，系统的开环频率特性反映了系统的闭环响应性能。对

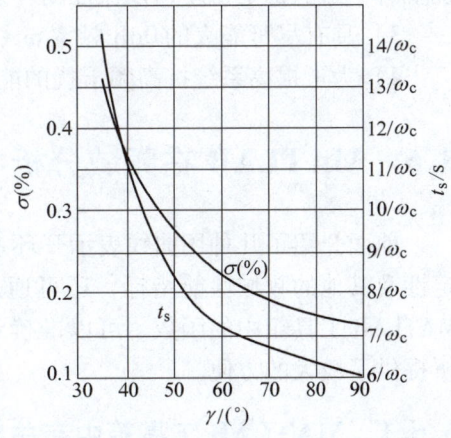

图 5-51 高阶系统 σ、t_s 与 γ 的关系曲线

于最小相位系统，由于开环幅频特性与相频特性有确定的关系，因此，相位裕度 γ 取决于系统开环对数幅频特性的形状，而开环对数幅频特性中频段的形状，对相位裕度影响最大，所以闭环系统的动态性能主要取决于开环对数幅频特性的中频段。

5.5.3 开环频率特性的高频段对系统性能的影响

一般当 $\omega > 10\omega_c$ 时的区段称为高频段。由于这部分的 $L(\omega)$ 曲线是由系统中时间常数较小的环节所决定，而且此时 $L(\omega)$ 的值已很小，故对系统的暂态响应影响不很明显。但从系统抗干扰的角度看，高频段的 $L(\omega)$ 曲线却起着重要作用。

从单位反馈系统来看，若开环传递函数为 $G(s)$，则其闭环传递函数为

$$\Phi(s) = \frac{G(s)}{1 + G(s)}$$

其频率特性为

$$\Phi(j\omega) = \frac{G(j\omega)}{1 + G(j\omega)}$$

由于在高频段，一般 $|20\lg G(j\omega)| \ll 0$，即 $|G(j\omega)| \ll 1$，故有

$$|\Phi(j\omega)| = \frac{|G(j\omega)|}{|1 + G(j\omega)|} \approx |G(j\omega)| \tag{5-54}$$

即闭环幅频近似等于开环幅频。

因此，开环对数幅频特性高频段的幅值，直接反映了系统对输入端高频信号的抑制能力，高频段分贝越低，系统抗干扰能力越强。

通过以上分析，可以看出系统开环对数频率特性表征了系统的性能。对于最小相位系统，系统的性能完全可以由开环对数幅频特性反映出来。在一般的控制系统中，希望的系统开环对数幅频特性归纳起来有以下几个特点：

1）如果要求具有一阶或二阶无静差特性，则开环对数幅频特性的低频段应有 [-20] 或 [-40] 的斜率。为保证系统的稳态精度，低频段应有较高的增益。

2）开环对数幅频特性以 [-20] 的斜率穿过 0dB 线，且具有一定的中频宽度。这样系统就有一定的稳定裕度，以保证闭环系统具有一定的平稳性。

3）具有尽可能大的 0dB 频率 ω_c，以提高闭环系统的快速性。

4）为了提高系统抗高频干扰的能力，开环对数幅频特性高频段应有较大的斜率。

5.6 MATLAB 在频域分析中的应用

前面介绍了几种用曲线表示开环系统频率特性的方法，利用这些曲线可以分析系统的稳定性及其他的频域性能指标，还可通过开环频率特性求取控制系统的闭环频率特性。利用 MATLAB 工具箱中的函数，可以准确地作出系统的频率特性曲线，为控制系统的设计和分析提供了极大的方便。

5.6.1 MATLAB 工具箱中有关频率特性的函数

MATLAB 工具箱中，绘制系统频率特性曲线的几个常用函数有 **bode**、**nyquist**、**margin**

等,下面首先简单介绍一下这些函数的格式及用法。

1. 函数 bode( ) 函数 **bode** 可以求出系统的 Bode 图,其格式有以下两种。

(1) **bode(num,den)**。该函数表示绘制传递函数为 $G(s) = \dfrac{\text{num}(s)}{\text{den}(s)}$ 时系统的 Bode 图,并在同一幅图中,分上、下两部分生成幅频特性(以 dB 为单位)和相频特性(以 rad 为单位)。该函数没有给出明确的频率 ω[①] 范围,由系统根据频率响应的范围自动选取 ω 值绘图。

若具体给出频率 ω 的范围,则可用函数

$$w = \text{logspace}(m, n, npts);$$
$$\text{bode}(num, den, w);$$

来绘制系统的 Bode 图。其中,**logspace(m, n, npts)** 用来产生频率自变量的采样点,即在十进制数 10^m 和 10^n 之间,产生 npts 个用十进制对数分度的等距离点。采样点数 npts 的具体值由用户确定。

(2) 函数 **[mag, phase, w] = bode(num, den)** 和 **[mag, phase, w] = bode(num, den, w)**。这两个函数为指定幅值范围和相角范围时的 Bode 图调用格式。

[mag, phase, w] = bode(num, Den) 表示生成的幅值 mag 和相角值 phase 为列向量,并且幅值不以 dB 为单位。

[mag, phase, w] = bode(num, den, w) 表示在定义的频率范围内,生成的幅值 mag 和相角值 phase 为列向量,但幅值不以 dB 为单位。

利用下列表达式可以把幅值转变成以 dB 为单位:

$$\text{magdB} = 20 * \log 10(\text{mag})$$

另外,对于这两个函数,还必须用绘图函数 **subplot(211)**,**semilogx(w, magdB)** 和 **subplot(212)**,**semilogx(w, phase)** 才可以在屏幕上生成完整的 Bode 图,其中,**semilogx** 函数表示以 dB 为单位绘制幅频特性曲线。

2. 函数 margin( )

(1) **[gm, pm, wcg, wcp] = margin(mag, phase, w)**。此函数的输入参数是幅值(不是以 dB 为单位)、相角与频率的矢量,它们是由 **bode** 或 **nyquist** 命令得到的。函数的输出参数是幅值裕量 gm(不是以 dB 为单位的)、相位裕量 pm(以角度为单位)、相位为 $-180°$ 处的频率 wcg、增益为 0dB 处的频率 wcp。

(2) **margin(num, den)**。此函数可计算系统的相位裕度和幅值裕度,并绘制出 Bode 图。

(3) **margin(mag phase, w)**。此格式中没有输出参数,但可以生成带有裕量标记(垂直线)的 Bode 图,并且在曲线上方给出相应的幅值裕量和相位裕量,以及它们所取得的频率。

3. 函数 nyquist( ) 函数 **nyquist( )** 的功能是求系统的奈氏曲线,格式为 **nyquist(num, den)**。

当用户需要指定频率时,可用函数 **nyquist(num, den, w)**,系统的频率响应是在那些给定的频率点上得到的。

[①] 频率 ω 在 MATLAB 中用 w 表示。

nyquist 函数还有两种等号左边含有变量的形式：

$$[\text{re},\text{im},\text{w}] = \textbf{nyquist}(\textbf{num},\textbf{den})$$

$$[\text{re},\text{im},\text{w}] = \textbf{nyquist}(\textbf{num},\textbf{den},\textbf{w})$$

通过这两种形式的调用，可以计算 $G(j\omega)$ 的实部(Re)和虚部(Im)，但是不能直接在屏幕上产生奈氏图，需通过调用 **plot**(**re**,**im**) 函数才可得到奈氏图。

5.6.2 应用 MATLAB 绘制 Bode 图

1. Bode 图的绘制

【**例 5-14**】 已知系统开环传递函数

$$G(s) = \frac{100}{(s+5)(s+2)(s^2+4s+3)}$$

试画出该系统的 Bode 图。

解：输入以下 MATLAB 命令，绘制系统的 Bode 图，结果如图 5-52 所示。

num = 100;
den = conv(conv([1 5],[1 2]),[1 4 3]);
w = logspace(-1,2);
[mag,pha] = bode(num,den,w);
magdB = 20 * log10(mag);
subplot(211),semilogx(w,magdB);
grid on
xlabel('频率(rad/s)')
ylabel('增益 dB')
subplot(212),semilogx(w,pha)
grid on
x label('频率(rad/s)')
y label('相位 deg')

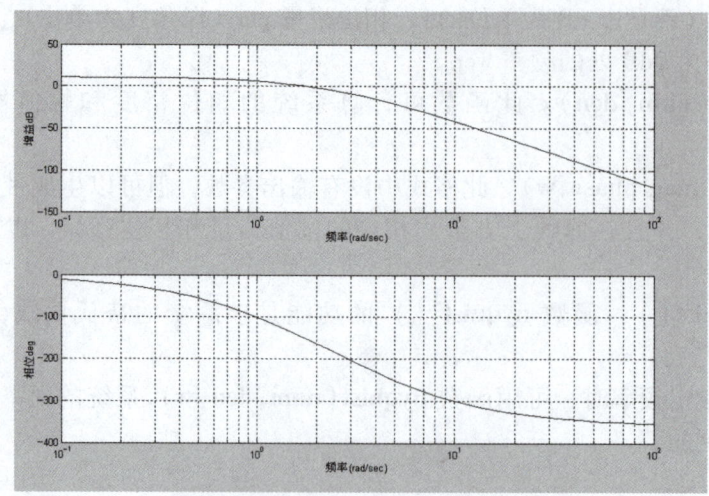

图 5-52 例 5-14 系统的 Bode 图

说明：**subplot**(**mnp**)函数的作用是将图形窗口分成 m 行 n 列个区域，并将图形绘制在第 p 个区域。

2. 求相位裕量和幅值裕量

【例 5-15】 设开环传递函数为

$$G(s) = \frac{2.33}{(0.162s+1)(0.0368s+1)(0.00167s+1)}$$

作出开环 Bode 图，并求系统的稳定裕量。

解： 在命令窗口输入下列命令。

h1 = tf([2.33],[0.162 1]);
h2 = tf([1],[0.0368 1]);
h3 = tf([1],[0.00167 1]);
h = h1 * h2 * h3;
[num,den] = tfdata(h);
[mag,phase,w] = bode(num,den);
subplot(211);
semilogx(w,20 * log10(mag));grid;
subplot(212);
semilogx(w,phase);grid;
[gm,pm,wcg,wcp] = margin(mag,phase,w)

结果如图 5-53 所示。

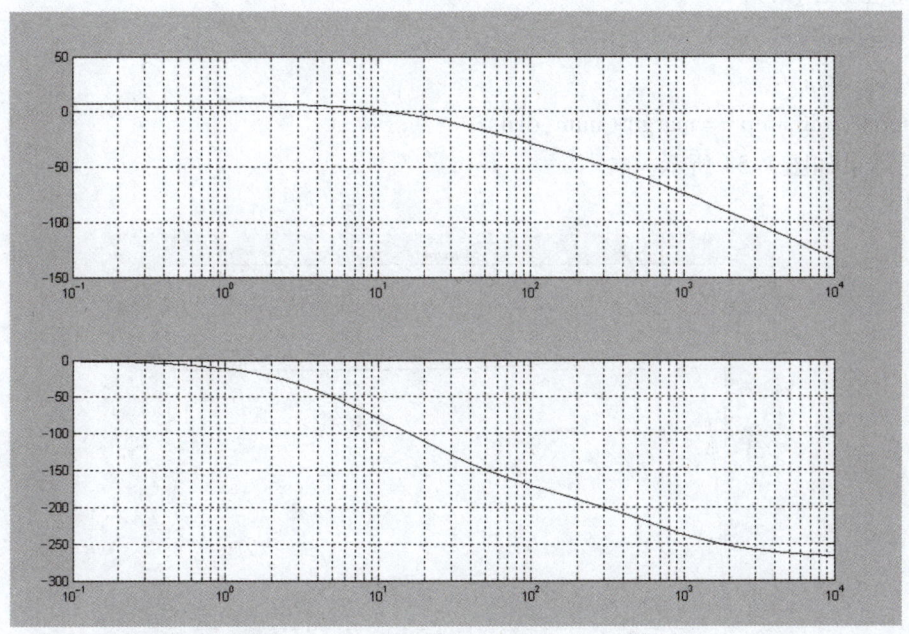

图 5-53　例 5-15 系统的 Bode 图

同时，在 MATLAB 窗口中可以得到系统的稳定裕量：
>>
gm =
    54.0835
pm =
    93.6161
wcg =
    141.9361
wcp =
    11.6420

【例 5-16】 已知系统开环传递函数

$$G(s) = \frac{80(s+5)^2}{(s+1)(s^2+s+9)}$$

试求系统的幅值裕度和相位裕度，判断系统的稳定性，并绘出单位阶跃响应曲线进行验证。

解：先将系统开环传递函数变形为

$$G(s) = \frac{80s^2 + 800s + 2000}{(s+1)(s^2+s+9)}$$

则在命令窗口输入：
num = [80 800 2000];
den = conv([1 1],[1 1 9]);
G = tf(num,den);
G_c = feedback(G,1,-1);
step(G_c);
[gm,pm,wcg,wcp] = margin(num,den)

程序执行结果如图 5-54 所示。

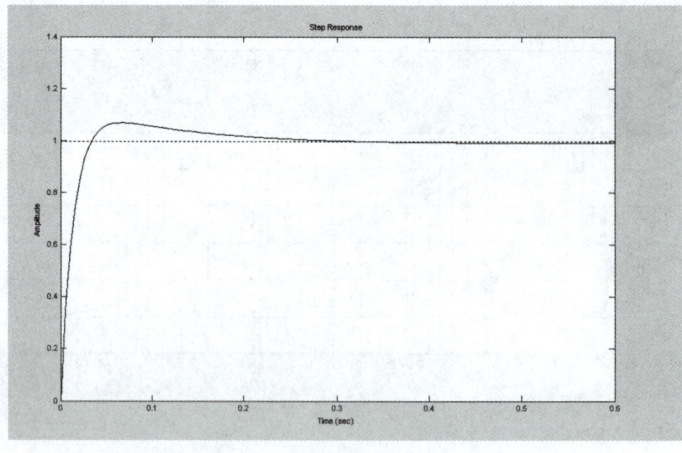

图 5-54　例 5-16 系统的闭环阶跃响应曲线

同时，在 MATLAB 命令窗口中可以得到系统的稳定裕量如下：
gm =
　　Inf
pm =
　　84.3097
wcg =
　　NaN
wcp =
　　80.4094

可见，该系统有无穷大的增益裕度，且相位裕度高达 84.3096°，因此系统是稳定的。从图 5-54 所示的系统闭环阶跃响应曲线中也可验证出系统是收敛稳定的。

5.6.3　应用 MATLAB 绘制奈奎斯特图

【例 5-17】 已知系统开环传递函数

$$G(s) = \frac{1}{s^2 + 2s + 2}$$

试求系统的 Nyquist 图，并判断系统的稳定性。

解： 在命令窗口输入：
num = [1]; den = [1,2,2];
nyquist(num,den);
roots(den)

可得如图 5-55 所示的 Nyquist 图。

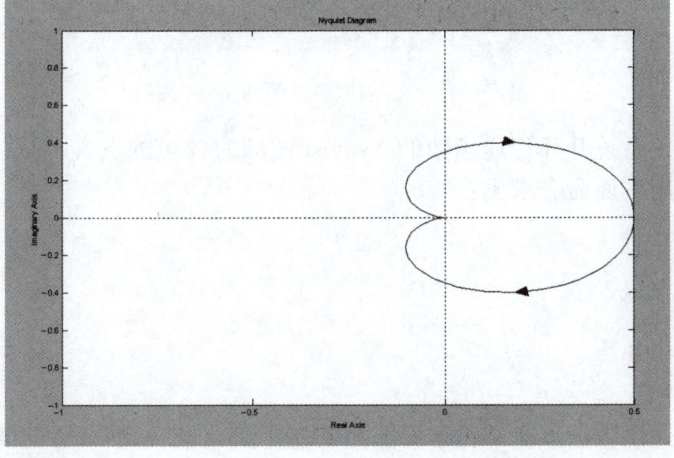

图 5-55　例 5-17 系统的 Nyquist 图

同时，在 MATLAB 命令窗口中可以得到系统的开环传递函数极点：
ans =
　　-1.0000 + 1.0000i
　　-1.0000 - 1.0000i

显然，系统开环传递函数的 Nyquist 图没有包围点（-1，j0），且其系统的开环传递函数极点全部位于 s 平面的左半部（即无不稳定极点），所以根据奈奎斯特稳定判据可知，闭环系统稳定。

【例 5-18】 图 5-56 所示系统的开环传递函数为

$$\frac{5}{s^3 + 2s^2 + 3s + 4}$$

求其 Nyquist 图并判断系统的稳定性。

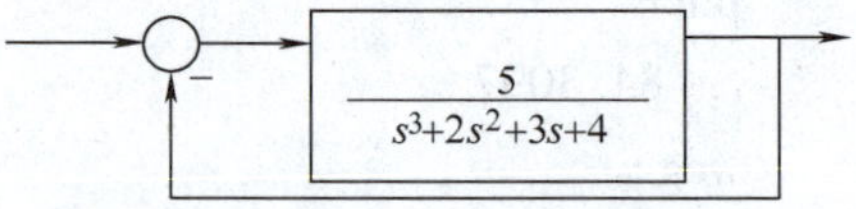

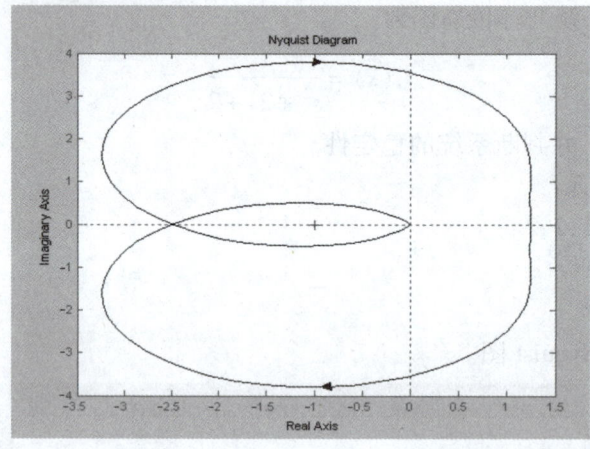

图 5-56　例 5-18 反馈系统的框图

解：输入以下 MATLAB 命令绘制系统开环传递函数的奈奎斯特图。

num = 5;
den = [1 2 3 4];
nyquist(num, den)

可得到如图 5-57 所示的 Nyquist 图。

图 5-57　例 5-18 系统的 Nyquist 图

由图可以看出，系统开环传递函数的 Nyquist 图顺时针包围点（-1，j0）两次，而开环传递函数的极点可用下面命令求出：

roots(den)
ans =
　-1.6506
　-0.1747 + 1.5469i
　-0.1747 - 1.5469i

因此，开环传递函数极点全部位于 s 平面的左半部（无开环不稳定极点），所以闭环系统不稳定。

本章小结

1. 频率分析法是一种分析系统的图解方法，它是利用系统的开环频率特性的各种图线来分析闭环系统的各种性能。频率特性同时也是系统的一种数学模型，它描述了线性定常系统在正弦信号作用下，输出稳态值与输入稳态值之比相对于频率的关系。将传递函数中的 s 用 $j\omega$ 代替，便可得到系统的频率特性，即频率特性与表征系统性能的传递函数之间有着直接的内在联系，故通过系统的频率特能够分析系统的性能。

2. 常用的频率特性曲线包括系统的开环幅相频率特性曲线（Nyquist 图）和对数频率特性曲线（Bode 图）。其中系统开环对数频率特性可由典型环节的对数频率特性曲线相加得到，使得系统的对数频率特性曲线绘制简洁、准确，容易修正。

3. 若系统开环传递函数的极点和零点均位于 s 平面的左半平面，称系统为最小相位系统。反之为非最小相位系统。对于最小相位系统，其开环对数幅频特性和相频特性之间存在惟一的对应关系，即根据对数幅频特性，可以惟一地确定相频特性和传递函数。而对非最小相位系统则不然。

4. 频域法中对稳定性的判定，可采用奈氏稳定判据或对数频率稳定判据。

5. 稳定裕量是衡量控制系统相对稳定性的指标，它包括相位裕量 γ 和幅值裕量 h。

6. 用频率特性曲线性分析系统性能，常将开环频率特性曲线分成低频段、中频段、高频段 3 个频段。低频段反映了系统的稳态性能；中频段对系统的动态性能影响很大，它反映了系统动态响应的平稳性和快速性；高频段反映了系统的抗干扰能力。

7. 对于二阶系统，开环频域指标 ω_c、γ 和时域指标 t_s、σ 之间有着确定的对应关系，利用这种关系可以具体换算出系统的指标。高阶系统的开环频域指标 ω_c、γ 和时域指标 t_s、σ 之间只有一个近似关系，可在 γ 的一定范围内应用。

8. MATLAB 在频域分析中的应用，主要是利用了 **nyquist( )** 函数和 **bode( )** 函数，画出系统的幅相频率特性曲线（Nyquist 图）和系统的对数频率特性曲线（Bode 图）。用 **margin( )** 函数可方便地求取系统的相位裕量和幅值裕量，为系统的分析计算提供了良好的辅助工具。

本章知识技能综合训练

任务目标要求：一直流电动机调速系统如图 5-58 所示，试分析其频率特性及性能指标；在加装了一 PI 调节器以后，如图 5-59 所示，再分析其频率特性及性能指标。并比较说明两种情况下系统的性能变化。图中，K、K_1 为放大系数；T_m 为时间常数；K_t 为测速反馈系数；K_2 为常数。

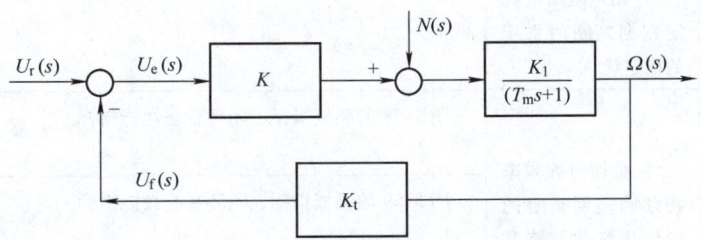

图 5-58　未加调节器时的电动机调速系统结构图

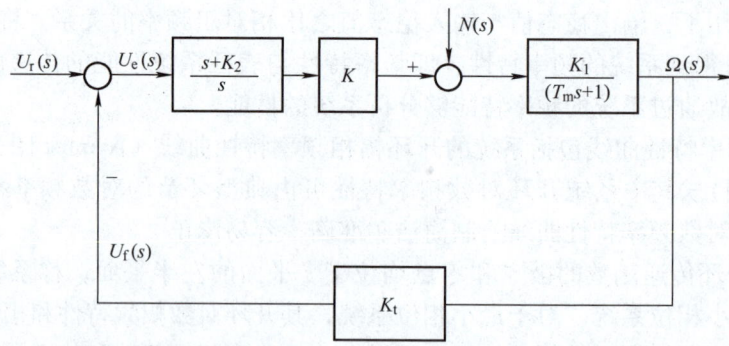

图 5-59　加了调节器后的电动机调速系统结构图

综合训练任务书见表 5-5。

表 5-5　综合训练任务书

训练题目		
任务要求	1）绘制两系统的开环对数频率特性 2）比较分析两系统的开环频域指标及暂态性能指标 3）分析 K 对系统的影响 注：为方便计算教师可给出系统的有关参数值	
训练步骤	1）写出系统的开环传递函数	图 5-58 的开环传递函数
		图 5-59 的开环传递函数
	2）绘制幅相频率特性（奈奎斯特图）	图 5-58 的幅相频率特性
		图 5-59 的幅相频率特性
	3）绘制开环对数频率特性	图 5-58 的对数幅频特性、相频特性
		图 5-59 的对数幅频特性、相频特性
	4）用奈奎斯特稳定判据判断两系统的稳定性	
	5）根据对数频率特性确定两系统的频域指标并估算其闭环暂态性能指标	图 5-58 的频域指标、闭环暂态性能指标
		图 5-59 的频域指标、闭环暂态性能指标
		两系统性能指标比较

		(续)
训练步骤	6）讨论K变化时对两系统的稳定性、频域指标、暂态指标的影响	对图5-58的稳定性、频域指标、暂态指标的影响
		对图5-59的稳定性、频域指标、暂态指标的影响
		比较说明
	7）用MATLAB软件求两系统的频率特性及频域指标	图5-58的频率特性及频域指标
		图5-59的频率特性及频域指标
		比较说明
检查评价		

思考题与习题

5-1 试求图5-60a、b无源四端网络的频率特性。

图5-60 习题5-1中的RC网络图

5-2 某系统结构图如图5-61所示，根据频率特性的定义，求下列输入信号作用时，系统的稳态输出$c_s(t)$。

（1）$r(t) = \sin 2t$；

（2）$r(t) = 2\cos(2t - 45°)$。

5-3 概略画出下列开环传递函数的奈氏图。这些曲线是否穿越s平面的负实轴？若穿越，则求出与负实轴交点的频率及对应的幅值。

（1）$G(s)H(s) = \dfrac{1}{s(1+s)(1+2s)}$；

（2）$G(s)H(s) = \dfrac{1}{s^2(1+s)(1+2s)}$；

（3）$G(s)H(s) = \dfrac{s+2}{(s+1)(s-1)}$。

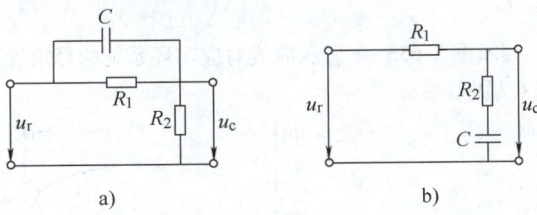

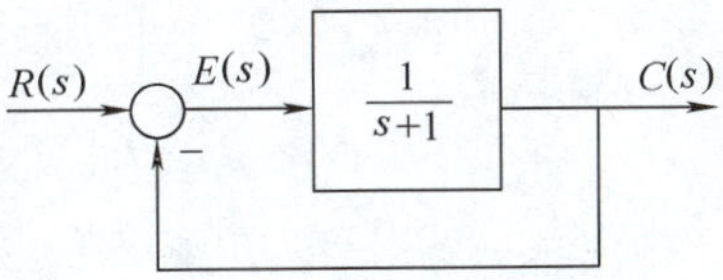

图5-61 习题5-2结构图

5-4 已知系统开环传递函数

$$G(s)H(s) = \dfrac{10}{s(2s+1)(s^2+0.5s+1)}$$

试分别计算$\omega = 0.5$和$\omega = 1$时开环频率特性的幅值$A(\omega)$和相角$\varphi(\omega)$，并绘制系统Bode图。

5-5 绘制下列传递函数的对数幅频特性曲线（Bode 图）。

(1) $G(s) = \dfrac{2}{(2s+1)(8s+1)}$；

(2) $G(s) = \dfrac{200}{s^2(s+1)(10s+1)}$；

(3) $G(s) = \dfrac{40(s+0.5)}{s(s+0.2)(s^2+s+1)}$。

5-6 3 个最小相位系统传递函数的近似对数幅频曲线分别如图 5-62a、b、c 所示。试写出对应的传递函数。

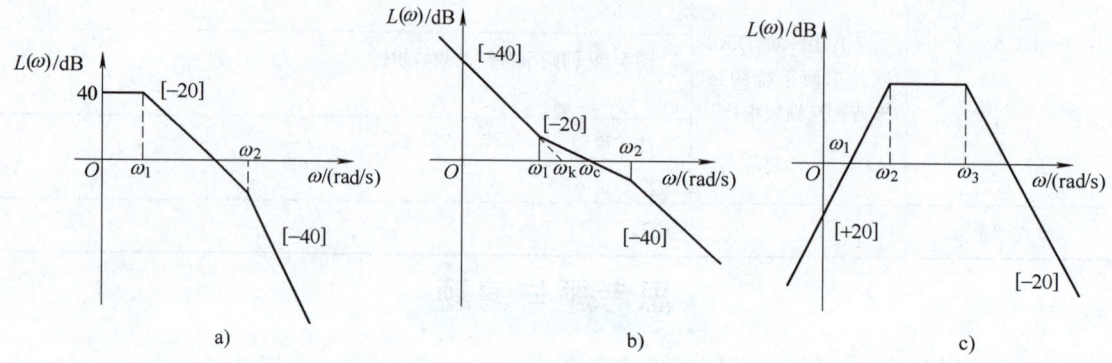

图 5-62 习题 5-6 图

5-7 试根据奈氏判据，判断图 5-63a~e 所示曲线对应闭环系统的稳定性。已知曲线 a~e 对应的开环传递函数分别为（按自左至右顺序）。

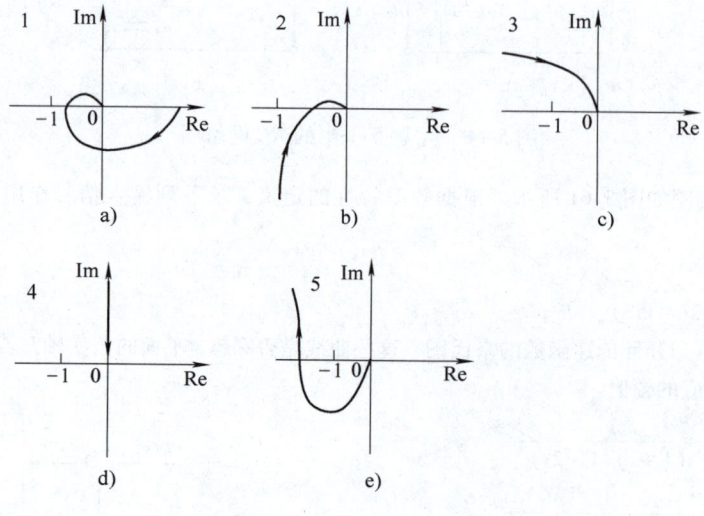

图 5-63 习题 5-7 图

(1) $G(s) = \dfrac{K}{(T_1 s+1)(T_2 s+1)(T_3 s+1)}$；

(2) $G(s) = \dfrac{K}{s(T_1 s+1)(T_2 s+1)}$；

(3) $G(s) = \dfrac{K}{s^2(Ts+1)}$；

(4) $G(s) = \dfrac{K}{s^3}$;

(5) $G(s) = \dfrac{K(T_1 s + 1)(T_2 s + 1)}{s^3}$。

5-8 单位反馈系统,其开环传递函数为

(1) $G(s) = \dfrac{100}{s(0.2s + 1)}$;

(2) $G(s) = \dfrac{50}{(0.2s + 1)(s + 2)(s + 0.5)}$;

(3) $G(s) = \dfrac{10}{s(0.1s + 1)(0.25s + 1)}$。

试用对数稳定判据判断闭环系统的稳定性,并确定系统的相位裕度和幅值裕度。

5-9 设有一个闭环系统,其开环传递函数为

$$G(s)H(s) = \dfrac{K(s + 0.5)}{s^2(1 + s)(s + 10)}$$

试用奈氏判据和对数稳定判据分别判断在 $K = 10$ 和 $K = 100$ 时系统的稳定性。

5-10 设单位反馈控制系统的开环传递函数为

$$G(s) = \dfrac{as + 1}{s^2}$$

试确定相位裕度为 45°时的 α 值。

5-11 某最小相角系统的开环对数幅频特性如图 5-64 所示。

(1) 写出系统开环传递函数;

(2) 利用相位裕度判断系统的稳定性;

(3) 将其对数幅频特性向右平移 10 倍频程,试讨论对系统性能的影响。

5-12 已知单位反馈系统的开环传递函数为

$$G(s) = \dfrac{100}{s(Ts + 1)}$$

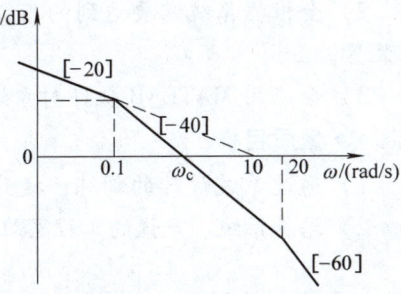

图 5-64 习题 5-11 某控制系统结构图

求当系统的相角裕量为 $\gamma = 36°$时的 T 值,并求出对应的 σ 和 t_s。

5-13 某控制系统的结构如图 5-65 所示,图中 $G_1(s) = \dfrac{10(s+1)}{8s+1}$;$G_2(s) = \dfrac{4.8}{s\left(\dfrac{s}{20}+1\right)}$

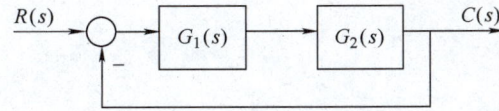

图 5-65 习题 5-13 图

试按 γ 和 ω_c 估算系统时域指标 σ 和 t_s。

5-14 用 MATLAB 绘制题 5-4 的幅相频率特性曲线(Nyquist 图)和对数幅频特性曲线(Bode 图)。

5-15 用 MATLAB 求题 5-10 系统的相角裕量和幅值裕量,并判断系统的稳定性。

第 6 章 控制系统的校正

学习目标

◆ **知识目标：**
1）懂得自动控制系统校正的基本概念。
2）懂得串联校正、反馈校正的基本思路和方法。
3）掌握常用串联校正的几种方法（串联超前校正、串联滞后校正、串联滞后-超前校正、串联校正的期望特性法、PID 串联校正）及校正装置。
4）掌握反馈校正的方法及反馈校正装置的确定。
5）掌握 MATLAB 用于系统校正的方法。

◆ **技能目标：**
1）熟悉自动控制系统校正的指标要求及校正方式。
2）会根据系统需要达到的指标要求确定系统应采取的校正方式，并正确选取和设计校正装置。
3）会应用 MATLAB 软件对系统进行校正。

◆ **素质目标：**
1）通过系统设计的训练，提升综合运用所学知识解决工程实际问题的能力。
2）培养系统、严谨的工程思维方式和工程职业素养，树立良好的科学精神和职业品德。

在以上章节中，讨论了在系统结构及参数已知的情况下，如何建立系统的数学模型，并在此基础上应用时域法、频域法、根轨迹法研究系统的稳态特性、暂态特性，以及参数变化对系统的影响，这就是所谓系统分析。而系统校正，则是与系统分析相反的过程，它是从工程实际出发，预先规定系统要达到的性能指标，然后根据控制对象，合理地确定控制装置的结构和参数，使系统满足给定的性能指标要求。

6.1 系统校正概述

6.1.1 系统校正及校正装置的概念

自动控制系统的最终目标是完成某种工程任务，系统设计者最初总是根据技术要求、经济比较确定组成控制系统的控制对象、执行机构、功率放大器及测量元件等，这些元素一旦确定后，一般是不再更改的，它们成为系统"不可变部分"或"固有部分"，但是由"固有部分"组成的控制系统,一般不能满足给定的性能指标要求,必须经过调整参数或增加新的附加装置才能改善系统性能。**在系统原结构上增加新的装置是改善系统性能的主要措施,这一措施称为系统校正**。为改善系统性能增加的装置叫作**校正装置**或**校正环节**。

6.1.2 校正方式

校正装置接入系统的方法称为校正方式,基本的校正方式有3种。

1. 串联校正 校正装置 $G_c(s)$ 串接在系统误差测量之后的前向通道中,如图6-1a所示。

2. 反馈校正 校正装置 $G_c(s)$ 接在系统的局部反馈通道中,如图6-1b所示。

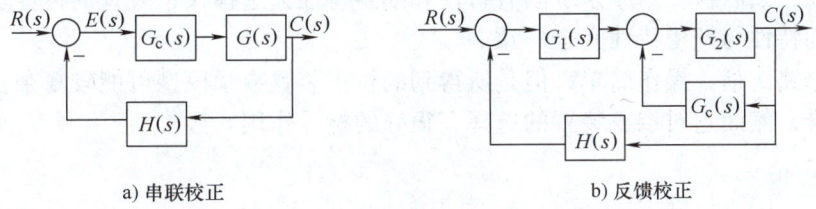

a) 串联校正　　　　　　　　　　b) 反馈校正

图6-1 串联校正与反馈校正

3. 复合校正 在反馈控制回路中,加入前馈校正通路,它有两种形式:一种是前馈校正装置 $G_c(s)$ 接在给定值之后,直接送入反馈系统的前向通道,如图6-2a所示;另一种是前馈校正装置 $G_c(s)$ 接在系统可测扰动作用点与误差测量点之间,如图6-2b所示。

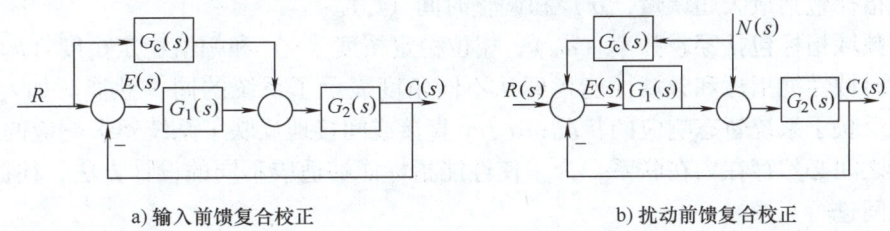

a) 输入前馈复合校正　　　　　　　　b) 扰动前馈复合校正

图6-2 复合校正

对于一个特定的系统而言,究竟采用何种校正方式,主要取决于该系统中信号的性质、可供采用的元器件、价格以及设计者的经验等。一般情况下,串联校正比较经济,易于实现。特别是用由集成电路组成的有源校正装置,即电子调节器,因其能比较灵活地获得各种传递函数,所以应用较为广泛。采用反馈校正时,信号从高能量级向低能级传递,一般不必再进行放大,可以采用无源网络实现,这是反馈校正的优点。因此,在一些比较复杂的系统中,往往同时采用串联校正和反馈校正,以便使系统具有更好的性能。

结构图可以从一种方式变换成另一种等效的方式,即通过变换可以将上述3种校正方式中的一种变换成另一种,它们之间具有等效性。

6.1.3 频域法校正系统设计

频域法校正系统是利用校正装置改变原系统频率特性曲线的形状,使其具有合适的低频、中频和高频特性,从而获得满意的稳态和暂态响应特性。在工程应用中一般有两种校正设计方法,即分析法和综合法。

1. 分析法 分析法又称试探法,这种方法是将校正装置按照其相移特性划分成几种简单容易实现的类型,如相位超前校正、相位滞后校正、相位滞后超前校正等。这些校正装置的结构已定,而参数可调。分析法要求设计者首先根据经验确定校正方案,然后根据性能指标的要求,有针对性地选择某一种类型的校正装置,再通过系统的分析和计算求出校正装置的参数,这种方法的设计结果必须经过验算。若不能满足全部性能指标,则需重新调整参数,甚至重新选择校正装置的结构,直至校正后全部满足性能指标为止,因此分析法本质上是一种试探法。

分析法的优点是校正装置简单、容易实现,因此在工程上得到广泛应用。

2. 综合法 综合法又称期望特性法,它的基本思路是根据性能指标的要求,构造出期望的系统特性,然后再根据原系统固有特性和期望特性去选择校正装置的特性及参数,使得系统校正后的特性与期望特性完全一致。

综合法思路清晰,操作简单,但是所得到的校正装置数学模型可能较复杂,在实现中会遇到一些困难,然而它对校正装置的选择有很好的指导作用。

6.1.4 性能指标

自动控制系统的校正设计目的,通常体现在达到和满足对控制系统稳态和暂态响应的各项性能指标中,因此性能指标是校正系统的依据。

1)稳态性能指标。用稳态误差系数 K_P、K_V、K_a 表示,它们能够反映系统的控制精度。

2)暂态性能指标。暂态性能指标有时域指标和频域指标之分。

时域指标包括最大超调量(σ)和调整时间(t_s)。

开环频域指标包括穿越频率(ω_c)、相位稳定裕度(γ)和幅值稳定裕度(h)。

上述时域性能指标和频域性能指标从不同角度表示了系统的同一性能。如 t_s、ω_c 直接或间接地反映了系统暂态响应的状况;σ、γ 直接或间接地反映了系统暂态响应的振荡程度。因此它们之间必然存在内在联系,为了使性能指标能够适应不同的设计方法,往往需要在性能指标之间进行互换。

对于二阶系统,指标之间的互换,可以通过 ξ 和 ω_n 两个特征参数用准确的数字公式表示出来,即时域指标

$$t_s = \frac{3}{\xi \omega_n} \quad (\Delta = 0.05) \tag{6-1}$$

$$\sigma = e^{-\xi \pi / \sqrt{1-\xi^2}} \times 100\% \tag{6-2}$$

开环频域指标

$$\omega_c = \omega_n \sqrt{\sqrt{1+4\xi^4} - 2\xi^2} \tag{6-3}$$

$$\gamma = \arctan \frac{2\xi}{\sqrt{\sqrt{1+4\xi^4} - 2\xi^2}} \tag{6-4}$$

对于高阶系统频域指标与时域指标有以下近似的关系:

$$\sigma = 0.16 + 0.4 \left(\frac{1}{\sin \gamma} - 1 \right) \quad (35° \leq \gamma \leq 90°) \tag{6-5}$$

$$t_s = \frac{K\pi}{\omega_c} \tag{6-6}$$

式中，$K = 2 + 1.5\left(\dfrac{1}{\sin\gamma} - 1\right) + 2.5\left(\dfrac{1}{\sin\gamma} - 1\right)^2$，$(35° \leqslant \gamma \leqslant 90°)$。

6.2 串联超前校正

6.2.1 问题的引入

在深入分析串联超前校正之前，不妨先分析一下串联超前校正的校正思路及出发点。

在图 6-3 所示的控制系统中，如果要求系统在单位斜坡输入信号作用时，稳态误差 $e_{ss} \leqslant 0.1$，相位裕度 $\gamma \geqslant 45°$，试分析该系统是否能满足要求，需要怎样的校正？

显然图 6-3 所示的控制系统开环传递函数为

$$G(s) = \dfrac{K}{s(s+1)}$$

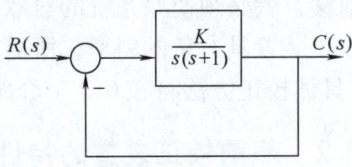

图 6-3 控制系统框图

此为 I 型系统，由单位斜坡输入信号作用时的稳态误差公式

$$e_{ss} = \dfrac{1}{K_V} = \dfrac{1}{K} \leqslant 0.1$$

可推出 $K \geqslant 10$，若取 $K = 10$，则可绘出该系统开环对数幅频特性，如图 6-4 所示。

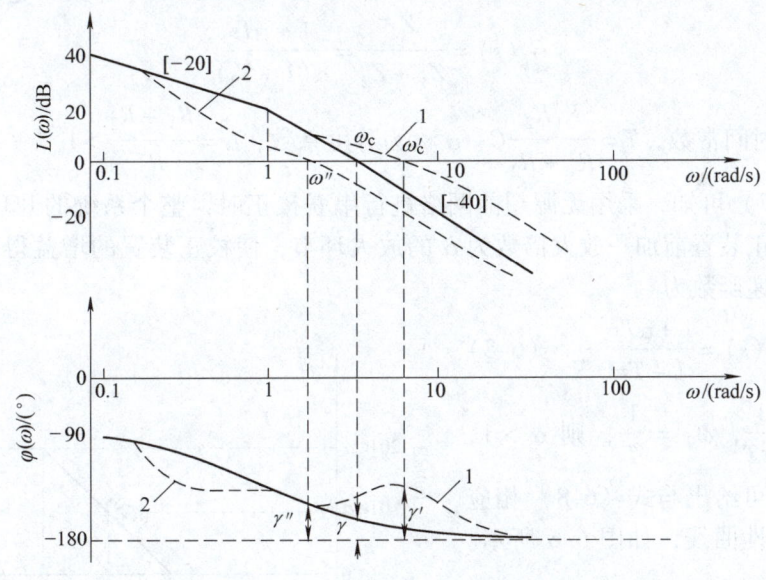

图 6-4 图 6-3 控制系统的对数频率特性

由其对数幅频特性可近似查得穿越频率 $\omega_c = 3$，则相位裕度

$$\gamma + 180° = \Phi(\omega_c) + 180° = (-90° - \arctan 3) = 18°$$

可见在满足稳态精度要求的前提下（$e_{ss} \leqslant 0.1$），系统的相位裕度 $\gamma = 18° < 45°$，不能满足要求。因此对这个系统需要进行校正。

校正的方法是首先必须保证原定的稳态误差不能变，即低频段的斜率和高度不能变。而

想办法使 γ 增加，即使其 $\gamma \geqslant 45°$。使 γ 增加的办法有两种：

第 1 种方法：使 γ 在原有基础上增加一个正角，即

$$\gamma' = \gamma + 正角$$

这种校正称为超前校正，这个正角也称超前相角，具有超前相角的校正装置，其对数幅频特性将呈现正斜率，它将使校正后的系统特性变为如图 6-4 中虚线 1 所示的情况，此时的穿越频率 $\omega_c' > \omega_c$。

第 2 种方法：把穿越频率 ω_c 往低频段方向移。因为越往低频段，对应的对数相频特性曲线距 $-180°$ 线越远，即 γ 越大。由于低频段的高度不能变（稳定误差不能变），故要使 ω_c 往前移，就必须使原系统的对数幅频特性曲线有如图 6-4 中虚线 2 的转折。而实现这种转折的校正装置具有负的斜率，所对应的相角是负的，是滞后相角，因此这种校正叫做滞后校正（其具体校正方法将在 6.3 节介绍）。其校正后的相位裕度为图 6-4 中 γ''。

6.2.2 超前校正装置的特性

典型的无源超前装置是由阻容元件组成的，如图 6-5 所示。其中运算阻抗 Z_1 和 Z_2 分别为

$$Z_1 = \frac{R_1}{1 + R_1 Cs}$$

$$Z_2 = R_2$$

装置的传递函数为

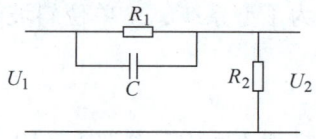

图 6-5 无源超前网络

$$G_c(s) = \frac{Z_2}{Z_1 + Z_2} = \frac{1 + \alpha Ts}{\alpha(1 + Ts)} \quad (6-7)$$

式中，T 称为时间常数，$T = \frac{R_1 R_2}{R_1 + R_2} C$；$\alpha$ 称为分度系数，$\alpha = \frac{R_1 + R_2}{R_2} > 1$。

由式（6-7）可知，采用无源超前网络进行串联校正时，整个系统的开环增益要下降 α 倍，一般在校正装置前加一放大倍数为 α 的放大环节，使校正装置的增益得以补偿。这样，校正装置的传递函数为

$$G_c(s) = \frac{1 + \alpha Ts}{1 + Ts} \quad (6-8)$$

令 $\omega_1 = \frac{1}{\alpha T}$，$\omega_2 = \frac{1}{T}$，则 $\alpha > 1$，$\omega_2 > \omega_1$。由此可给出与式（6-8）相应的对数频率特性曲线，如图 6-6 所示。其相角为

$$\varphi_1(\omega) = \arctan(\alpha T \omega) - \arctan(T\omega)$$
$$= \arctan \frac{\alpha T \omega - T \omega}{1 + \alpha T^2 \omega^2} \quad (6-9)$$

可见 $\varphi_c(\omega) > 0°$。

令 $\mathrm{d}\varphi_c(\omega)/\mathrm{d}\omega = 0$，可求得最大超前相

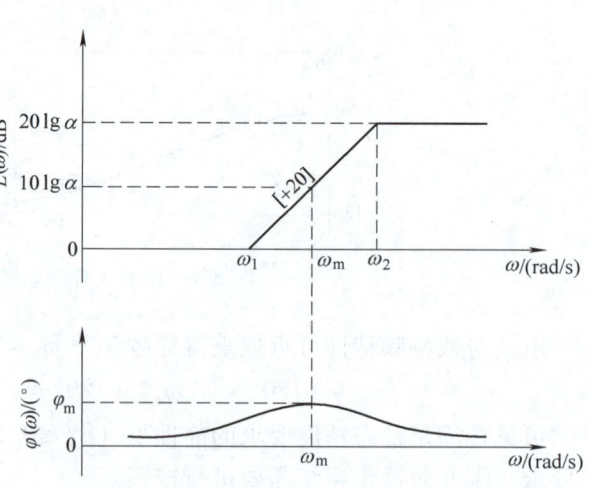

图 6-6 无源超前网络对数频率特性曲线

角 $\varphi_1(\omega)$ 及其对应的角频率 ω_m 为

$$\varphi_m = \arctan \frac{\alpha - 1}{2\sqrt{\alpha}} = \arcsin \frac{\alpha - 1}{\alpha + 1} \tag{6-10}$$

$$\alpha = \frac{1 + \sin\varphi_m}{1 - \sin\varphi_m} \tag{6-11}$$

$$\omega_m = \frac{1}{T\sqrt{\alpha}} = \sqrt{\omega_1 \omega_2} \tag{6-12}$$

$$\lg\omega_m = \frac{1}{2}(\lg\omega_1 + \lg\omega_2) \tag{6-13}$$

可见，ω_m 是 ω_1 和 ω_2 的几何中心点，在对数频率特性上，ω_m 位于 ω_1 和 ω_2 的中间位置，因此可以求出 ω_m 对应的幅值为

$$L_c(\omega) = 20\lg|G_c(j\omega_m)| = 20\lg\sqrt{\alpha} = 10\lg\alpha \tag{6-14}$$

由式（6-10）可知，最大超前角 φ_m 只取决于参数 α，φ_m 随 α 的增大而增大，当 $\alpha = 5 \sim 20$ 时，$\varphi_m = 42° \sim 65°$；当 $\alpha > 20$ 时，φ_m 增加不多，但校正网络的工程实现较困难，故一般取 $\alpha < 20$。

6.2.3 串联超前校正方法

串联超前校正就是将超前校正装置串联到被校正系统的前向通道中，如图 6-7 所示。利用超前网络的相角超前特性，使最大超前角叠加在校正以后系统的截止频率处，以获得满意的穿越频率和相位裕度，从而改善系统的动态性能。

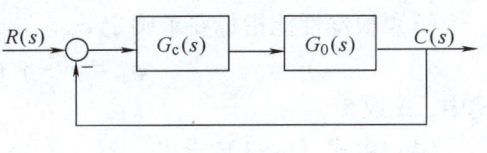

图 6-7 串联校正结构图

用分析法设计串联超前校正装置的步骤如下：

1）根据系统误差要求确定其开环放大倍数 K。

2）根据确定的开环放大倍数 K，绘制待校正系统的对数频率特性 $L(\omega)$ 和 $\varphi(\omega)$ 曲线，并确定其穿越频率 ω_c 和相角稳定裕度 γ。

3）根据性能指标要求的相位裕度 γ' 和实际系统的相位裕度 γ，确定最大超前相角 φ_m，即

$$\varphi_m = \gamma' - \gamma + \Delta \tag{6-15}$$

式中，Δ 为用于补偿因超前校正装置的引入，使系统的穿越频率增大所带来的相角滞后量，一般取 $5° \sim 12°$。

4）根据所确定的 φ_m，按式（6-11）计算出 α 值。

5）在待校正系统对数幅频曲线 $L(\omega)$ 上找到幅频值为 $-10\lg\alpha$ 的点，并选定该点的频率作为超前校正装置的 ω_m，则在该点处 $L_c(\omega)$ 与 $L(\omega)$ 的代数和为 0dB，即该点频率也就是校正后系统的穿越频率 ω_c'，即

$$L_c(\omega_m) = 10\lg\alpha = -L(\omega_c') \tag{6-16}$$

$$\omega_m = \omega_c'$$

6）根据选定的 ω_m 确定校正装置的转折频率，并画出校正装置的对数频率特性 $L_c(\omega)$。

$$\omega_1 = \frac{1}{\alpha T} = \frac{\omega_m}{\sqrt{\alpha}} \qquad (6\text{-}17)$$

$$\omega_2 = \frac{1}{T} = \omega_m \sqrt{\alpha} \qquad (6\text{-}18)$$

7）画出校正后系统的对数频率特性曲线 $L'(\omega)$，并校验系统的相位裕度 γ' 是否满足要求，如果不满足要求，则增大 Δ，从步骤 3）开始重新计算。

【例 6-1】 设一单位反馈系统开环传递函数为

$$G(s) = \frac{K}{s(0.1s+1)(0.001s+1)}$$

要求系统的速度误差系数 $K_V \geq 1000$，相位裕度 $\gamma' \geq 45°$，为满足系统性能指标的要求，试设计超前校正装置的参数。

解：

（1）根据稳态指标的要求确定开环放大倍数 K。取 $K = K_V = 1000$，则待校正系统的开环传递函数为

$$G(s) = \frac{1000}{s(0.1s+1)(0.001s+1)}$$

（2）画出待校正系统的对数频率特性，如图 6-8 中 $L(\omega)$ 和 $\varphi(\omega)$ 所示，从图中可看出，该系统的穿越频率 $\omega_c = 100$，相位裕度 $\gamma = 0°$，不满足要求。

（3）根据性能指标要求确定 φ_m。

$$\varphi_m = \gamma' - \gamma + \Delta = 45° - 0° + 5° = 50°$$

式中，Δ 取 $5°$。

（4）由式（6-11）求得

$$\alpha = \frac{1 + \sin\varphi_m}{1 - \sin\varphi_m} = \frac{1 + \sin 50°}{1 - \sin 50°} = 7.5$$

（5）超前校正装置在 ω_m 处的对数幅频值

$$L_c(\omega_m) = 10\lg\alpha = 10\lg 7.5 = 8.75\text{dB}$$

在待校正系统幅频特性曲线上找到 -8.75dB 处，选定对应的频率 $\omega = 164.5$ 为 ω_m，也为 ω_c'。

（6）计算超前校正装置的转折频率，并作出其对数频率性 $L_c(\omega), \varphi_c(\omega)$

$$\omega_1 = \frac{\omega_m}{\sqrt{\alpha}} = \frac{164.5}{\sqrt{7.5}}\text{rad/s} = 60\text{rad/s}$$

$$\omega_2 = \omega_m\sqrt{\alpha} = 164.5 \times \sqrt{7.5}\text{rad/s} = 450\text{rad/s}$$

则可得超前校正装置的传递函数为

$$G_c(s) = \frac{1 + \dfrac{s}{\omega_1}}{1 + \dfrac{s}{\omega_2}} = \frac{1 + \dfrac{s}{60}}{1 + \dfrac{s}{450}} = \frac{1 + 0.0167s}{1 + 0.0022s}$$

（7）校正后系统的开环传递函数为

$$G'(s) = G(s)G_c(s) = \frac{1000(1+0.0167s)}{s(1+0.1s)(1+0.0022s)(1+0.001s)}$$

校正后系统的对数频率特性如图 6-8 中 $L'(\omega)$ 及 $\varphi'(\omega)$ 所示，此时

$$\begin{aligned}\gamma' &= 180° + \varphi'(\omega_c') \\ &= 180° + [-90° + \arctan(0.0167 \times 164.5) - \arctan(0.1 \times 164.5) \\ &\quad - \arctan(0.0022 \times 164.5) - \arctan(0.001 \times 164.5)] \\ &= 45°\end{aligned}$$

可见校正后的系统满足相位裕度 $\gamma' \geq 45°$ 的要求。

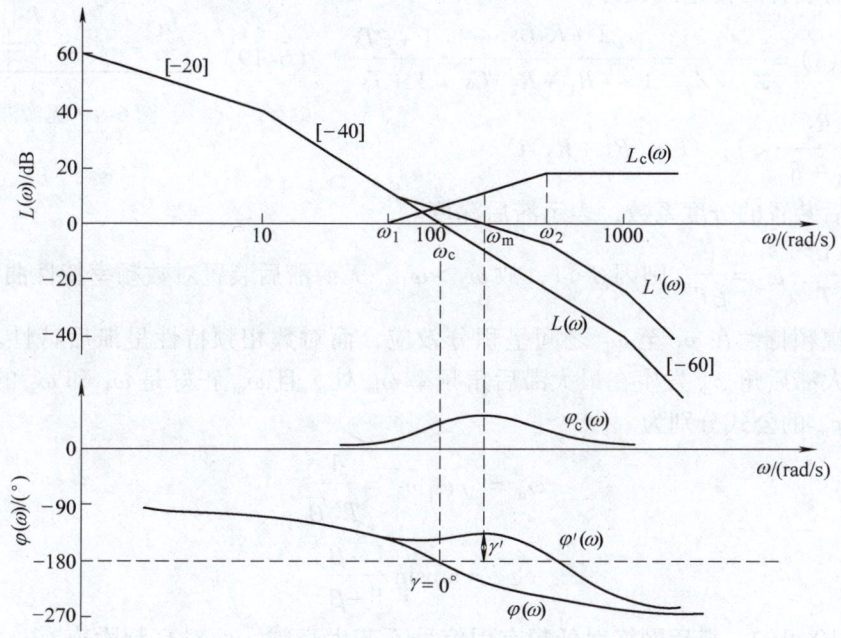

图 6-8　例 6-1 的对数频率特性曲线

若采用图 6-5 所示的无源超前校正装置来实现上述设计，则可根据

$$T = \frac{R_1 R_2}{R_1 + R_2}C, \qquad \alpha = \frac{R_1 + R_2}{R_2}$$

来选择和计算电路参数 R_1、R_2 和 C。由于对校正装置输入、输出阻抗的要求随实际系统的不同而异，故电路参数的取值具有多样性，**需要注意的是，可由放大器来实现校正装置的增益补偿，同时满足系统的开环增益要求。**

应该指出，串联超前校正具有一定的局限性。当未校正系统不稳定时，为了获得足够的相位裕度，需要校正装置提供很大超前相位，这势必要增大 α，造成系统带宽过大，不利于对高频信号干扰的抑制，严重时系统失控。当未校正系统在穿越频率 ω_c 附近相角急剧减小的情况下，采用串联超前校正效果不明显，很难获得足够的稳定裕量。在这些情况下，应考虑采用其他校正方法。

6.3 串联滞后校正

6.3.1 滞后校正装置的特性

典型的无源滞后校正电路如图6-9所示,其中运算阻抗 Z_1 和 Z_2 分别为

$$Z_1 = R_1$$

$$Z_2 = R_2 + \frac{1}{sC}$$

由此得到滞后装置的传递函数为

$$G(s) = \frac{Z_2}{Z_1 + Z_2} = \frac{1 + R_2 Cs}{1 + (R_1 + R_2)Cs} = \frac{1 + \beta Ts}{1 + Ts} \quad (6\text{-}19)$$

式中, $\beta = \dfrac{R_2}{R_1 + R_2} < 1$; $T = (R_1 + R_2)C$

图 6-9 无源滞后电路

通常 β 为滞后装置的分度系数,表示滞后深度。

令 $\omega_1 = \dfrac{1}{T}$, $\omega_2 = \dfrac{1}{\beta T}$, 则因 $\beta < 1$, 故 $\omega_2 > \omega_1$。无源滞后装置对数频率特性曲线如图6-10所示。对数幅频特性在 ω_1 至 ω_2 之间呈积分效应,而对数相频特性呈滞后特性。与超前网络类似,最大滞后角 φ_m 发生在最大滞后角频率 ω_m 处,且 ω_m 正好是 ω_1 和 ω_2 的几何中点。计算 ω_m 及 φ_m 的公式分别为

$$\omega_m = \sqrt{\omega_1 \omega_2} = \frac{1}{T\sqrt{\beta}} \quad (6\text{-}20)$$

$$\varphi_m = \arcsin \frac{1-\beta}{1+\beta} \quad (6\text{-}21)$$

由图 6-10 可知,滞后网络对低频有用信号不产生衰减,而对高频噪声有一定的衰减作用,最大的幅值衰减为 $20\lg\beta$, β 值越大,抑制高频噪声的能力越强。

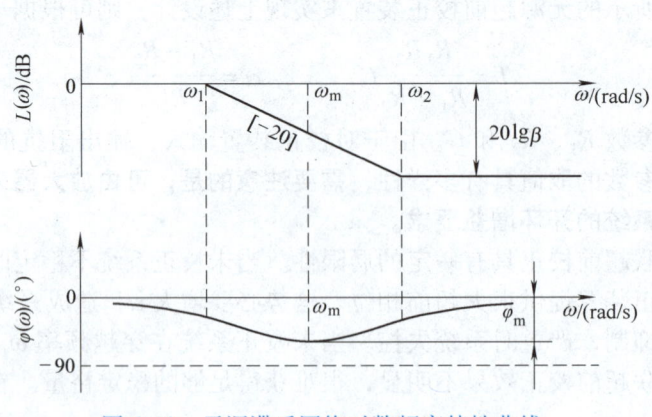

图 6-10 无源滞后网络对数频率特性曲线

6.3.2 串联滞后校正方法

串联滞后校正是利用滞后装置的高频幅值衰减特性，使已校正系统的穿越频率下降，从而使系统获得足够的相位裕度。因此，滞后校正装置的最大滞后角，应力求避免发生在系统穿越频率附近。在系统响应速度要求不高，而抑制噪声电平性能要求较高的情况下，可考虑采用串联滞后校正。此外，如果待校正系统已具备满意的动态性能，仅稳态性能不满足指标要求，也可以采用串联滞后校正以提高系统的稳态精度，同时保持其动态性能仍然满足指标要求。

用分析法设计串联滞后校正装置的步骤如下：

1）根据系统的稳态指标的要求，确定开环放大倍数 K。

2）根据确定的 K 及待校正系统的开环传递函数，绘制其对数频率特性曲线 $L(\omega)$ 和 $\varphi(\omega)$，并求出其穿越频率 ω_c 及相位裕度 γ。

3）根据相位裕度 γ' 的要求，从待校正系统的相频特性图上找到一点，如果该点处的相角满足式（6-22），则该点处的频率作为校正后系统的穿越频率 ω_c'。

$$\varphi(\omega_c') = -180° + \gamma' + \Delta \tag{6-22}$$

式中，Δ 为补偿滞后装置在穿越频率 ω_c' 处产生的滞后相角，通常取 Δ 为 $5° \sim 15°$。

4）确定 β，在 ω_c' 处由 $20\lg\beta + L(\omega_c') = 0$ 可确定参数 β。

5）确定 ω_2、ω_1 及校正装置传递函数，一般选取 $\omega_2 = (0.1 \sim 0.05)\omega_c'$。

则 $\omega_1 = \beta\omega_2$，由此可写出校正装置传递函数

$$G_c(s) = \frac{1 + \dfrac{s}{\omega_2}}{1 + \dfrac{s}{\omega_1}}$$

6）验证已校正系统是否满足性能指标的要求。如验证结果不满足指标要求，需适当放大参数裕量，重新选择参数，重复以上步骤。

【例6-2】 设某单位反馈系统的开环位置函数为

$$G(s) = \frac{K}{s(0.2s + 1)(0.1s + 1)}$$

试设计串联滞后校正装置，使系统满足 $K_V = 30$，$\gamma' \geq 40°$。

解：(1) 确定开环放大倍数 K。

令 $K = K_V = 30$。

(2) 待校正系统开环传递函数为

$$G(s) = \frac{30}{s(0.2s + 1)(0.1s + 1)}$$

由此可绘出待校正系统的开环对数频率特性 $L(\omega)$ 和 $\varphi(\omega)$ 如图6-11所示。

由图中可见在穿越频率 ω_c 处，$\gamma < 0°$，系统不稳定，不满足指标要求，必须对系统进行校正。

(3) 选用滞后校正装置，确定 ω_c'。

根据式（6-22）可得

$$\varphi(\omega_c') = -180° + \gamma' + \Delta = -180° + 40° + 7° = -133°$$

式中，Δ 取 $7°$。

试探求得 $\omega_c' = 2.7\text{rad/s}$。

(4) 确定 β。在 ω_c' 处，由式 $20\lg\beta + L(\omega_c') = 0$ 有

$$20\lg\beta + 20\lg\frac{30}{2.7} = 0$$

求得 $\beta = 0.09$。

(5) 确定 ω_2、ω_1 及校正装置传递函数。取 $\omega_2 = 0.1\omega_c' = 0.1 \times 2.7\text{rad/s} = 0.27\text{rad/s}$ 则

$$\omega_1 = \beta\omega_2 = 0.09 \times 0.27\text{rad/s} = 0.024\text{rad/s}$$

可得校正装置传递函数为

$$G_c(s) = \frac{1 + \dfrac{s}{\omega_2}}{1 + \dfrac{s}{\omega_1}} = \frac{1 + \dfrac{s}{0.27}}{1 + \dfrac{s}{0.024}} = \frac{1 + 3.7s}{1 + 41s}$$

由此可绘出校正装置的对数频率特性于图 6-11 中 $L_c(\omega)$、$\varphi_c(\omega)$ 所示。

(6) 校正指标。校正后的系统开环传递函数为

$$G'(s) = G_c(s)G(s) = \frac{30(1 + 3.7s)}{s(1 + 0.1s)(1 + 0.2s)(1 + 41s)}$$

由 $\omega_c' = 2.7\text{rad/s}$ 可求得

$$\begin{aligned}\gamma' &= 180° + \varphi'(\omega_c') \\ &= 180° + [-90° + \arctan(2.7 \times 3.7) - \arctan(0.1 \times 2.7) - \arctan(0.2 \times 2.7) \\ &\quad - \arctan(41 \times 2.7)] \\ &= 41.3° > 40°\end{aligned}$$

经验算，校正后的系统满足性能指标要求。

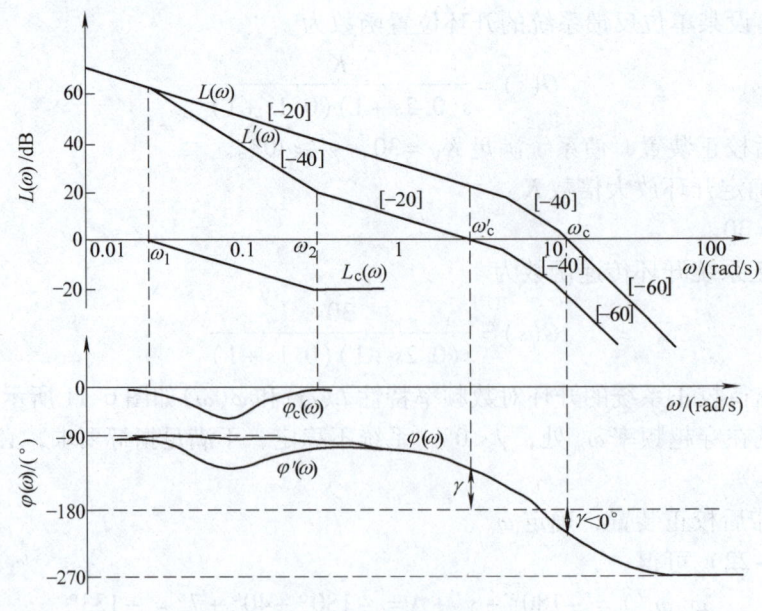

图 6-11　例 6-2 图

应当指出,采用串联滞后校正可能得到的校正网络时间常数过大,实际应用中难于实现。在这种情况下,最好利用串联滞后-超前校正。

串联滞后校正除用于改善系统动态性能以外,还可用于提高系统的稳态精度。如某系统的对数幅频特性 $L(\omega)$ 如图 6-12 所示。如果系统已具备了满意的动态性能(即 γ、h 都达到指标要求),只是稳态精度不满足要求,即开环增益 K 过小。而因为影响稳态精度的主要是低频段,如果能想办法使其低频段的增益提高,而不改变中频段,则可解决以上问题,为此可采用串联滞后校正。

如果在系统串联滞后校正装置,并选择合适的参数,可得到图 6-12 中 $L_c(\omega)$ 所示的特性,如果把此校正装置的放大倍数扩大 $\dfrac{1}{\beta}$(因 $\beta < 1$)倍,则 $L_c(\omega)$ 特性曲线将变到 ω 轴上方,如图中 $L'_c(\omega)$ 所示。此时,用它来校正系统。被校正后的系统低频段的增益将被提高,而中频段不受影响(即 ω_c、γ 影响不大),如图 6-12 中虚线所示,从而有效地提高了稳态精度。

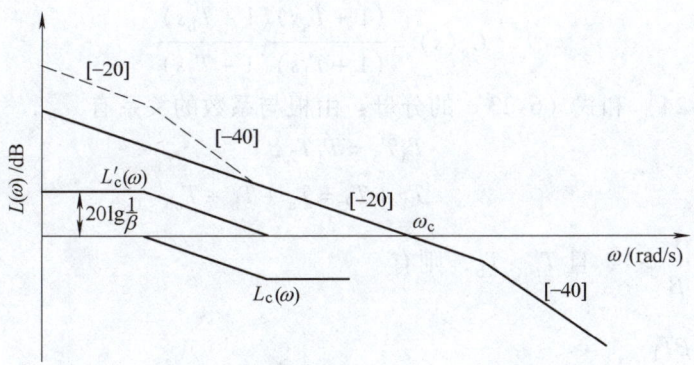

图 6-12 串联滞后校正改善系统稳态性能

6.4 串联滞后-超前校正

当系统开环频率特性与性能指标相差很大且精度要求较高时,只采用超前校正或仅采用滞后校正均不能满足性能指标的要求,则可以采用滞后-超前校正。滞后-超前校正装置可看成是由滞后校正装置与超前校正装置相串联而形成。超前装置可增加频率的带宽,从而提高系统的快速响应性,并且可使稳定裕度加大,改善系统的平稳性,但是由于有增益损失而不利于稳态精度;滞后装置则可提高平稳性和稳态精度,而降低了快速性。同时利用滞后和超前校正,可以全面提高系统的控制性能。

6.4.1 滞后-超前校正装置的特性

典型的无源滞后-超前网络如图 6-13 所示,其传递函数可推导如下:

$$Z_1 = R_1 // \dfrac{1}{sC_1} = \dfrac{R_1}{1 + R_1 C_1 s}$$

$$Z_2 = R_2 + \frac{1}{C_2 s} = \frac{1+R_2 C_2 s}{C_2 s}$$

$$G_c(s) = \frac{Z_2}{Z_1 + Z_2}$$

$$= \frac{\dfrac{1+R_2 C_2 s}{C_2 s}}{\dfrac{R_1}{1+R_1 C_1 s} + \dfrac{1+R_2 C_2 s}{C_2 s}}$$

$$= \frac{(1+R_1 C_1 s)(1+R_2 C_2 s)}{R_1 C_1 R_2 C_2 s^2 + (R_1 C_1 + R_2 C_2 + R_1 C_2)s + 1} \qquad (6\text{-}23)$$

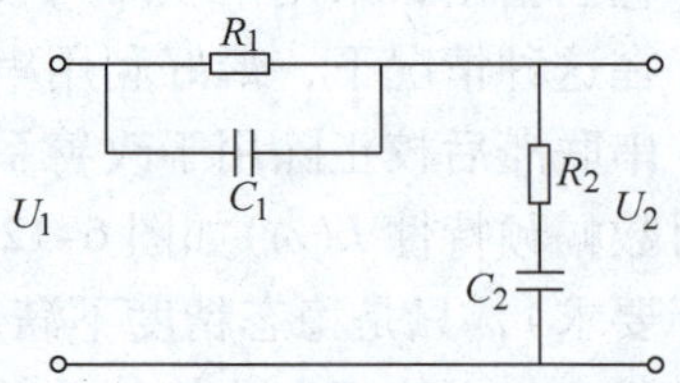

图 6-13 无源滞后 – 超前网络

令 $T_a = R_1 C_1$，$T_b = R_2 C_2$，$T_{ab} = R_1 C_2$，则式（6-23）的分母多项式总可分解为两个一次式，且时间常数取为 T_1 和 T_2，即可写为

$$G_c(s) = \frac{(1+T_a s)(1+T_b s)}{(1+T_1 s)(1+T_2 s)} \qquad (6\text{-}24)$$

比较式（6-24）和式（6-23）的分母，由根与系数的关系有

$$T_a T_b = T_1 T_2 ,$$

$$T_1 + T_2 = T_a + T_b + T_{ab}$$

设 $\dfrac{T_1}{T_a} = \dfrac{T_b}{T_2} = \alpha = \dfrac{1}{\beta} > 1$，且 $T_a > T_b$，则有

$$T_a = \frac{1}{\alpha} T_1 = \beta T_1$$

$$T_b = \alpha T_2$$

且有

$$T_1 > \beta T_1 > \alpha T_2 > T_2$$

则式（6-24）可写成

$$G(s) = \frac{1+\beta T_1 s}{1+T_1 s} \cdot \frac{1+\alpha T_2 s}{1+T_2 s} \qquad (6\text{-}25)$$

它们分别与滞后和超前装置的传递函数形式相同，故具有滞后 – 超前的作用。

滞后 – 超前校正装置的对数频率特性如图 6-14 所示。最大滞后相角和超前相角以及它们所对应的频率值的求解方式与前面介绍的有关公式相同。

6.4.2 串联滞后 – 超前校正方法

用分析法设计串联滞后 – 超前校正装置的步骤如下：

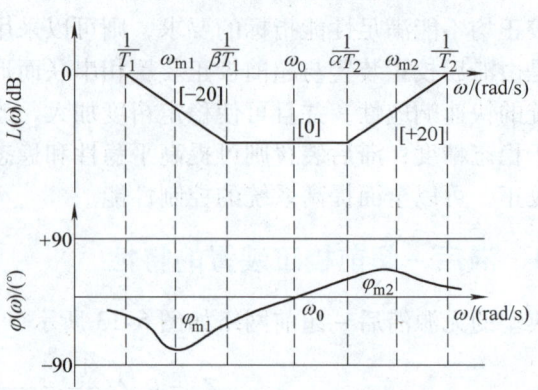

图 6-14 滞后 – 超前校正装置的对数频率特性

1）根据系统的稳态精度指标，确定系统的开环增益 K。

2）根据确定出的 K 及待校正系统的开环传递函数，绘制其对数频率特性，并求出其穿越频率 ω_c，及相位裕度 γ。

3）确定校正后系统的穿越频率 ω_c'。选取 ω_c' 应兼顾快速性和稳定性，ω_c' 过大会增加超前校正的负担，过小又会使频率过窄，影响快速性。一般可选取待校正系统 $\gamma = 0°$ 时所对应的 ω 值作为 ω_c'。

4）确定校正装置滞后部分的参数。为了使滞后校正部分不影响中频段的特性，一般滞后部分的第 2 个转折频率为

$$\omega_2 = \frac{1}{\beta T_1} = \left(\frac{1}{5} - \frac{1}{10}\right)\omega_c'$$

选取 $\beta = 0.1$，即可确定出 $\omega_1 = \beta\omega_2 = \frac{1}{T_1}$。

5）确定校正装置超前部分的参数，因校正后的系统对数幅频特性曲线在 ω_c' 处过 0dB 线，故有

$$L(\omega_c') + L_c(\omega_c') = 0$$

因此，可过 $[\omega_c', -L(\omega_c')]$ 点作斜率为 20dB/dec 的斜线（亦可写作 [+20] 的斜线），分别交滞后校正装置的频率特性和横轴（ω 轴）于两点，则这两个交点所对应的频率值即为相位超前校正装置的两个转折频率 ω_3、ω_4。

6）写出滞后 – 超前校正装置的传递函数。

7）校验已校正系统的各项性能指标。

【例 6-3】 已知单位负反馈系统开环传递函数为

$$G(s) = \frac{2k}{s(s+1)(s+2)}$$

要求静态速度误差系数 $K_V = 10\text{s}^{-1}$，相位裕度 $\gamma' \geq 40°$，幅值裕度 $h' \geq 10\text{dB}$。试设计一滞后 – 超前装置满足以上要求。

解： 先将开环传递函数标准化

$$G(s) = \frac{2K}{s(s+1)(s+2)} = \frac{K}{s(s+1)(0.5s+1)}$$

（1）根据对 K_V 的要求确定 K。

$$K = K_V = 10\text{s}^{-1}$$

（2）画出待校正系统的对数频率特性 $L(\omega)$ 和 $\varphi(\omega)$，如图 6-15 所示。

由图中曲线或根据试探可求得系统的穿越频率 $\omega_c = 2.7\text{rad/s}$，相位裕度 $\gamma < 0°$，表明该系统不稳定。

（3）确定校正后系统的穿越频率 ω_c'。

因为 $\gamma = 180° + \varphi(\omega) = 180° + [-90° - \arctan\omega - \arctan 0.5\omega]$

所以令 $\gamma = 0°$，便可求得对应的 $\omega_c' = 1.5\text{rad/s}$。

（4）确定校正装置滞后部分的参数。根据

$$\omega_2 = \left(\frac{1}{5} - \frac{1}{10}\right)\omega_c'$$

可选 $\omega_2 = \dfrac{\omega_c'}{10} = \dfrac{1.5}{10} = 0.15\text{rad/s}$，取 $\beta = 0.1$，则

$$\omega_1 = \beta\omega_2 = 0.1 \times 0.15\text{rad/s} = 0.015\text{rad/s}$$

即

$$\beta T_1 = 1/\omega_2 = 1/0.15 = 6.67$$
$$T_1 = 1/\omega_1 = 1/0.015 = 66.7$$

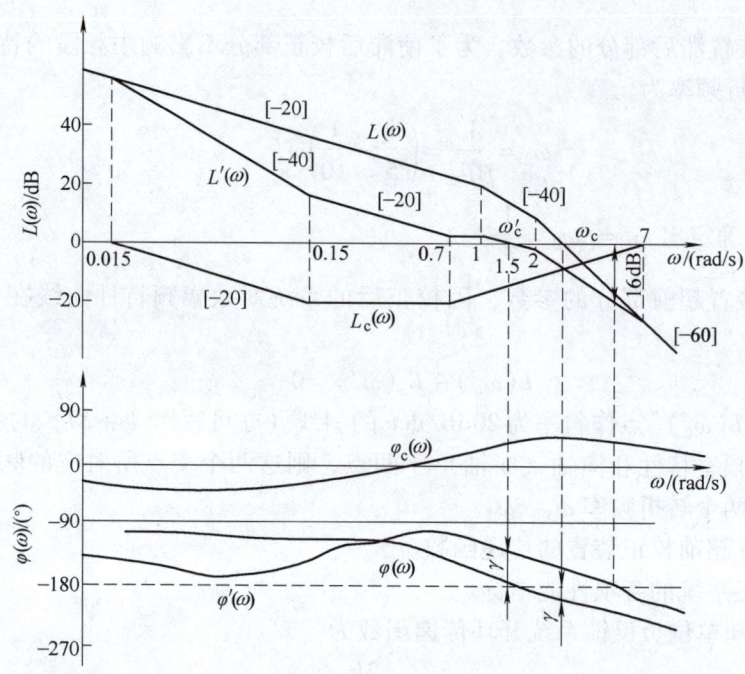

图 6-15 例 6-3 的对数频率特性

（5）确定校正装置超前部分的参数。根据选定的 $\omega_c' = 1.5\text{rad/s}$ 可以算出

$$20\lg|G(j\omega_c)| = 13\text{dB}$$

超前校正网络在 ω_c' 处的幅值应为 -13dB 才能与原系统的 13dB 正好抵消，故过点 $(1.5\text{rad/s}, -13\text{dB})$ 作斜率为 $[+20]$ 斜线，与滞后校正部分（-20dB 水平线）交于 $\omega_3 = \dfrac{1}{T_2} = 0.7\text{rad/s}$，与 0dB 线交于 $\omega_4 = \dfrac{1}{\alpha T_2} = 7\text{rad/s}$。因此 $T_2 = 1/0.7 = 1.43\text{s}$，$\alpha T_2 = 1/7 = 0.143\text{s}$。

（6）由以上参数可写出滞后-超前校正的传递函数为

$$G_c(s) = \dfrac{(1+6.67s)(1+1.43s)}{(1+66.7s)(1+0.143s)}$$

其对应的频率特性 $L_c(\omega)$ 及 $\varphi_c(\omega)$ 如图 6-15 所示。

（7）校正后系统的开环传递函数为

$$G'(s) = G_c(s)G(s) = \dfrac{10(6.67s+1)(1.43s+1)}{s(66.7s+1)(0.143s+1)(s+1)(0.5s+1)}$$

校正后的系统对数频率特性如图 6-15 中 $L'(\omega)$ 及 $\varphi'(\omega)$ 所示。

由式 $\gamma' = 180° + \varphi(\omega_c')$ 可计算出校正后系统的相位裕度 $\gamma' = 44.63°$，再根据 $\varphi(\omega_g) = -180°$ 可求得 $\omega_g = 4$，从该图上可确定幅值裕度为 16dB，它们均能满足设计要求。

比较串联超前、串联滞后及串联滞后 – 超前校正，不难看出，如果希望校正系统的穿越频率明显高于原系统的穿越频率，则一般采用超前校正，在新的穿越频率处提供一定的相角超前量；如果希望校正系统的穿越频率明显低于原系统的穿越频率，则一般采用滞后校正；如果希望校正系统的穿越频率和原系统的穿越频率接近，则一般采用滞后 – 超前校正，以提供合适的相角超前量。

6.5 串联校正的期望特性法

6.5.1 基本思路

对于最小相位系统，对数幅频特性曲线可以代表整个频率特性、全部动态性能和稳态性能，且与系统性能指标之间有着比较明确的对应关系。因此设计串联校正装置时可以先将期望的性能指标转化为对应的期望开环对数幅频特性，再根据对数期望幅频特性与待校正系统的开环对数幅频特性进行比较，从而确定校正网络的频率特性或传递函数。

设待校正系统开环传递函数为 $G(s)$，根据性能指标要求拟定的开环期望频率特性的传递函数为 $G'(s)$，串联校正装置的传递函数是 $G_c(s)$，则有

$$G'(s) = G_c(s)G(s)$$

校正装置的对数幅频特性为

$$20\lg A_c(\omega) = 20\lg A'(\omega) - 20\lg A(\omega) \tag{6-26}$$

即

$$L_c(\omega) = L'(\omega) - L(\omega) \tag{6-27}$$

为了使系统有较好的动态性能，中频段通过 0dB 线的斜率最好为 [−20]；而高频段为了使系统具有较强的抗干扰能力，其斜率应陡一点；低频段为了使稳态精度足够高，系统通常为 Ⅰ 型和 Ⅱ 型。因此所期望的系统在穿越频率 ω_c' 附近的对数幅频特性为如图 6-16 所示的形式。

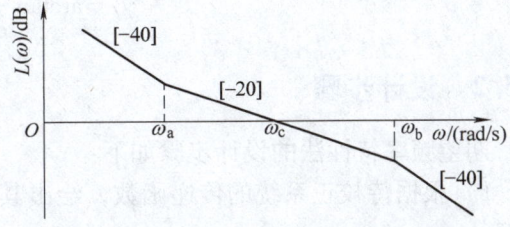

图 6-16 期望对数幅频特性的一般形状

对应的传递函数为

$$G(s) = \dfrac{K\left(1 + \dfrac{s}{\omega_a}\right)}{s^2\left(1 + \dfrac{s}{\omega_b}\right)} \tag{6-28}$$

其相位裕度为

$$\gamma = 180° + \varphi(\omega_c) = 180° + \left(-180° + \arctan\dfrac{\omega_c}{\omega_a} - \arctan\dfrac{\omega_c}{\omega_b}\right)$$

$$= \arctan \frac{\omega_c}{\omega_a} - \arctan \frac{\omega_c}{\omega_b} \tag{6-29}$$

可以证明当 ω_c 为 ω_a、ω_b 的几何中点，即 $\omega_c = \sqrt{\omega_a \omega_b}$ 时，对应的相位裕度 γ 最大。

为了保证足够的相位裕度，ω_c 与 ω_a 之间应有一定的宽度，若设 $n = \dfrac{\omega_b}{\omega_a}$（称为中频区宽度）则

$$\omega_b = n\omega_a \tag{6-30}$$

$$\omega_c = \sqrt{\omega_a \omega_b} = \omega_a \sqrt{n} \tag{6-31}$$

将式（6-30）、式（6-31）代入式（6-29），即可求出相位裕度与中频区宽度 n 之间的关系

$$\begin{aligned}\gamma &= \arctan \frac{\omega_a \sqrt{n}}{\omega_a} - \arctan \frac{\omega_a \sqrt{n}}{n\omega_a} \\ &= \arctan \frac{\sqrt{n} - \dfrac{1}{\sqrt{n}}}{2}\end{aligned} \tag{6-32}$$

由式（6-32）可根据系统设计要求的 γ 求出对应的中频区宽度 n，从而确定出 ω_a 及 ω_b。

需要指出的是，校正后的系统 $L'(\omega)$ 中频段具有 $[-40]-[-20]-[-40]$ 的形状，则其低频段、高频段对相位裕度的影响已不大，其校正后系统的相位裕度 γ' 可近似由式（6-33）估算

$$\gamma' = \arctan \frac{\omega_c'}{\omega_a} - \arctan \frac{\omega_c'}{\omega_b} \tag{6-33}$$

6.5.2 设计步骤

期望频率特性法的设计步骤如下：

1）根据待校正系统的传递函数，绘出其对数幅频特性曲线 $L(\omega)$，并求其对应的性能指标。

2）根据系统的设计指标要求，绘制期望特性曲线 $L'(\omega)$。
①根据稳态精度确定低频段的斜率及高度（若原系统满足要求可不再变动）。
②由需要的相位裕度及暂态指标，确定 ω_c' 及 ω_a、ω_b。
③按中频段为 $[-40]-[-20]-[-40]$ 的形状确定出其他交接频率。

3）根据期望特性曲线 $L'(\omega)$，求出对应的 γ' 等指标，校验其是否满足设计需要。

4）由 $L_c(\omega) = L'(\omega) - L(\omega)$ 确定出校正装置的传递函数。

【例 6-4】 已知单位反馈系统开环传递函数为

$$G(s) = \frac{200}{s(0.1s+1)(0.01s+1)}$$

性能指标要求如下：(1) 系统具有一阶无差度，速度误差系数 $K_V = 200\text{s}^{-1}$。

(2) 超调量 $\sigma \leqslant 30\%$。
(3) 调节时间 $t_s \leqslant 0.5s$。

试用期望频率特性法校正系统，满足以上指标要求。

解： 先将题目给出的时域指标换算为开环频域指标，因系统属高阶系统，故由式（6-5）和式（6-6）可求出对应的频域指标为

$$\gamma' \geqslant 48°, \omega_c' \geqslant 17.8 \text{rad/s}$$

(1) 绘制待校正系统的 $L(\omega)$ 曲线如图 6-17 所示。

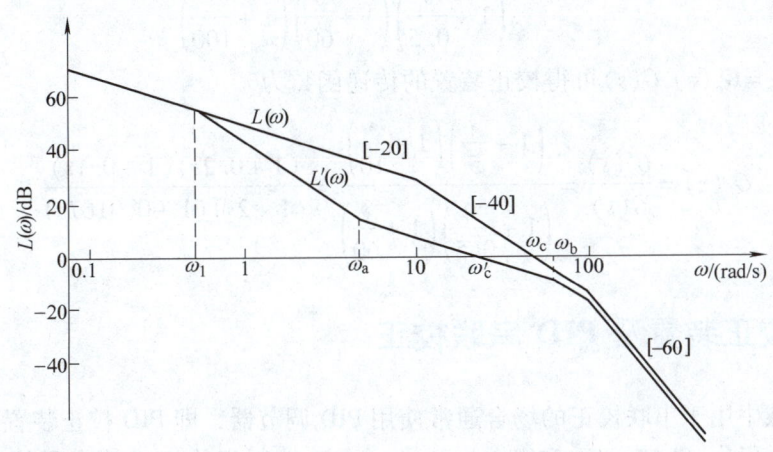

图 6-17 例 6-4 的对数幅频特性

由图 6-17 可量得 $\omega_c = 50 \text{rad/s}$，则其相位裕度为

$$\gamma = 180° + \varphi(\omega_c) = 180° + [-90° - \arctan(0.1 \times 50) - \arctan(0.01 \times 50)] = -4.8°$$

显然不满足指标要求，且系统不稳定。

(2) 绘制期望特性曲线 $L'(\omega)$

① 由于原系统 $K = 200 = K_V$，故低频段维持原来的斜率和高度不变。

② 中频段：根据指标要求 $\omega_c' \geqslant 17.8 \text{rad/s}$，这里可取 $\omega_c' = 20 \text{rad/s}$。

又因为要求 $\gamma' \geqslant 48°$，可取 $\gamma' = 50°$，则由式（6-32）可得 $n = 7.6$。

由式（6-30）或式（6-31）可得

$$\omega_a = \frac{\omega_c'}{\sqrt{n}} = \frac{20}{\sqrt{7.6}} = 7.25$$

$$\omega_b = \omega_c' \sqrt{n} = 20 \times \sqrt{7.6} = 55$$

因此可取 $\omega_a = 5$，$\omega_b = 60$。

按中频段 [-40]-[-20]-[-40] 的形状，过 0dB 线的 $\omega_c' = 20$ 处作 [-20] 的斜线，然后按 [-40]-[-20]-[-40] 的原则，确定出其他要交接频率，由此可绘出校正后的对数幅频特性如图 6-17 中 $L'(\omega)$ 所示。根据图可查出 $L'(\omega)$ 与 $L(\omega)$ 在低频段的交接频率为 $\omega_1 = 0.5 \text{rad/s}$。

(3) 根据 $L'(\omega)$，校验 γ' 是否满足指标要求，由式（6-33）有

$$\gamma' = \arctan\frac{\omega_c'}{\omega_a} - \arctan\frac{\omega_c'}{\omega_b} = \arctan\frac{20}{5} - \arctan\frac{20}{60} = 57.6° > 48°$$

可见，校正后的系统满足设计指标要求。

（4）求校正装置传递函数

由 $L'(\omega)$ 可得校正后的系统开环传递函数为

$$G'(s) = \frac{200\left(1+\dfrac{s}{5}\right)}{s\left(1+\dfrac{s}{0.5}\right)\left(1+\dfrac{s}{60}\right)\left(1+\dfrac{s}{100}\right)}$$

则由 $G'(s) = G_c(s)\,G(s)$ 可得校正装置的传递函数为

$$G_c(s) = \frac{G'(s)}{G(s)} = \frac{\left(1+\dfrac{s}{5}\right)\left(1+\dfrac{s}{10}\right)}{\left(1+\dfrac{s}{0.5}\right)\left(1+\dfrac{s}{60}\right)} = \frac{(1+0.2s)(1+0.1s)}{(1+2s)(1+0.0167s)}$$

6.6 PID 校正装置及 PID 串联校正

在工程领域中用于串联校正的场合通常使用 PID 调节器，即 PID 校正装置，它是用比例（Proportional）、积分（Integral）和微分（Derivative）控制规律组成的串联校正装置。它的参数根据系统的希望特性来确定，其校正设计简单，易于工程实现。

6.6.1 PID 校正装置

PID 校正装置又称 PID 调节器，它的控制规律可描述为

$$G_c(s) = K_P + \frac{K_I}{s} + K_D s \tag{6-34}$$

式中，K_P、K_I、K_D 为常数。

K_P 是比例增益系数，其控制效果是减小系统响应曲线的上升时间及稳态误差，但无法做到稳态误差为零，因此，单纯的 P 校正是有差调节，一般不单独使用；K_I 是积分增益系数，其控制效果是消除稳态误差，I 校正是无差调节，但它会延长过渡过程时间、增大超调量，甚至影响系统的稳定性，因此一般也不单独使用；K_D 是微分增益系数，其控制效果是增强系统的稳定性、减小过渡过程时间，降低超调量。

增益系数 K_P、K_I、K_D 增大时，对系统时域性能指标的影响可用表 6-1 描述。

表 6-1 PID 调节器各增益参数增加对系统时域性能指标的影响

增益系数	上升时间	超调量	过渡过程时间	稳态误差
K_P	减小	增大	微小变化	减小
K_I	减小	增大	增大	消除
K_D	微小变化	减小	减小	微小变化

表 6-1 中各参数与性能指标之间的关系不是绝对的，只是表示一定范围内的相对关系。因为各参数之间还有相互影响。1 个参数变了，另外 2 个参数的控制效果也会改变。因此，在设计和整定 PID 参数时，表 6-1 只起一个定性的分析的辅助作用。

在实际应用中，PID 调节器还有另外一种表示形式，即用时间常数表示的形式。把式 (6-34) 变换为如下形式：

$$G(s) = \frac{K_D s^2 + K_P s + K_I}{s} = \frac{\frac{K_D}{K_I}s^2 + \frac{K_P}{K_I}s + 1}{\frac{1}{K_I}s} \tag{6-35}$$

如果式 (6-35) 中的分子存在两个负实根，则式 (6-35) 可表为

$$G(s) = \frac{(\tau_1 s + 1)(\tau_2 s + 1)}{Ts} \tag{6-36}$$

式中，T 称为积分时间常数，τ_1、τ_2 称为微分时间常数。

式 (6-36) 为 PID 调节器用时间常数表示的传递函数形式，在串联校正时，PID 调节器相当于在系统中增加了 1 个位于原点的开环极点，同时增加了 2 个位于 s 左半平面的开环零点。位于原点的极点可以提高系统的型别，以消除或减少系统的稳态误差，改善系统的稳定性能；而增加的 2 个负实零点对提高系统的稳定性及改善动态性能将产生良好的作用。

在实际应用中，PID 调节器还可以方便地设置成 P 调节器和 PI 调节器等，以适用于不同的场合和目的。

P 调节器的传递函数形式为

$$G_c(s) = K_P \tag{6-37}$$

P 调节器实质上是一个具有可调增益的放大器。在信号变换过程中，P 调节器只改变信号的增益而不影响其相位。在串联校正中，加大调节器增益 K_P，可以提高系统的开环增益，减少系统稳态误差，从而提高系统的控制精度，但开环增益增加会降低系统的相对稳定性，甚至可能造成系统不稳定。因此在系统校正设计中，很少单一地使用。

PI 调节器的传递函数形式为

$$G_c(s) = K_P + \frac{K_I}{s} \tag{6-38}$$

或

$$G(s) = \frac{\tau_1 s + 1}{Ts} \tag{6-39}$$

在串联校正时，PI 调节器相当于在系统中增加了一个位于原点的开环极点，同时也增加了一个位于 s 左半平面的开环零点。位于原点的极点可以提高系统的型别，以消除或减少系统的稳态误差，改善系统的稳定性能；而增加的负实零点则用来减小系统的阻尼程度，缓和 PI 调节器极点对系统稳定性及动态过程产生的不利影响。在控制系统中，PI 调节器在改善控制系统的稳定性能方面得到了广泛的应用。

6.6.2 PID 串联校正

PID 校正原理简单，使用方便，适应性强，可以广泛用于各种工业过程控制领域。这里主要介绍 PID 的串联校正。

PID 的串联校正，又称串联工程设计法。其校正步骤是先根据待校正系统的传递函数确定串联校正装置 $G_c(s)$ 的形式，如 P、PI 或 PID 等调节器，然后按最佳性能要求，选择相应调节器的参数。常用的 PID 工程设计法有两种，即"三阶最佳设计法"和"最小 M_r 设计法"。

1. 三阶最佳设计法

（1）设待校正系统开环传递函数为 $G(s)$，则校正后的开环传递函数为

$$G'(s) = G(s)G_c(s)$$

可选择相应的串联校正装置 $G_c(s)$ 为 P、PI 或 PID 调节器，使期望开环传递函数的形式为

$$G'(s) = \frac{K(T_1 s + 1)}{s^2(T_2 s + 1)} \tag{6-40}$$

（2）选择期望特性 $G(s)$ 的参数，使式（6-40）取得最大相位裕量，有尽可能快的响应速度。通常取

$$H = T_1/T_2 = 4,$$
$$K = 1/8T_2^2,$$
$$T_1 = HT_2 \tag{6-41}$$

（3）将参数代入式（6-40），得

$$G(s) = \frac{4T_2 s + 1}{8T_2^2 s^2(T_2 s + 1)} \tag{6-42}$$

由 $G'(s)$ 和 $G(s)$，确定相应 PID 调节器 $G_c(s)$ 的参数。

2. 最小 M_r 设计法　最小 M_r 设计与三阶最佳设计基本思想一致，仅是期望特性参数的选择出发点不同。其期望特性参数的选择是使对应的闭环系统具有最小的 M_r 值，并同时考虑对系统的响应速度和抗干扰性等要求。通常取

$$H = T_1/T_2 = 5,$$
$$K = (H+1)/2H^2 T_2^2,$$
$$T_1 = HT_2 \tag{6-43}$$

将参数值代入期望特性 $G'(s)$ 中，可确定对应的 PID 调节器 $G_c(s)$ 的参数。

【例 6-5】 试选择调节器，分别用"三阶最佳设计法"和"最小 M_r 设计法"对开环传递函数为 $G(s) = \dfrac{K_0}{s(T_0 s + 1)}$ 的单位反馈系统进行校正。

解：显然与式（6-40）比较，可选 PI 调节器，其传递函数为

$$G_c(s) = \frac{\tau s + 1}{Ts}$$

将 $G_c(s)$ 串入系统，如图 6-18 所示。使得校正后的系统开环传递函数变为

$$G'(s) = \frac{K_0(\tau s + 1)}{Ts^2(T_0 s + 1)}$$

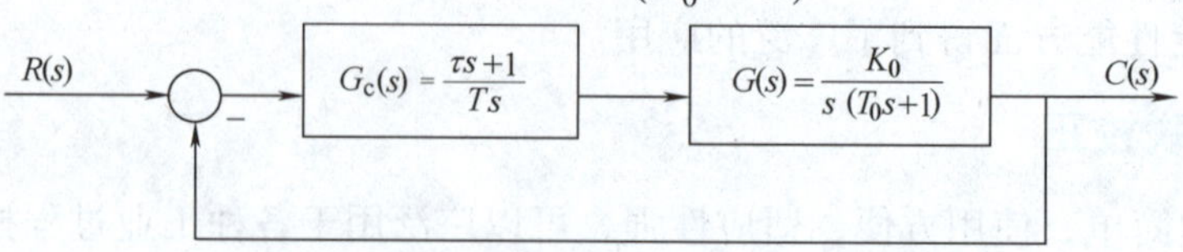

图 6-18　例 6-5 用 PI 调节器实现对系统的校正

其中，按"三阶最佳设计法"，可根据式（6-41）选 PI 调节器的参数为
$$\tau = 4T_0, \quad T = 8K_0 T_0^2$$

按"最小 M_r 设计法"，可根据式（6-43）选 PI 调节器的参数为
$$\tau = 5T_0, \quad T = 8.33 K_0 T_0^2$$

【例 6-6】 试选择调节器，分别用"三阶最佳设计法"和"最小 M_r 设计法"对开环传递函数为 $G(s) = \dfrac{K_0}{s(T_{01}s+1)(T_{02}s+1)}$ 的单位反馈系统进行校正。

解： 显然与式（6-40）比较，可选 PID 调节器，其传递函数为
$$G_c(s) = \dfrac{(\tau_1 s + 1)(\tau_2 s + 1)}{Ts}$$

将 $G_c(s)$ 串入系统，如图 6-19 所示。

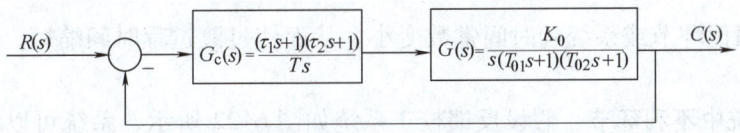

图 6-19　例 6-6 用 PID 调节器实现对系统的校正

使得校正后的系统开环传递函数变为
$$G'(s) = \dfrac{K_0(\tau_1 s + 1)}{Ts^2(T_{01}s+1)}$$

其中，按"三阶最佳设计法"，可根据式（6-41）选 PID 调节器的参数为
$$\tau_1 = 4T_{01}, \quad \tau_2 = T_{02}, \quad T = 8K_0 T_{01}^2$$

按"最小 M_r 设计法"，可根据式（6-43）选 PID 调节器的参数为
$$\tau_1 = 5T_{01}, \quad \tau_2 = T_{02}, \quad T = 8.33 K_0 T_{01}^2$$

6.7　反馈校正

前面讨论的串联校正方法使用普遍、实现简单，但有时由于系统本身的特性，在局部反馈支路中设置校正装置可能更为有效。采用反馈校正后，除了能得到与串联校正相同的校正效果外，还将起到改善系统控制性能的特殊效果，因此反馈校正也是目前广泛应用的校正形式之一。

6.7.1　反馈校正的功能

1. 改变系统的局部结构

如图 6-20 所示，用比例反馈（又称位置反馈）包围积分环节，可将其变为一惯性环节，加上比例反馈后的传递函数为

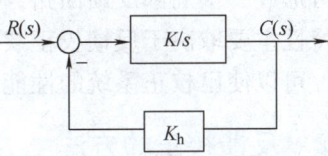

图 6-20　比例反馈改变局部结构

$$G(s) = \dfrac{K/s}{1 + KK_h/s} = \dfrac{1/K_h}{1 + s/KK_h}$$

积分环节变为惯性环节意味着降低了大回路系统的稳态精度,但改善了系统的稳定性。

2. 减小被包围环节时间常数 这是反馈校正的一个主要特性,在图 6-21 中,被反馈包围的惯性环节时间常数 T 较大,影响整个系统的响应速度,采用比例反馈后,其回路的传递函数变为

$$G(s) = \cfrac{\cfrac{K}{1+KK_h}}{\cfrac{T}{1+KK_h}s+1}$$

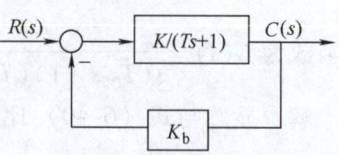

图 6-21 比例反馈减少系统时间常数

其结果还是惯性环节,但时间常数变小了,即惯性变小,同时增益也变小,但这可以通过提高放大环节的增益来补偿。

比例负反馈使环节或系统的时间常数变小,从而使过渡过程时间缩短,提高了系统响应的快速性。

3. 替代系统中不利环节 假设反馈校正系统如图 6-22 所示,系统可以利用反馈校正环节替代系统中不希望的环节,其传递函数为

$$G(s) = G_1(s) \frac{G_2(s)}{1+G_2(s)G_c(s)} \tag{6-44}$$

如果在对系统动态性能起主要影响的频率范围内,下列关系式成立:

$$|G_2(j\omega)G_c(j\omega)| \geq 1 \tag{6-45}$$

则式 (6-44) 可表示为

图 6-22 反馈校正系统

$$G(s) = \frac{G_1(s)}{G_c(s)} \tag{6-46}$$

上式表明,反馈校正后系统的特性几乎与被反馈校正装置包围的环节无关;而当 $|G_2(j\omega)G_c(j\omega)| \leq 1$ 时,式 (6-44) 变为

$$G(s) = G_1(s)G_2(s) \tag{6-47}$$

表明此时已校正系统与待校正系统特性一致。

因此,利用反馈校正装置包围待校正系统中对动态性能改善有重大妨碍作用的某些环节,可形成一个局部反馈回路,在局部反馈回路的开环幅值远大于 1 的条件下,局部反馈回路的特性主要取决于反馈校正装置,而与被包围部分无关,适当选择反馈校正装置的形式和参数,可以使已校正系统的性能满足给定指标的要求。

6.7.2 反馈校正的方法

设系统的结构如图 6-22 所示,待校正系统包括 $G_1(s)$ 和 $G_2(s)$ 两部分,反馈校正装置 $G_c(s)$ 包围 $G_2(s)$ 而形成反馈校正回路,并设反馈校正回路的闭环传递函数为 $G_2'(s)$,即

$$G_2'(s) = \frac{G_2(s)}{1 + G_2(s)G_c(s)}$$

系统的开环传递函数为

$$G'(s) = G_1(s)G_2'(s) = G_1(s)\frac{G_2(s)}{1 + G_2(s)G_c(s)}$$

由此可得系统开环频率特性为

$$G'(j\omega) = G_1(j\omega)G_2'(j\omega) = G_1(j\omega) = \frac{G_2(j\omega)}{1 + G_2(j\omega)G_c(j\omega)}$$

为了使校正的计算简便，考虑作如下的近似。

（1）在 $|G_2(j\omega)G_c(j\omega)| \geq 1$，即 $20\lg|G_2(j\omega)G_c(j\omega)| \geq 0$ 的频率范围内，认为

$$G_2'(j\omega) = \frac{1}{G_c(j\omega)}$$

即反馈校正环节的闭环频率特性等于 $G_c(j\omega)$ 的倒数，与反馈校正环节正向通道的传递函数无关，此时系统的开环频率特性可写为

$$G'(j\omega) = G_1(j\omega)\frac{1}{G_c(j\omega)}$$

（2）在 $|G_2'(j\omega)G_c(j\omega)| \leq 1$，即 $20\lg|G_2(j\omega)G_c(j\omega)| \leq 0$ 的频率范围内，认为

$$G_2'(j\omega) = G_2(j\omega)$$

即反馈校正不起作用，此时系统的开环频率特性可写为

$$G'(j\omega) = G_1(j\omega)G_2(j\omega) = G(j\omega)$$

有了上述的近似处理，就可以适当选择校正装置的结构和参数，使系统开环频率特性发生所期望的变化，以满足性能指标要求。

在校正中，为了方便起见，当 $20\lg|G_2(j\omega)G_c(j\omega)| > 0$ 时，取 $G_2'(j\omega) = \frac{1}{G_c(j\omega)}$；当 $20\lg|G_2(j\omega)G_c(j\omega)| < 0$ 时，取 $G_2'(j\omega) = G_2(j\omega)$。

这样的近似方法，在 $20\lg|G_2(j\omega)G_c(j\omega)| = 0$ 的频率附近会产生一定的误差。由于在系统 0dB 频率 ω_c 附近的频率特性对系统的稳定及动态性能影响最大，若 $20\lg|G_2(j\omega)G_c(j\omega)| = 0$ 的频率与系统的 0dB 频率 ω_c 相距较远，此误差也不会带来明显的影响。

【例 6-7】 已知系统结构图如图 6-23 所示。

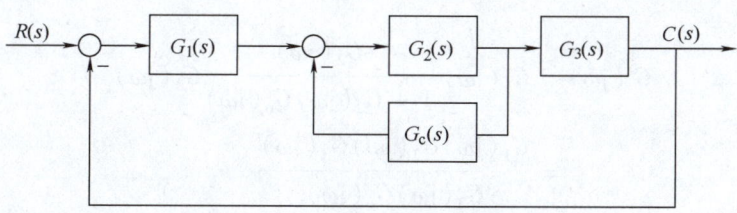

图 6-23　例 6-7 的系统结构图

待校正系统各部分的传递函数分别为

$$G_1(s) = 5, \quad G_2(s) = \frac{20}{\left(1+\frac{s}{10}\right)\left(1+\frac{s}{100}\right)}, \quad G_3(s) = \frac{1}{s}$$

反馈校正装置的传递函数为

$$G_c(s) = \frac{0.0656s}{1+\frac{s}{5}}$$

试求校正后系统开环频率特性，并比较校正前后系统的相位裕度。

解：（1）画出未校正系统的开环对数幅频特性，如图 6-24 中 $L(\omega)$ 所示

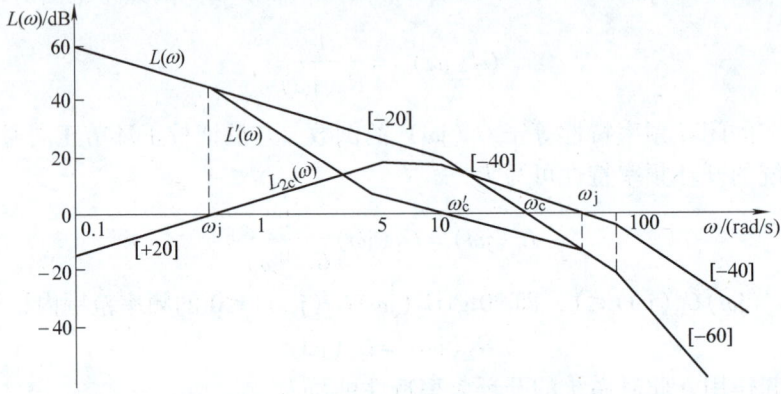

图 6-24　例 6-7 的开环对数幅频特性

由 $L(\omega)$ 曲线，可得 $\omega_c = 31.6\text{rad/s}$，则其相位裕度为

$$\gamma = 180° + \varphi(\omega_c) = 180° + \left[-90° - \arctan\frac{31.6}{10} - \arctan\frac{31.6}{100}\right] = 0°$$

（2）画反馈校正环的开环对数幅频特性曲线。反馈校正环的开环传递函数为

$$G_2(s)G_c(s) = \frac{1.31s}{\left(1+\frac{s}{5}\right)\left(1+\frac{s}{10}\right)\left(1+\frac{s}{100}\right)}$$

其对数幅频特性如图 6-24 中 $L_{2c}(\omega)$ 所示。并得与 0dB 线的交点频率分别为 $\omega_i = 0.75$ 和 $\omega_j = 65$。

（3）求校正后系统的开环频率特性。在 $\omega_i < \omega < \omega_j$ 频率范围内，$20\lg|G_2(j\omega)G_c(j\omega)| > 0$，则有

$$G'(j\omega) = G_1(j\omega)\frac{G_2(j\omega)}{1+G_2(j\omega)G_c(j\omega)}G_3(j\omega)$$

$$= \frac{G_1(j\omega)G_2(j\omega)G_3(j\omega)}{G_2(j\omega)G_c(j\omega)}$$

$$= \frac{G(j\omega)}{G_2(j\omega)G_c(j\omega)}$$

即
$$20\lg|G'(j\omega)| = 20\lg|G(j\omega)| - 20\lg|G_2(j\omega)G_c(j\omega)|$$
也就是
$$L'(\omega) = L(\omega) - L_{2c}(\omega)$$
而在 $\omega < \omega_i$ 和 $\omega > \omega_j$ 频率范围内，$20\lg|G_2(j\omega)G_c(j\omega)| < 0$
则有
$$G'(j\omega) = G(j\omega)\frac{G_2(j\omega)}{1 + G_2(j\omega)G_c(j\omega)}G_3(j\omega)$$
$$= G_1(j\omega)G_2(j\omega)G_3(j\omega)$$
$$= G(j\omega)$$

即 $L'(\omega) = L(\omega)$。

于是可求出校正后系统的开环对数幅频特性如图 6-24 中 $L'(\omega)$ 所示，由此可得校正后系统的开环传递函数为

$$G'(s) = \frac{100\left(1 + \dfrac{s}{5}\right)}{s\left(s + \dfrac{s}{0.75}\right)\left(1 + \dfrac{s}{65}\right)\left(1 + \dfrac{s}{100}\right)}$$

可得 $L'(\omega)$ 的穿越频率 $\omega_c' = 15\,\text{rad/s}$，此时的相位裕度为

$$\gamma' = 180° + \varphi'(\omega_c')$$
$$= 180° + \left[-90° + \arctan\frac{15}{3} - \arctan\frac{15}{0.75} - \arctan\frac{15}{65} - \arctan\frac{15}{100}\right]$$
$$= 53°$$

可见，校正后系统的相位裕度增加到了 53°。

通过以上例子可以归纳出用期望特性进行反馈校正的一般步骤：

1）根据稳态性能指标，绘制未校正系统的开环对数幅频特性 $L(\omega)$。
2）根据给定性能指标，绘制期望开环对数幅频特性 $L'(\omega)$。
3）将以上两特性相减，即可求得

$$20\lg A_2(\omega)A_c(\omega) = L(\omega) - L'(\omega)$$

由此确定出 $G_2(s)G_c(s)$ 的传递函数。

4）检查期望开环穿越频率 ω_c' 附近 $20\lg A_2(\omega)A_c(\omega) > 0$ 的程度，并检验局部反馈环的稳定性。

5）由 $G_2(s)G_c(s)$ 求出 $G'(s)$。

6）验算校正后的系统是否满足性能指标的要求。

值得注意的是，采用反馈校正后，系统对其所包围的原系统各元件的特性参数变化不敏感，因此对这部分元件的要求可以低一些，然而对反馈元件本身则要求较严。

6.8 MATLAB 用于系统校正设计

借助 MATLAB 软件，可以方便地对系统进行设计校正。本节结合实例讲述运用 MATLAB 语言设计校正装置的方法。

6.8.1 超前校正装置的设计

【例 6-8】 设一系统结构如图 6-25 所示,要求系统的速度误差系数 $K_V \geq 20$,相位稳定裕量 $\gamma \geq 50°$,为满足系统性能指标的要求,试用 MATLAB 设计超前校正装置。

解: 根据稳态指标要求,确定开环增益 K

$$K = K_V = 20$$

校正前系统的开环传递函数为

$$G(s) = \frac{20}{s(0.5s+1)}$$

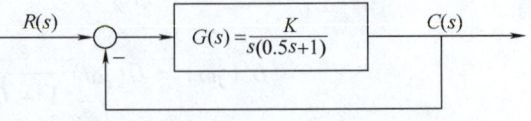

图 6-25 例 6-8 系统结构图

编写 MATLAB 程序,求出未校正前系统的对数频率特性及稳定裕量:

```
num = 20;
den = [0.5 1 0];
bode(num,den);                          % 绘制校正前系统的 Bode 图
grid;
[gm,pm,wcg,wcp] = margin(num,den)       % 求校正前系统的相角裕量 pm
```

运行后可得未校正前系统的 Bode 图如图 6-26 所示。

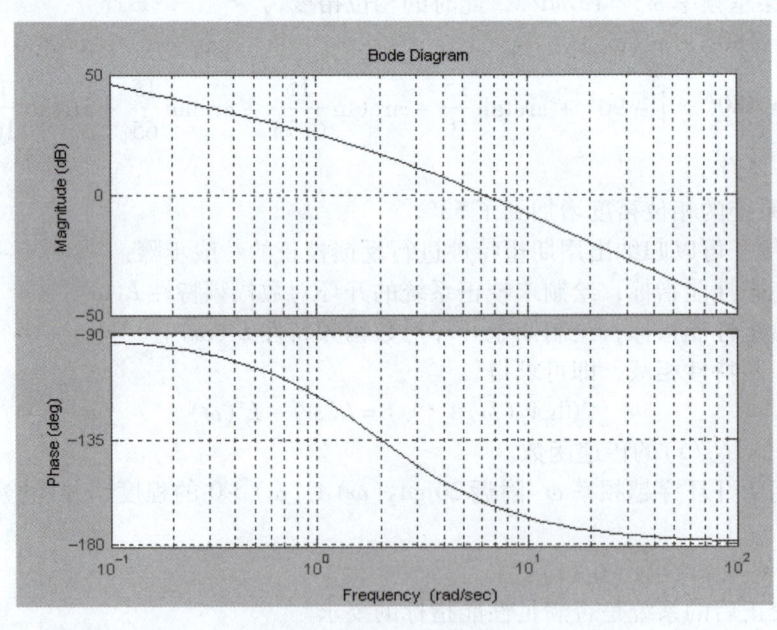

图 6-26 例 6-8 未加校正前系统的 Bode 图

从命令窗口可得到未加校正前系统的稳定裕量为

>>
gm =
    Inf
pm =

17.9642
wcg =
　　Inf
wcp =
　　6.1685

可见，此时相位裕量 $\gamma = 17.9642° < 50°$，因此需加校正。

按串联超前校正的要求，紧接上一步的窗口或在 M 文件，输入以下程序：

```
dpm = 50 - pm + 5;                    % 根据性能指标要求确定 Φm
phi = dpm * pi/180;
a = (1 + sin(phi))/(1 - sin(phi));    % 求 a
mm = -10 * log10(a);                  % 计算 -10lga 幅值
[mu,pu,w] = bode(num,den);
mu_db = 20 * log10(mu);               % 在未校正系统的幅频特性上
wc = spline(mu_db,w,mm);              % 找到幅值为 mm 处的频率
T = 1/(wc * sqrt(a));                 % 求 T
p = a * T;
nk = [p,1]; dk = [T,1];               % 求校正装置
gc = tf(nk,dk)
```

运行后，可以从命令窗口得到校正装置的传递函数为

$$\frac{0.2268s + 1}{0.0563s + 1}$$

再输入下面的命令

```
h = tf(num,den);
g = h * gc;
bode(g);
grid;
[gml,pml,wcgl,wcpl] = margin(g)
```

可以得到校正后系统的 Bode 图如图 6-27 所示。

相位裕量如下：

gm1 =
　　Inf
pm1 =
　　49.7676
wcg1 =
　　Inf
wcp1 =
　　8.8490

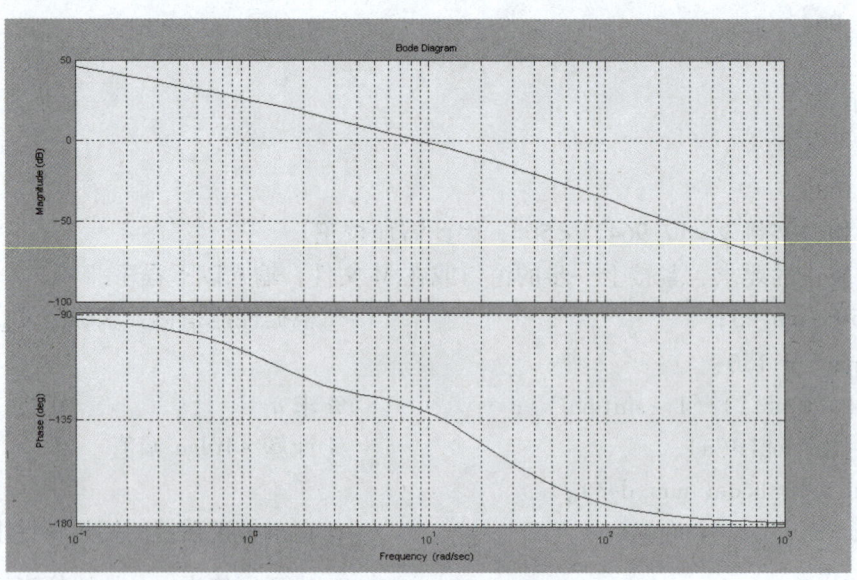

图 6-27 例 6-8 加校正后系统的 Bode 图

可见，此时系统的相位裕量 $\gamma = 49.7676°$，基本满足设计要求。

6.8.2 滞后校正装置的设计

【例 6-9】 试用 MATLAB 设计如图 6-28 所示的系统的滞后校正装置，要求系统的速度误系数 $K_V \geq 5$，相位稳定裕量 $\gamma \geq 40°$。

解：根据稳态性能指标要求确定 K 值，即
$$K = K_V = 5$$
因此，校正前系统的开环传递函数为
$$G(s) = \frac{5}{s(s+1)(0.5s+1)}$$

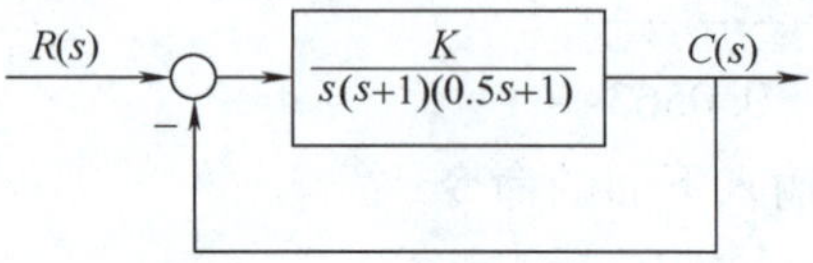

图 6-28 例 6-9 系统结构图

编写 MATLAB 程序，求出未校正前系统的对数频率特性及稳定裕量：

num = 5;
den = conv(conv([1 0],[1 1]),[0.5 1]);
bode(num,den);grid;   %求校正前系统的 Bode 图
[gm,pm,wcg,wcp] = margin(num,den)   %求校正前系统的相位裕量 pm

显示在 MATLAB 窗口的 Bode 图如图 6-29 所示，而其各项参数显示在 MATLAB 命令窗口中：

gm =
     0.6000
pm =
     -12.9919
wcg =

1.4142

wcp =

1.8020

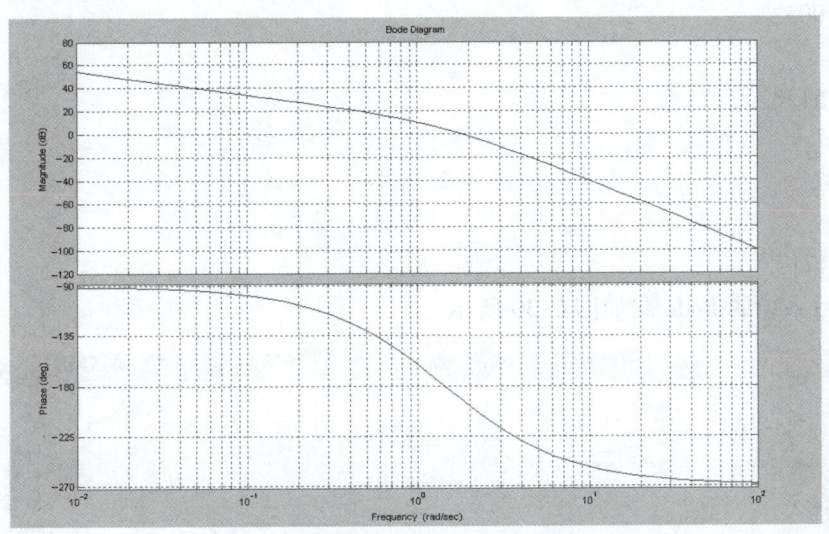

图 6-29　例 6-9 未加校正前系统的 Bode 图

可见，此时相位裕量 $\gamma = -12.9919° < 40°$，不满足要求，且系统还不稳定。按串联滞后校正的要求，紧接上一步的窗口或 M 文件中输入以下程序：

```
dpm = -180 + 40 + 12;                % 求 φm
[mu,pu,w] = bode(num,den);
wc = spline(pu,w,dpm);               % 在校正前曲线上找到与 Φm 对应的频
                                       率 ωc
mu_db = 20 * log10(mu);              % 将幅值转化成以 dB 为单位
m_wc = spline(w,mu_db,wc);           % 求未校正系统在 ωc 的幅值
beta = 10(-m_wc/20);                 % 求 β 值
w2 = 0.2 * wc;                       % 求滞后校正网络的转折频率 ω2
T = 1/(beta * w2);                   % 求 T
nk = [beta * T1];dk = [T1];          % 求校正网络的分子和分母系数
hl = tf(nk,dk);
```

可得校正装置的传递函数为

$$\frac{10.76s + 1}{102.3s + 1}$$

再输入下面的命令

```
h = tf(num,den);
g = h * hl;
bode(g);grid;
```

[gml,pml,wcgl,wcpl] = margin(g)

可得校正后的相位裕量和对数频率特性为

gm1 =

    4.9905

pm1 =

    41.5158

wcg1 =

    1.3231

wcp1 =

    0.4717

其校正后系统的 Bode 图如图 6-30 所示。

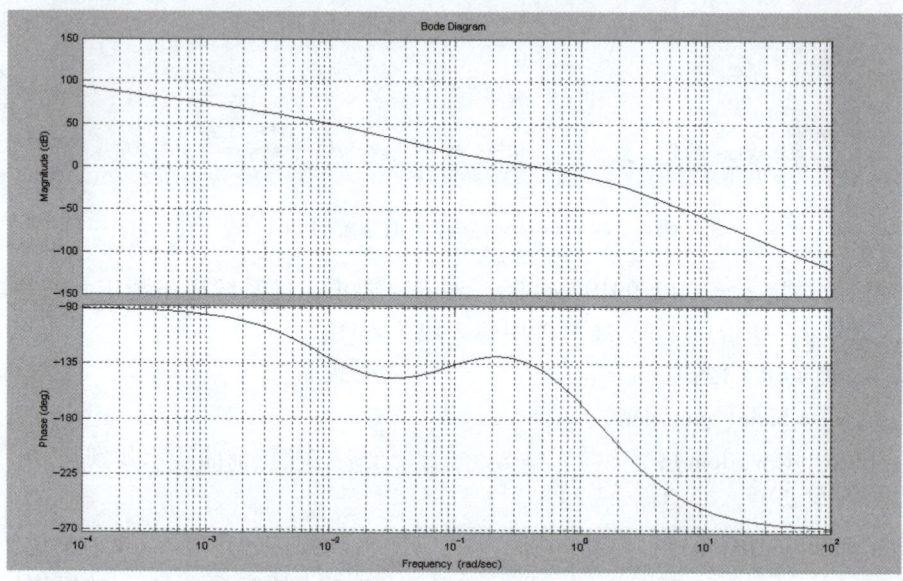

图 6-30　例 6-9 加校正后系统的 Bode 图

可见，此时系统的相位裕量 $\gamma = 41.5158°$，满足设计要求。

6.8.3　Simulink 下的系统设计和校正仿真

用 Simulink 仿真软件可方便地对系统校正前后的响应进行仿真，直观地观察出系统设计校正的结果。这里可通过一个串联超前校正和一个串联滞后－超前校正的例子来说明 Simulink 仿真软件在系统设计和校正方面的应用。

【例 6-10】　在前面的【例 6-8】的串联超前校正中，用 Simulink 仿真软件建立系统模型，并求系统校正前和校正后的阶跃响应曲线。

解：启动 MATLAB，进入 Simulink 环境，构建校正前后的系统的模型如图 6-31 所示。

运行以后，分别得到加校正装置前、后系统的响应曲线如图 6-32a、b 所示。

可见校正前系统的阶跃响应超调量及调节时间都较大，校正后系统的阶跃响应超调量及调节时间都得到了改善。

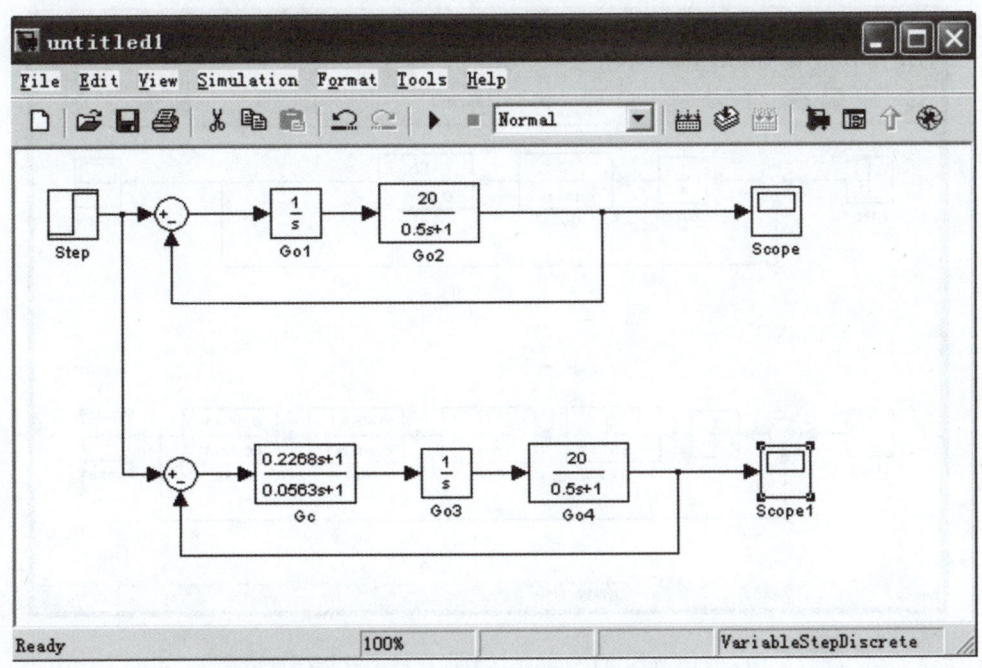

图 6-31 加校正环节前、后的仿真模型

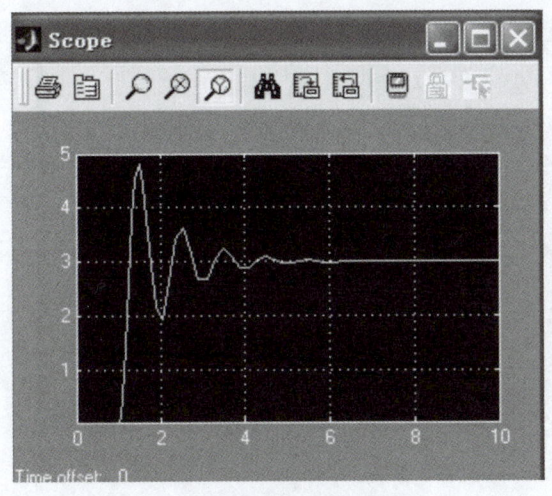

a) 加校正前的单位阶跃响应

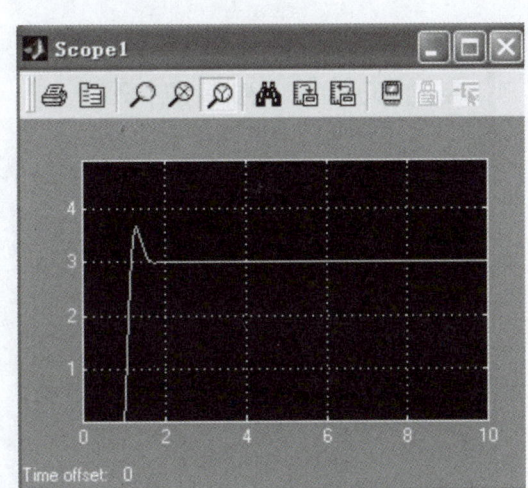

b) 加校正后的单位阶跃响应

图 6-32 例 6-10 加校正环节前、后系统的输出响应

【例 6-11】 某系统的开环传递函数为 $G_0(s) = \dfrac{10}{s(s+1)(0.5s+1)}$,加一串联滞后 – 超前校正装置,其校正装置的传递函数为 $G_c(s) = \dfrac{(1.43s+1)(6.67s+1)}{(0.143s+1)(66.7s+1)}$。试用 Simulink 仿真软件构造校正前、后的系统模型,并求出系统的单位阶跃响应曲线。

解:启动 MATLAB,进入 Simulink 环境,构建校正前、后的系统的模型如图 6-33 所示。

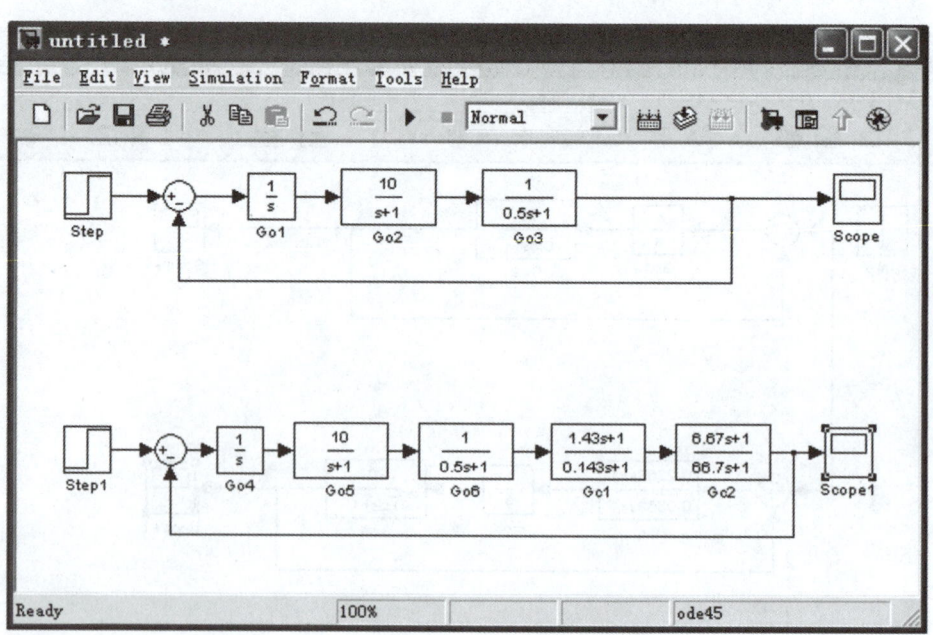

图6-33 例6-11 加校正环节前、后的系统仿真模型

运行以后，分别得到加校正装置前后系统的响应曲线如图6-34a、b所示。

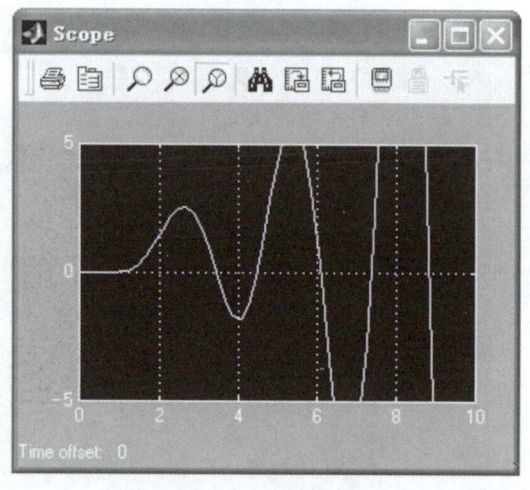

a) 未加校正时的单位阶跃响应

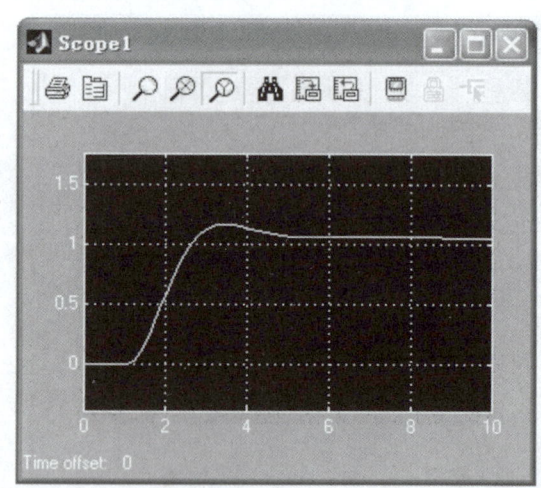

b) 加校正后的单位阶跃响应

图6-34 例6-11 加校正环节前、后系统的输出响应

可见，系统未加校正时系统是不稳定的，单位阶跃响应为发散振荡的。加了滞后-超前校正装置后，系统的单位阶跃响应变为了稳定的响应曲线。

通过以上2个例子，可以看到，用MATLAB提供的Simulink仿真工作平台，可以方便地对一个系统进行建模、动态仿真及综合分析，并且非常直观地获得系统的动态响应曲线。

本 章 小 结

1. 系统的校正就是在系统中附加一些装置，改变系统的结构或参数，以使系统满足要求的性能指标。附加的装置称为校正装置。系统中除校正装置外的部分称固有部分。控制系统的校正也就是根据系统的固有部分和对性能指标的要求，确定校正装置的结构和参数。

2. 按照校正装置在系统中的连接方式，可将校正的方法分为串联校正和反馈校正。根据校正原理的不同，又可将串联校正分为超前校正、滞后校正和滞后－超前校正。

3. 串联超前校正是利用校正装置的超前相位，增加系统的相位裕度，改善系统的稳定性；同时，由于对数幅频曲线斜率的改变，使得 ω_c 增大，提高了系统的快速性。但若原系统需补偿的相角太大，则串联超前校正的效果不明显。另外，还易受到高频噪声的影响。

4. 串联滞后校正是利用校正装置的中、高频幅值衰减特性，以减小 ω_c 为代价，提高了系统的相位裕度，改善系统的稳态精度，但系统的相对稳定性会变差。

5. 串联滞后－超前校正则综合了串联超前校正和串联滞后校正两者的优点。利用校正装置的超前部分，改善系统的动态性能；利用校正装置的滞后部分，改善系统的稳态精度。

6. 期望特性校正法是根据系统预先规定的性能指标，作出系统的期望开环对数频率特性，用此特性与待校正系统的原特性进行比较，从而确定出校正装置的对数频率特性，进而得出校正装置传递函数。期望特性校正法只适用于最小相位系统。此方法在理论上容易做到，但在实际应用中，可能由于确定出的校正装置的传递函数不规范，而难于找到合适的校正装置来实现。

7. PID 调节器是工程上广泛采用的校正装置，PID 调节器串联校正的方法是按工程最佳参数设定的规范设计校正环节，其使用方便，适应性强，可以广泛用于各种工业过程控制中。

8. 反馈校正能达到串联校正同样的目的，但反馈校正有能改变被包围环节的参数、性能的功能，甚至可以改变原环节的性质。这一特点使反馈校正能用来抑制元件器件参数变化和内、外部扰动对系统性能的消极影响，有时甚至可取代局部环节。由于反馈校正可能会改变被包围环节的性质，因此也可能会带来副作用，例如含有积分环节的单元被反馈环节包围后，可能失去积分效应，降低了系统的无差度，使系统稳态性能变差。

9. 借助 MATLAB 软件，可以方便地对系统进行校正设计。依据几种校正装置的设计的思路，运用 MATLAB，可以设计满足性能指标的校正装置。但 MATLAB 软件终究是一个辅助工具软件，它的应用必须是在掌握了系统校正理论的基础上才能较好的运用。

10. 运用 MATLAB 软件的 Simulink 建模与动态仿真，可以搭建系统模型结构图，设置各参数及输入信号，通过运行可以直观地看到系统的动态响应情况。

本章知识技能综合训练

任务目标要求：试对一随动控制系统进行校正。系统的简化结构图如图 6-35 所示，试分别用串联超前校正和期望特性法校正系统，使之达到指标要求。图中，放大系数 $K=4$，$K_1=2$，时间常数 $T_m=0.5$。要求系统达到的指标要求为：（1）在单位斜坡信号输入下的稳态误差为 $e_{ss}<0.05$；（2）超调量 $\sigma\%<5\%$；（3）调节时间 $t_s<2s$。

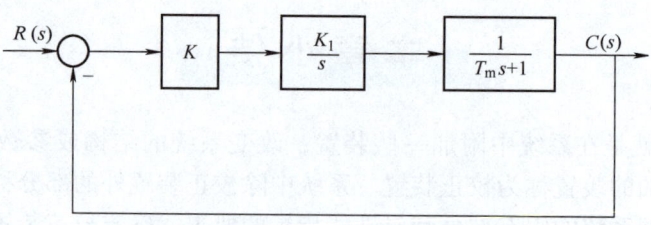

图 6-35 某随动控制系统简化结构图

综合训练任务书见表 6-2。

表 6-2 综合训练任务书

训练题目		
任务要求	1）用串联超前校正法校正系统，并求出校正装置传递函数 2）用期望特性校正法校正系统，并求出校正装置传递函数 3）比较两种校正方法的结果 4）用 MATLAB 验证两校正结果	
训练步骤	1）系统未校正前的对数幅频特性和相频特性，以及系统的指标情况	系统未校正前的对数幅频特性和相频特性
		系统未校正前的稳态指标和暂态指标情况
	2）用串联超前校正系统	串联超前校正装置的传递函数
		串联超前校正后系统的对数幅频特性和相频特性
		串联超前校正后系统的稳态指标和暂态指标
	3）用期望特性法校正系统	根据系统性能指标预设系统的期望特性
		确定出期望特性校正装置的传递函数及参数
		绘制出校正后系统的对数幅频特性和相频特性
		校正后系统的稳态指标和暂态指标
	4）两校正方法结果比较	稳态指标比较
		暂态指标比较
		校正装置比较
	5）用 MATLAB 软件对两系统的校正进行验证	串联超前校正的 MATLAB 编程代码及运行结果及图形
		期望特性法校正的 MATLAB 编程代码及运行结果及图形
		比较说明
检查评价		

思考题与习题

6-1 什么是系统校正？系统校正有哪些类型？

6-2 串联超前校正和串联滞后校正的方法有何不同？

6-3　在系统的期望频率特性校正中，对系统的对数频率特性在低、中、高3个频率段各有何要求？

6-4　P调节器在比例串联校正中，主要调整系统的什么参数？它对系统的性能产生什么影响？

6-5　PI调节器在比例–积分串联校正中，主要调整系统的什么参数？使系统在结构方面发生怎样的变化？它对系统的性能产生什么影响？

6-6　PID调节器在比例–积分–微分串联校正中，主要调整系统的什么参数？使系统在结构方面发生怎样的变化？它对系统的性能产生什么影响？

6-7　反馈校正可改善系统哪些性能？

6-8　设有单位反馈系统的开环传递函数为

$$G(s) = \frac{K}{s(0.2s+1)(0.5s+1)}$$

若要求系统在单位斜坡输入下的稳态误差 $e_{ss} \leq 0.16$，试求：

（1）确定满足上述指标的最小 K 值，并计算该 K 值下的相位裕量和幅值裕量；

（2）在前向通路中串接超前校正网络 $G_c(s) = \dfrac{0.4s+1}{0.08s+1}$，计算校正后系统的相位裕度和幅值裕度，并说明超前校正对系统动态性能的影响。

6-9　设单位反馈系统的开环传递函数为

$$G(s) = \frac{K}{s(s+1)}$$

试设计一串联超前校正装置，使系统满足如下指标：

（1）相位裕度 $\gamma' \geq 45°$；

（2）在单位斜坡输入下的稳态误差 $e_{ss} < 0.1$；

（3）穿越频率 $\omega_c' \geq 7.5 \text{rad/s}$。

6-10　设单位反馈系统的开环传递函数为

$$G(s) = \frac{K}{s(s+1)(0.01s+1)}$$

单位斜坡输入 $R(t) = t$ 时，输入产生稳态误差 $e_{ss} \leq 0.0625$。若使校正后相位裕量 γ' 不低于 $45°$，穿越频率 $\omega_c' > 2\text{rad/s}$，试采用串联超前校正对系统进行校正。

6-11　已知单位反馈系统开环传递函数

$$G(s) = \frac{K}{s(0.05s+1)(0.2s+1)}$$

设计串联超前校正网络，使系统 $K_V \geq 5\text{s}^{-1}$，超调量不大于25%，调节时间不大于1s。

6-12　已知单位反馈系统开环传递函数为

$$G(s) = \frac{K}{s(s+1)(0.5s+1)}$$

试设计一串联滞后校正网络，使校正后开环增益 $K = 5$，相位裕量 $\gamma' \geq 40°$，幅值裕量 $h' \geq 10\text{dB}$。

6-13　设单位反馈系统开环传递函数为

$$G(s) = \frac{40}{s(0.2s+1)(0.625s+1)}$$

要求设计一个串联校正网络，使校正后系统相位裕量 $\gamma' \geq 50°$，幅值裕量 $h' \geq 30\text{dB}$。

6-14　设单位反馈系统的开环传递函数为

$$G(s) = \frac{8}{2s+1}$$

若采用

$$G_c(s) = \frac{(10s+1)(2s+1)}{(100s+1)(0.2s+1)}$$

的滞后-超前校正装置对系统进行串联校正，试绘制系统校正前、后的对数幅频渐近特性，并计算系统校正前后的相位裕度。

6-15 设单位反馈系统的开环传递函数

$$G(s) = \frac{K}{s(0.1s+1)(0.01s+1)}$$

试用期望特性法校正系统，使系统满足下列指标：

（1）静态速度误差系数 $K_V \geq 250 s^{-1}$；

（2）穿越频率 $\omega_c \geq 30 \text{rad/s}$；

（3）相位裕度 $\gamma \geq 45°$。

6-16 设系统结构如图 6-36 所示，其中

$$G_1(s) = K_1 = 10; \quad G_2(s) = \frac{20}{\left(1+\dfrac{s}{20}\right)\left(1+\dfrac{s}{200}\right)}; \quad G_3(s) = \frac{1}{s}$$

若期望反馈校正后系统的相位裕度 $\gamma \geq 50°$，穿越频率 $\omega_c \geq 30 \text{rad/s}$，试确定反馈校正装置 $G_c(s)$。

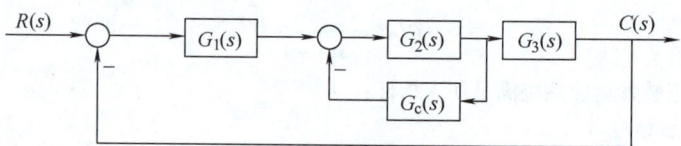

图 6-36 习题 6-16 图

6-17 用 MATLAB 软件对题 6-10 进行串联超前校正，并比较校正前、后的相位裕量和幅值裕量。

6-18 用 MATLAB 软件对题 6-12 进行串联滞后校正，并比较校正前后的相位裕量和幅值裕量。

6-19 在 Simulink 环境下，对题 6-8 进行系统建模仿真，分别求出系统在加校正装置前、后系统阶跃响应的情况。

第7章 非线性系统分析

学习目标

◆ **知识目标：**
1) 懂得系统非线性的内涵，知晓非线性系统线性化的基本方法。
2) 掌握典型非线性的特性，了解非线性系统的特点。
3) 了解典型非线性特性描述函数的推导过程，掌握典型描述函数表达式与波形图。
4) 掌握利用 $G(j\omega)$ 曲线与 $-\dfrac{1}{N(A)}$ 曲线分析非线性系统稳定性的方法。
5) 掌握非线性系统简化规则。
6) 掌握非线性系统的分析计算方法。

◆ **技能目标：**
1) 会用"小偏差法"进行非线性系统的线性化处理。
2) 能够将含有多个非线性环节的系统进行简化。
3) 能够对含有一个典型非线性元件的系统进行分析计算。

◆ **素质目标：**
1) 学习用科学的方法将工程实践中的特殊问题转化为用已掌握的知识加以解决的方法和途径。
2) 进一步拓展实际工程实践中的知识视野。

前面讨论了线性系统的数学描述方法，即线性系统的微分方程、传递函数及其动态结构图等。然而在实际的物理系统中，其组成元件在不同程度上具有非线性特性，只是在很多情况下，其非线性因素较弱，可以将其近似看作线性特性。但是有些元部件的非线性情况比较严重，如仍然作线性处理，那么最后的分析结果将与实际结果有很大的偏差。人们将包含有非线性元器件的控制系统称为非线性控制系统，对于这类系统还没有普遍适用的研究方法，本章主要介绍两种处理非线性的方法，即非线性微分方程的线性化法和描述函数法。

7.1 非线性微分方程的线性化

对于非线性系统可以建立对应的非线性微分方程。然而由于非线性特性类型不同，非线性微分方程的解析异常困难，对其是没有通用的解析方法的。在理论研究时应尽可能地将非线性问题在合理的情况下简化处理成线性问题，即线性化处理。"小偏差法"是常用的线性化方法之一。下面将通过铁心线圈的线性化处理来说明其思路及方法。

如图 7-1 所示，铁心线圈的电流与磁链的关系为非线性，线圈的微分方程为

$$\frac{\mathrm{d}\Psi(i)}{\mathrm{d}i}\frac{\mathrm{d}i}{\mathrm{d}t} + iR = U_r$$

式中，$\mathrm{d}\Psi(i)/\mathrm{d}i$ 为非线性，是随着线圈中电流的变化而变化的。

现在假设线圈处于平衡工作点，端电压为 U_0，电流为 i_0，则 $U_0 = i_0 R$。若工作过程中线圈的电压、电流与磁链只在平衡点附近作微小变化，那么在平衡点 i_0 附近区域内的磁链 Ψ 可用泰勒级数展开，即

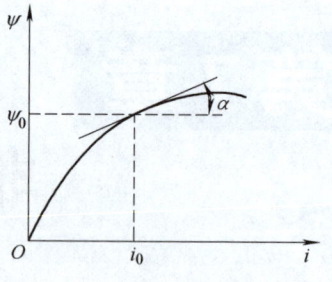

图 7-1　铁心线圈的电流与磁链的关系图

$$\Psi = \Psi_0 + \left(\frac{\mathrm{d}\Psi}{\mathrm{d}i}\right)_{i=i_0}\Delta i + \frac{1}{2!}\left(\frac{\mathrm{d}^2\Psi}{\mathrm{d}i^2}\right)_{i=i_0}(\Delta i)^2 + \cdots + \frac{1}{n!}\left(\frac{\mathrm{d}^n\Psi}{\mathrm{d}i^n}\right)_{i=i_0}(\Delta i)^n + R_{n-1} \quad (7\text{-}1)$$

因为 Δi 是微小增量，故可忽略掉高阶无穷小项及余项，得到近似式

$$\Psi \approx \Psi_0 + \left(\frac{\mathrm{d}\Psi}{\mathrm{d}i}\right)_{i=i_0}\Delta i \quad (7\text{-}2)$$

上式中 $\left(\frac{\mathrm{d}\Psi}{\mathrm{d}i}\right)_{i=i_0}$ 为平衡点处磁链的导数，可令其等于 L，并称其为动态电感，则式(7-2)可替换为

$$\Psi \approx \Psi_0 + L\Delta i$$

用增量的形式表示为

$$\Delta \Psi \approx \Psi - \Psi_0 = L\Delta i \quad (7\text{-}3)$$

从式 (7-3) 可以看出，此时线圈的线性化处理完成，因为线圈中的电流增量与磁链增量之间已经是线性关系了。

现在将原方程中的输入电压、磁链、电流均用平衡点附近的增量形式表示，则有

$$U_r = U_0 + \Delta U_r$$
$$i = i_0 + \Delta i$$
$$\Psi \approx \Psi_0 + L \cdot \Delta i$$

则

$$\frac{\mathrm{d}}{\mathrm{d}t}(\Psi_0 + L \cdot \Delta i) + R(i_0 + \Delta i) = U_0 + \Delta U_r \quad (7\text{-}4)$$

将式 (7-4) 展开得

$$L\frac{\mathrm{d}\Delta i}{\mathrm{d}t} + R\Delta i = \Delta U_r \quad (7\text{-}5)$$

在实际使用中，常常略去增量符号写成以下最终形式

$$L\frac{\mathrm{d}i}{\mathrm{d}t} + Ri = U_r \quad (7\text{-}6)$$

即得到了铁心线圈的线性化微分方程。在上述线性化的过程中应该注意 U_r、i 都是在平衡点的微小增量，L 是平衡点处线圈的电感值（也可以通过作图求得，如图 7-1 中平衡点处切线斜率 $\mathrm{tg}\alpha$）。

通过上面的分析，可以总结出以下几点。

1)"小偏差法"是通过用泰勒级数表示，得到变量对平衡点的线性增量方程。这种方法将求取线性增量方程的方法简化为：将原来的非线性方程中非线性项以线性增量形式替代，其他线性项可直接写成增量形式，即得结果。

2)"小偏差法"的适用条件：系统正常工作时有一个平衡工作点 (X_0, Y_0)，且在 (X_0, Y_0) 附近小范围变化；非线性函数在平衡点 (X_0, Y_0) 处各阶导数存在（从图上反映来看，必须是一个光滑的曲线）。在控制系统中，一般取零误差状态为平衡工作点（即使是对随动系统，也是适用的）。实际工作中，许多控制系统的工作状态总是在平衡点附近，偏差都不会很大。

3) 对于某些严重的非线性，则不能进行求导运算，因而不能使用"小偏差法"，只能作为非线性问题来处理，如继电器特性、间隙特性等。

7.2 典型非线性特性及其对系统性能的影响

当系统的非线性程度不严重时，在某一范围内或某些条件下可以视为线性系统，采用线性化处理是有实际意义的。如果系统的非线性程度比较严重，就必须对非线性系统进行专门的研究和处理。在实际控制系统中最常见的非线性特性有很多类，下面介绍一些常见的，如死区、饱和、间隙、继电器特性等。

7.2.1 典型非线性特性

1. 不灵敏区特性 常见于测量、放大元件和变换部件中，其特点是当输入信号在零位附近的某一小范围之内时，没有相应的输出信号；只有当输入信号大于此范围时，才有输出信号，故称该区为不灵敏区（也称死区）。如在控制系统中常作为执行机构的电动机，只有在电枢电压高于空载起动电压时，电动机才会转动。而空载起动电压所产生的转矩正好与静摩擦转矩相等，所以该空载起动电压就是电动机的不灵敏区。再如图 7-2 所示，当 $-a < x < a$ 时，系统增益为零，没有输出；当 $x = x_1 > a$，其输出 $y = y_1 = Kx_1$，系统增益为 K。所以死区特性相当于在系统中加入了一个变增益元件，其等效增益曲线如图 7-3 所示。可见死区特性的等效增益小于特性曲线中直线的斜率。故含有死区特性元件的系统，可以提高系统的平稳性，但增加了系统的稳态误差，导致系统跟踪精度的降低。

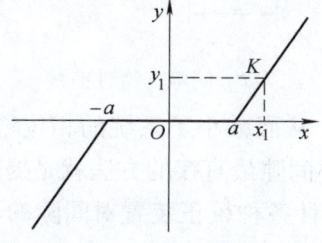

图 7-2 不灵敏区的特性曲线

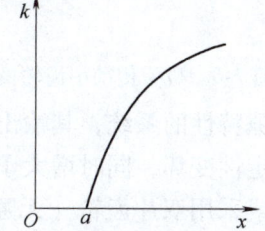

图 7-3 不灵敏特性的等效增益曲线

2. 饱和特性 饱和也是一种常见的非线性，许多元件都具有饱和特性，如铁磁元件、晶体管放大器等。实际的饱和特性如图 7-4b 所示，然而在分析时常采用理想饱和特性，如

图 7-4a 所示。其特点是当输入信号超过某一范围后,输出信号不再随输入信号的变化而变化,而是保持某一常数值。

当 $|x|<a$ 时,系统输出 $y=Kx$,增益为 K;当 $|x|\geq a$ 时,系统输出 $|y|=b$,增益随输入的增大而减小,并趋向于零,其等效增益曲线如图 7-5 所示。故含有饱和特性元件的系统在大信号作用下将使系统开环增益有所减小,一定程度上提高了系统的平稳性,然而却降低了系统的稳态精度。

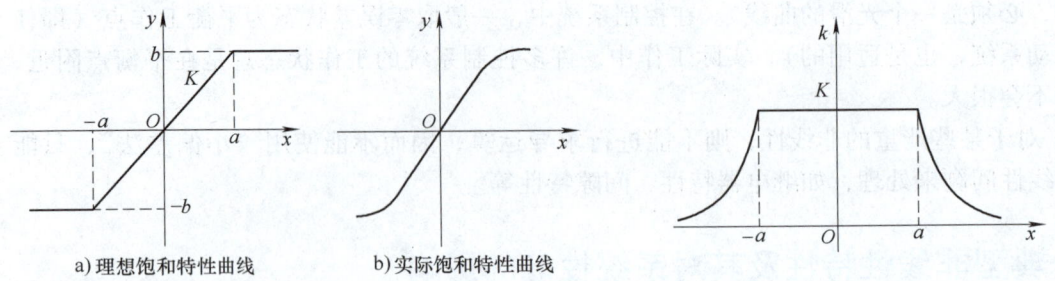

a) 理想饱和特性曲线　　b) 实际饱和特性曲线

图 7-4　饱和特性曲线　　　　图 7-5　饱和特性的等效增益曲线

在有些实际应用系统中,可以主动利用饱和特性作信号限幅,如限制系统执行元件的加速度和速度,以保证设备的安全运转。

3. 间隙特性　间隙也是一种很常见的非线性特性。如机械传动中为保证齿轮转动灵活不卡齿,主动轮、从动轮齿轮之间必须有适当的间隙存在,如图 7-6 中 $2a$,使得两者不能同步运转,即从动轮滞后主动轮 $\dfrac{2a}{n}$ 的时间。间隙的特性曲线如图 7-7 所示,也称回环特性。铁磁元件中的磁滞现象也是一种回环特性(又称磁滞特性)。

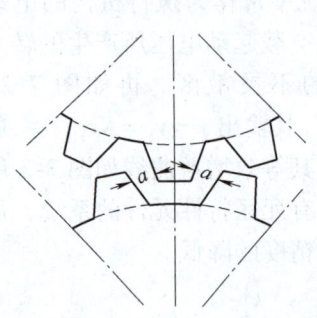
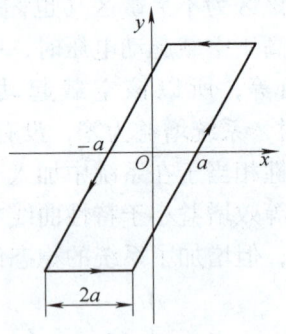

图 7-6　机械传动中齿轮的间隙　　　　图 7-7　间隙的特性曲线

含有间隙特性的系统,其输出相位滞后于输入相位,从而减小了系统的相位稳定裕度,使系统的稳定性变坏,同时增大了系统的稳态误差。减小间隙最直接的方法就是提高齿轮的加工精度,或采用双片齿轮(无隙齿轮),还可以通过设计各种校正装置对间隙的不利影响进行补偿。

4. 继电器特性　继电器线圈上的电压大于某个数值时,触点吸合;线圈上的电压小于某个数值时,触点释放;其吸合、释放的电压可能不同,因而继电器特性中包含了死区、回环和饱和特性,如图 7-8 所示。在控制系统中,有时利用继电器的切换特性来改善系统的性能。

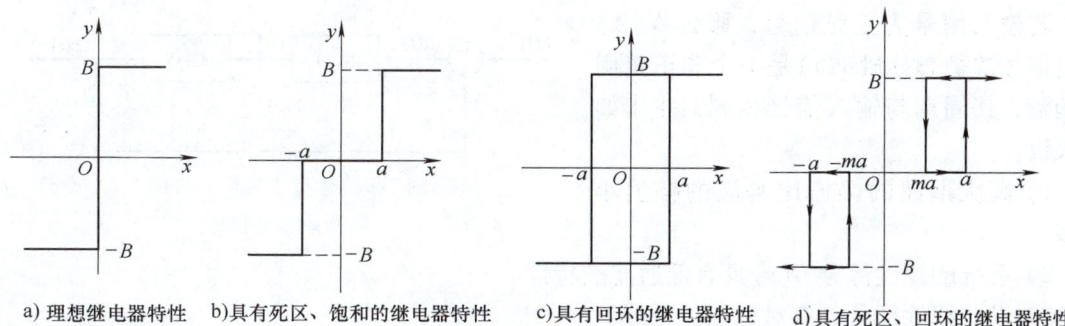

图 7-8 继电器特性曲线

利用继电器特性可以使被控制的执行电动机工作在额定或最大电压下,从而充分发挥其调节系统设计能力,实现快速跟踪。

带死区、饱和的继电器会降低系统的稳态精度,但可以提高系统的平稳性。

7.2.2 非线性系统的特点

将非线性系统与线性系统相比较,可以得到下面几个特点。

(1) 非线性系统的稳定性和零输入响应的性质不仅与系统本身的结构和元件特性有关,而且与系统初始条件也有关。因而对非线性系统,不能笼统地讲系统是否稳定。(线性系统的稳定性和零输入响应的性质只决定于系统本身的结构和参数,而和系统的初始条件无关。)

(2) 非线性系统中,除了发散和收敛两种运动形式,还会发生自激振荡,即无外界作用时系统自身产生的具有一定振幅和频率的振荡。有时同一系统还可能产生不止一种振幅和频率的自激振荡。(线性系统最终只有发散和收敛两种基本运动形式,而临界状态的运动形式是不持久的,细微的参数变化,临界状态就会转化为发散或收敛。)

(3) 非线性系统的输入信号若为正弦函数,其稳态输出信号通常是包含高次谐波的非正弦周期函数,且周期与输入信号相同。(当线性系统的输入信号为正弦函数时,其稳态输出信号是与输入信号同频的正弦函数,不同的仅仅是幅值和相位,前面所讲的频率特性及其分析法正是源于此点。)

(4) 对于非线性系统是没有一种通用的方法来处理的,且不能用线性微分方程来描述,在研究时也不一定要对暂态过程进行求解,而常将讨论的重点放在系统是否稳定;会不会产生自激振荡及如会产生,其振幅和频率为多少;如何消除自激振荡等。(线性系统可以用线性微分方程来描述。因为可以应用叠加原理,所以用典型信号对系统分析的结果一般也适用于其他情况。)

7.3 描述函数法

7.3.1 非线性元件的描述函数

假设非线性系统可以表示为图 7-9 所示的框图,图中 $N(A)$ 表示非线性元件,$G(s)$ 表示线性元件。

若输入信号为正弦信号，那么 $N(A)$ 输出信号的稳态分量 $y(t)$ 是 1 个非正弦周期函数，其周期与输入信号相同，并作如下假设：

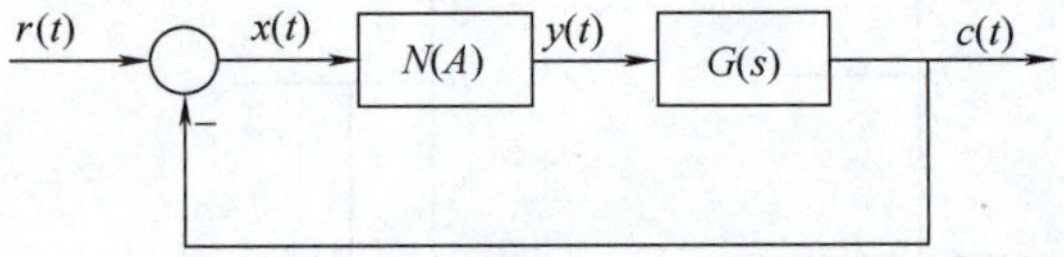

1）高次谐波的幅值比基波的幅值小得多。

2）系统的线性部分 $G(s)$ 具有低通滤波特性。

3）设非线性部分具有对称性。

图 7-9 含有非线性元件的控制系统的框图

因而只有基波分量沿闭环回路反馈到 $N(A)$ 的输入端，而高次谐波经低通滤波后衰减到可以忽略不计，这样系统只需考虑 $y(t)$ 的基波分量 $y_1(t)$ 即可。

将 $y(t)$ 用傅里叶级数表示

$$y(t) = A_0 + \sum_{n=1}^{\infty}(A_n\cos n\omega t + B_n\sin n\omega t) = A_0 + \sum_{n=1}^{\infty}Y_n\sin(n\omega t + \phi_n) \quad (7\text{-}7)$$

式中，$Y_n = \sqrt{A_n^2 + B_n^2}$；$\phi_n = \arctan\dfrac{A_n}{B_n}$；$A_n = \dfrac{1}{\pi}\int_0^{2\pi}y(t)\cos n\omega t\,\mathrm{d}(\omega t)$；$B_n = \dfrac{1}{\pi}\int_0^{2\pi}y(t)\sin n\omega t\,\mathrm{d}(\omega t)$。

因为本部分讨论的典型非线性特性都是奇对称的，所以 $A_0 = 0$，则输出的基波分量为

$$y_1(t) = A_1\cos\omega t + B_1\sin\omega t = Y_1\sin(\omega t + \phi_1) \quad (7\text{-}8)$$

式中，$Y_1 = \sqrt{A_1^2 + B_1^2}$；$\phi_1 = \arctan\dfrac{A_1}{B_1}$。

设 $x(t) = A\sin\omega t$，那么可以用式（7-9）来表示非线性元件 $N(A)$。

$$N(A) = \dfrac{Y_1}{A}\angle\phi_1 = \dfrac{\sqrt{A_1^2 + B_1^2}}{A}\left/\arctan\dfrac{A_1}{B_1}\right. \quad (7\text{-}9)$$

常将 $N(A)$ 称为非线性元件的描述函数，它表示当非线性元件的输入信号为正弦函数时，输出信号的基波分量与输入信号在幅值和相位上的相互关系，类似于线性系统中的频率特性。

一般情况下，$N(A)$ 为正弦输入信号幅值的函数，而与频率无关。当非线性元件的特性为单值特性函数时，其描述函数是一个实数，表示输出信号基波与正弦输入信号同相。

特别要注意描述函数中相移与线性系统频率特性中相移不同，是由于非线性元件特性引起的。

7.3.2 非线性特性的描述函数

1. 不灵敏区特性的描述函数 不灵敏区特性在正弦信号 $x(t) = A\sin\omega t$ 作用下，其输出信号的数学表达式为

$$y(t) = \begin{cases} 0 & (0 < \omega t \leq \theta_1) \\ K(A\sin\omega t - \theta_1) & (\theta_1 < \omega t \leq \pi - \theta_1) \\ 0 & (\pi - \theta_1 < \omega t \leq \pi) \end{cases} \quad (7\text{-}10)$$

若 $x(t) = A\sin\omega t$，那么 $y(t)$ 的输入、输出波形如图 7-10 所示。

可见，只有当 $|x| > a$ 时才有输出。由于不灵敏特性为单值奇对称函数，有 $A_0 = 0$，$A_1 = 0$，$\phi_1 = 0$，此时

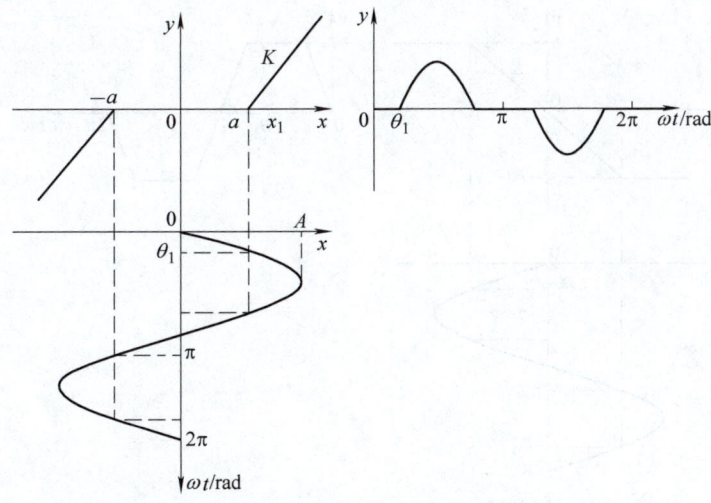

图 7-10　不灵敏区特性及其输入、输出波形图

$$\begin{aligned}B_1 &= \frac{1}{\pi}\int_0^{2\pi} y(t)\sin\omega t\,d(\omega t) \\ &= \frac{4}{\pi}\int_{\theta_1}^{\pi/2} K(A\sin\omega t - a)\sin\omega t\,d(\omega t) \\ &= \frac{4K}{\pi}\left[\int_0^{\theta_1} A\sin^2\omega t\,d(\omega t) - \int_{\theta_1}^{\pi/2} a\sin\omega t\,d(\omega t)\right] \\ &= \frac{2KA}{\pi}\left(\theta_1 - \frac{1}{2}\sin 2\theta_1 + \frac{a}{A}\cos\theta_1\right)\end{aligned} \qquad (7\text{-}11)$$

因为 $\theta_1 = \arcsin\dfrac{a}{A}$，则有

$$B_1 = \frac{2KA}{\pi}\left[\arcsin\frac{a}{A} + \frac{a}{A}\sqrt{1-\left(\frac{a}{A}\right)^2}\right] \qquad (7\text{-}12)$$

所以死区特性的描述函数为

$$\begin{aligned}N(A) &= \frac{Y_1}{A}\angle\phi_1 = \frac{\sqrt{A_1^2+B_1^2}}{A}\angle\arctan\frac{A_1}{B_1} = \frac{B_1}{A} \\ &= \frac{2K}{\pi}\left[\arcsin\frac{a}{A} + \frac{a}{A}\sqrt{1-\left(\frac{a}{A}\right)^2}\right](A\geqslant a)\end{aligned} \qquad (7\text{-}13)$$

2. 饱和特性的描述函数　饱和特性的数学表达式为

$$y(t) = \begin{cases} KA\sin\omega t & (0\leqslant\omega t<\theta_1) \\ K & (\theta_1\leqslant\omega t\leqslant\pi/2) \end{cases} \qquad (7\text{-}14)$$

若 $x(t)=A\sin\omega t$，那么 $y(t)$ 的输入、输出波形如图 7-11 所示。

可见，当 $|x|<a$ 时，系统工作在线性状态；而当 $|x|>a$ 时，系统饱和，输出为削顶的正弦信号。饱和特性也为单值奇对称函数，有 $A_0=0$，$A_1=0$，$\phi_1=0$。此时有

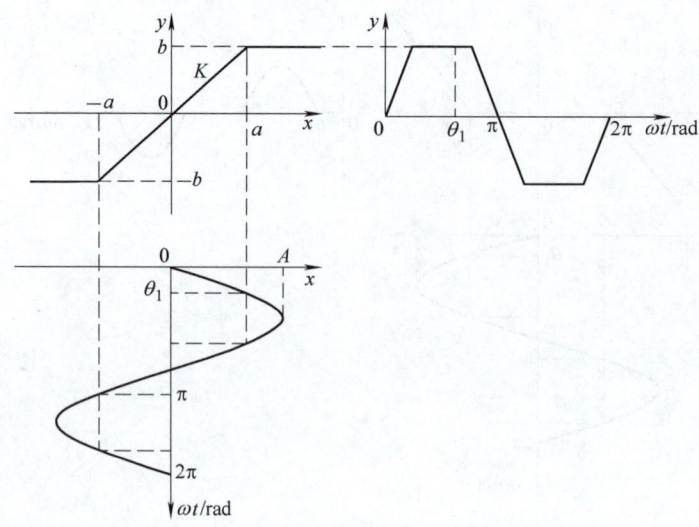

图 7-11 饱和特性及其输入、输出波形图

$$B_1 = \frac{1}{\pi}\int_0^{2\pi} y(t)\sin\omega t\,d(\omega t)$$

$$= \frac{4}{\pi}\Big[\int_0^{\theta_1} KA\sin\omega t \cdot \sin\omega t\,d(\omega t) + \int_{\theta_1}^{\pi/2} Ka\sin\omega t\,d(\omega t)\Big]$$

$$= \frac{2}{\pi}\Big(KA\cdot\theta_1 - \frac{1}{2}KA\sin2\theta_1 + Ka\cos\theta_1\Big)$$

$$= \frac{2KA}{\pi}\Big(\theta_1 - \frac{1}{2}\sin2\theta_1 + \frac{a}{A}\cos\theta_1\Big) \tag{7-15}$$

因为 $\theta_1 = \arcsin\dfrac{a}{A}$，则有

$$B_1 = \frac{2KA}{\pi}\Big[\arcsin\frac{a}{A} + \frac{a}{A}\sqrt{1-\Big(\frac{a}{A}\Big)^2}\,\Big] \tag{7-16}$$

所以饱和特性的描述函数为

$$N(A) = \frac{Y_1}{A}\angle\phi_1 = \frac{\sqrt{A_1^2+B_1^2}}{A}\angle\arctan\frac{A_1}{B_1} = \frac{B_1}{A} = \frac{2K}{\pi}$$

$$\Big[\arcsin\frac{a}{A} + \frac{a}{A}\sqrt{1-\Big(\frac{a}{A}\Big)^2}\,\Big] \tag{7-17}$$

3. 间隙特性的描述函数　　间隙特性的数学表达式为

$$y(t) = \begin{cases} K(A\sin\omega t - a) & (0 \le \omega t < \pi/2) \\ K(A-a) & (\pi/2 \le \omega t < \theta_1) \\ K(A\sin\omega t + a) & (\theta_1 \le \omega t < \pi) \end{cases} \tag{7-18}$$

若 $x(t) = A\sin\omega t$，那么 $y(t)$ 的输入、输出波形如图 7-12 所示。

可见其输出波形关于横轴对称，所以 $A_0 = 0$，但间隙特性不是单值奇对称函数，故 $A_1 \ne 0$，$\phi_1 \ne 0$。

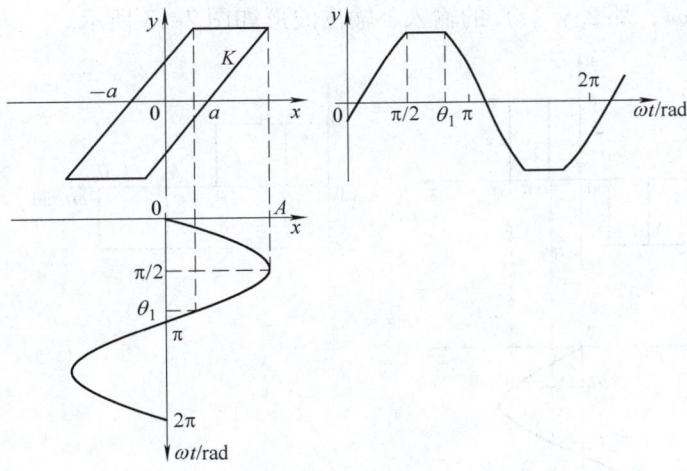

图 7-12 间隙特性及其输入、输出波形图

$$A_1 = \frac{1}{\pi}\int_0^{2\pi} y(t)\cos\omega t \,\mathrm{d}(\omega t)$$

$$= \frac{2}{\pi}\Big[\int_0^{\frac{\pi}{2}} K(A\sin\omega t - a)\cos\omega t\,\mathrm{d}(\omega t) +$$

$$\int_{\frac{\pi}{2}}^{\theta_1} K(A-a)\cos\omega t\,\mathrm{d}(\omega t) + \int_{\theta_1}^{\pi} K(A\sin\omega t + a)\cos\omega t\,\mathrm{d}(\omega t)\Big]$$

$$= \frac{4Ka}{\pi}\Big(\frac{a}{A} - 1\Big) \quad (A \geqslant a) \tag{7-19}$$

$$B_1 = \frac{1}{\pi}\int_0^{2\pi} y(t)\sin\omega t\,\mathrm{d}(\omega t)$$

$$= \frac{2}{\pi}\Big[\int_0^{\frac{\pi}{2}} K(A\sin\omega t - a)\sin\omega t\,\mathrm{d}(\omega t) +$$

$$\int_{\frac{\pi}{2}}^{\theta_1} K(A-a)\sin\omega t\,\mathrm{d}(\omega t) + \int_{\theta_1}^{\pi} K(A\sin\omega t + a)\sin\omega t\,\mathrm{d}(\omega t)\Big]$$

$$= \frac{KA}{\pi}\Big[\frac{\pi}{2} + \arcsin\Big(1 - \frac{2a}{A}\Big) + 2\Big(1 - \frac{2a}{A}\Big)\sqrt{\frac{a}{A}\Big(1 - \frac{a}{A}\Big)}\Big](A \geqslant a) \tag{7-20}$$

所以，间隙特性的描述函数为

$$N(A) = \frac{Y_1}{A}\angle\phi_1 = \frac{\sqrt{A_1^2 + B_1^2}}{A}\Big/\arctan\frac{A_1}{B_1} = \frac{B_1}{A} + \frac{A_1}{A}$$

$$= \frac{K}{\pi}\Big[\frac{\pi}{2} + \arcsin\Big(1 - \frac{2a}{A}\Big) + 2\Big(1 - \frac{2a}{A}\Big)\sqrt{\frac{a}{A}\Big(1 - \frac{a}{A}\Big)}\Big] + j\frac{4Ka}{\pi A}\Big(\frac{a}{A} - 1\Big) \tag{7-21}$$

4. 继电特性的描述函数 继电器的数学表达式为

$$y(t) = \begin{cases} B & (\theta_1 < \omega t < \theta_2) \\ 0 & (0 < \omega t < \theta_1),(\theta_2 < \omega t < \theta_3),(\theta_4 < \omega t < 2\pi) \\ -B & (\theta_3 < \omega t < \theta_4) \end{cases} \tag{7-22}$$

若 $x(t)=A\sin\omega t$，那么 $y(t)$ 的输入、输出波形如图7-13所示。

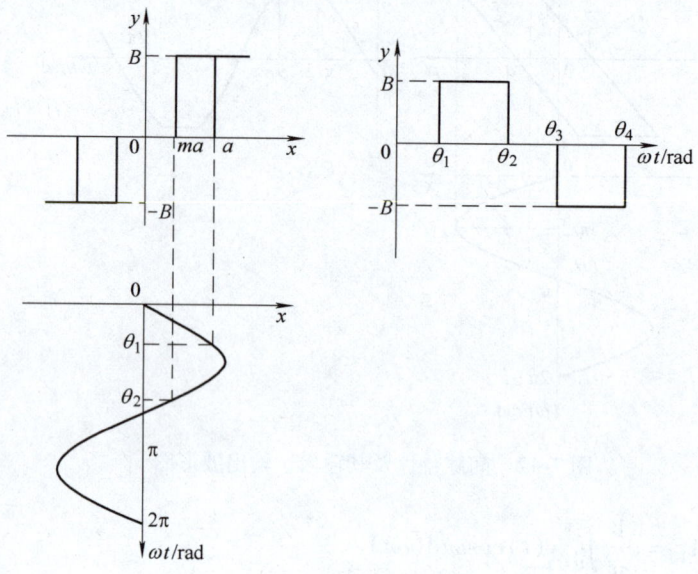

图7-13 继电特性及其输入、输出波形图

其输出波形关于横轴对称，所以 $A_0=0$，但继电特性是多值函数，A_1 和 B_1 均不为0，计算 A_1、B_1 得

$$A_1 = \frac{1}{\pi}\Big[\int_{\theta_1}^{\theta_2} B\cos\omega t\, d(\omega t) - \int_{\theta_3}^{\theta_4} B\cos\omega t\, d(\omega t)\Big]$$

$$= \frac{2Ba}{\pi A}(m-1) \qquad (A\geqslant a) \tag{7-23}$$

$$B_1 = \frac{1}{\pi}\Big[\int_{\theta_1}^{\theta_2} B\sin\omega t\, d(\omega t) - \int_{\theta_3}^{\theta_4} B\sin\omega t\, d(\omega t)\Big]$$

$$= \frac{2B}{\pi A}\Big[\sqrt{1-\Big(\frac{ma}{A}\Big)^2}+\sqrt{1-\Big(\frac{a}{A}\Big)^2}\Big],(A\geqslant a) \tag{7-24}$$

所以继电特性的描述函数为

$$N(A)=\frac{2B}{\pi A}\Big[\sqrt{1-\Big(\frac{ma}{A}\Big)^2}+\sqrt{1-\Big(\frac{a}{A}\Big)^2}\Big]+j\frac{2Ba}{\pi A^2}(m-1),(A\geqslant a) \tag{7-25}$$

根据式(7-25)可以方便地得到理想继电特性的描述函数，即 $a=0$ 时，有

$$N(A)=\frac{4B}{\pi A},(A\geqslant a) \tag{7-26}$$

当 $m=1$ 时，可以得到带有死区的继电特性的描述函数为

$$N(A)=\frac{4B}{\pi A}\sqrt{1-\Big(\frac{a}{A}\Big)^2},(A\geqslant a) \tag{7-27}$$

若 $m=-1$，就可以得到含有滞环的继电特性的描述函数为

$$N(A)=\frac{4B}{\pi A}\sqrt{1-\Big(\frac{a}{A}\Big)^2}+j\frac{4Ba}{\pi A^2},(A\geqslant a) \tag{7-28}$$

表 7-1 给出了常用非线性特性的描述函数对照表。

表 7-1　非线性特性及其描述函数对照表

非线性特性	描述函数
(继电器特性，带死区)	$\dfrac{4M}{\pi X}\sqrt{1-\left(\dfrac{h}{X}\right)^2}$，$(X \geqslant h)$
(继电器特性，带回环)	$\dfrac{4M}{\pi X}\sqrt{1-\left(\dfrac{h}{X}\right)^2}-\mathrm{j}\dfrac{4Mh}{\pi X^2}$，$(X \geqslant h)$
(继电器特性，带死区和回环)	$\dfrac{2M}{\pi X}\left[\sqrt{1-\left(\dfrac{mh}{X}\right)^2}+\sqrt{1-\left(\dfrac{h}{X}\right)^2}\right]+\mathrm{j}\dfrac{2Mh}{\pi X^2}(m-1)$，$(X \geqslant h)$
(饱和特性)	$\dfrac{2K}{\pi}\left[\arcsin\dfrac{S}{X}+\dfrac{S}{X}\sqrt{1-\left(\dfrac{S}{X}\right)^2}\right]$，$(X \geqslant S)$
(死区加饱和特性)	$\dfrac{2K}{\pi}\left[\arcsin\dfrac{b}{X}-\arcsin\dfrac{\Delta}{X}+\dfrac{b}{X}\sqrt{1-\left(\dfrac{b}{X}\right)^2}-\dfrac{\Delta}{X}\sqrt{1-\left(\dfrac{\Delta}{X}\right)^2}\right]$，$(X \geqslant b)$
(死区特性)	$\dfrac{2K}{\pi}\left[\dfrac{\pi}{2}-\arcsin\dfrac{\Delta}{X}-\dfrac{\Delta}{X}\sqrt{1-\left(\dfrac{\Delta}{X}\right)^2}\right]$，$(X \geqslant \Delta)$
(变增益特性)	$K_2+\dfrac{2(K_1-K_2)}{\pi}\left[\arcsin\dfrac{S}{X}+\dfrac{S}{X}\sqrt{1-\left(\dfrac{S}{X}\right)^2}\right]$，$(X \geqslant S)$
(不灵敏区)	$K-\dfrac{2K}{\pi}\arcsin\dfrac{\Delta}{X}+\dfrac{(4-2K)\Delta}{\pi X}\sqrt{1-\left(\dfrac{\Delta}{X}\right)^2}$，$(X > \Delta)$
(线性加继电器)	$K+\dfrac{4M}{\pi X}$

非线性特性	描述函数
(图：含K斜率和b的折线特性)	$\dfrac{K}{\pi}\left[\dfrac{\pi}{2}+\arcsin\left(1-\dfrac{2b}{X}\right)+2\left(1-\dfrac{2b}{X}\right)\sqrt{\dfrac{b}{X}\left(1-\dfrac{b}{X}\right)}\right]+j\dfrac{4Kb}{\pi X}\left(\dfrac{b}{X}-1\right),\ (X\geqslant b)$
(图：含K、b、C的滞环特性)	$\dfrac{K}{\pi}\left[\arcsin\dfrac{C+Kb}{KX}+\arcsin\dfrac{C-Kb}{KX}+\dfrac{C+Kb}{KX}\sqrt{1-\left(\dfrac{C+Kb}{KX}\right)^2}+\right.$ $\left.\dfrac{C-Kb}{KX}\sqrt{1-\left(\dfrac{C-Kb}{KX}\right)^2}\right]-j\dfrac{4bC}{\pi X^2},\ \left(X\geqslant\dfrac{C+Kb}{K}\right)$

7.4 用描述函数法分析非线性控制系统

非线性特性的描述函数表示了在正弦输入信号作用下，输出信号的基波分量与输入的正弦信号在幅值及相位上的相互关系，一般情况下，系统输出是正弦输入信号幅值的复函数。应用描述函数可以分析非线性系统的稳定性和自激振荡等问题，但不能分析其时间响应。

7.4.1 非线性系统的稳定性分析

在前面的图 7-9 中，$N(A)$ 表示非线性环节的描述函数，$G(j\omega)$ 表示线性环节的频率特性，则此系统闭环特征方程为

$$1+N(A)G(j\omega)=0$$

所以

$$G(j\omega)=-\dfrac{1}{N(A)} \tag{7-29}$$

式（7-29）中的 $-\dfrac{1}{N(A)}$ 称为描述函数的负倒描述特性。如果式（7-29）成立，那么非线性系统中将出现自激振荡，这与在线性系统中 $G(j0)$ 穿过稳定临界点 $(-1,j0)$ 的情况相似，因此，在应用描述函数法分析非线性系统稳定性时，只要根据 $G(j0)$ 特性和 $-\dfrac{1}{N(A)}$ 曲线的相对位置进行判别，就得到了用奈奎斯特稳定判据来判断非线性系统的稳定性和自激振荡的若干判据。

在 $G(j\omega)$ 是稳定的情况下，有以下判据成立。

（1）若 $G(j\omega)$ 曲线不包围 $-\dfrac{1}{N(A)}$ 曲线，则该非线性系统是稳定的，如图 7-14a 所示。

（2）若 $G(j\omega)$ 曲线包围 $-\dfrac{1}{N(A)}$ 曲线，则该非线性系统是不稳定的，如图 7-14b 所示。

（3）若 $G(j\omega)$ 曲线与 $-\dfrac{1}{N(A)}$ 曲线没有交点，则系统不存在周期运动。若 $G(j\omega)$ 曲线

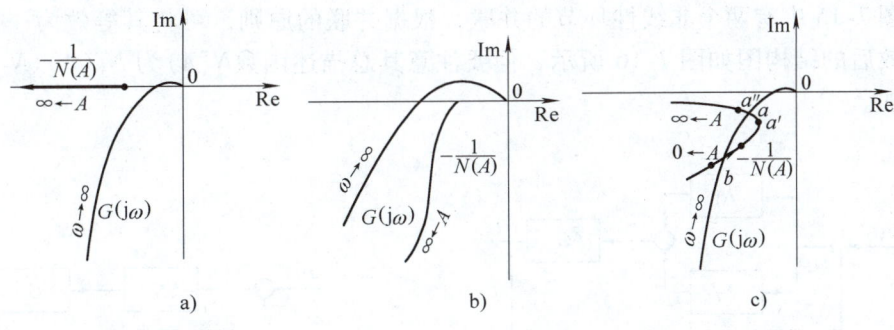

图 7-14　$G(j\omega)$ 和 $-\dfrac{1}{N(A)}$ 曲线

与 $-\dfrac{1}{N(A)}$ 曲线有交点，则非线性系统处于临界稳定状态，存在近似正弦的周期运动解，若该周期运动是稳定的，系统就会出现自激振荡，可以用 $-\dfrac{1}{N(A)}$ 曲线的 A 值和 $G(j\omega)$ 曲线的 ω 值来表征周期运动的振幅和频率，如图 7-14c 所示。假定工作点 a 受到微小扰动，使非线性元件输出略微增加，工作点上升到 a'' 点，此时 $G(j\omega)$ 曲线不包围该点，系统稳定，随着非线性元件正弦输入的减小，工作点又返回 a 点；反之，扰动使工作点下降到 a' 点，此时 $G(j\omega)$ 曲线包围该点，系统不稳定，非线性元件正弦输入将增大，使工作点又返回 a。由此可见 a 点的自激振荡是稳定的，其运动的振幅和频率为该点处的 A 和 ω 值。同样，对工作点 b 分析可得，该点的自激振荡是不稳定的，所以对于 $G(j\omega)$ 曲线与 $-\dfrac{1}{N(A)}$ 曲线的交点需分别进行分析，才能确定产生稳定自激振荡的工作点及其振幅和频率。

7.4.2　非线性系统结构的简化

上面讨论的非线性系统是基于图 7-9 的典型结构图之上的，然而实际系统的结构并不完全符合上述形式，所以就需要将各种结构图简化为典型结构，才能应用描述函数法分析系统的自振及稳定性。在结构化简时仅考虑系统的封闭回路，而将外作用设为零。

1. 非线性环节串联　若两个非线性环节串联，可将两个环节的特性归化为一个特性，即以第一个非线性环节的输入和第 2 个非线性环节的输出分别作为化简后非线性特性的输入和输出，从而作出等效非线性特性。注意，若两个非线性特性的描述函数分别为 $N_1(A)$ 和 $N_2(A)$，等效非线性的描述函数 $N(A)$ 绝不等于 $N_1(A)$ 和 $N_2(A)$ 的乘积，并且串联非线性环节的次序不可交换。对于多个非线性环节串联，其处理方法可以按照串联的次序，先归化前两个非线性环节，等效后的非线性特性再与第 3 个环节进行归化变换。

2. 非线性环节并联　若两个并联的非线性环节其描述函数分别为 $N_1(A)$ 和 $N_2(A)$，则并联后的等效非线性环节的描述函数 $N(A) = N_1(A) + N_2(A)$。

3. 结构图的等效变换　系统的线性部分与前面所讲的线性系统的等效变换一样，简化的原则是信号的等效变换，但对于非线性的处理要遵循 1、2 的处理原则，下面以两个例子来说明化简原则。

【例 7-1】　图 7-15 所示为含有非线性环节的系统，试将其进行化简。

解： 图 7-15 中有两个非线性环节的并联，根据并联的原则，可将其等效为一个非线性元件，等效后的结构图如图 7-16 所示，但要注意其总描述函数 $N(A)$ 为 $N_1(A)$、$N_2(A)$ 描述函数的叠加。

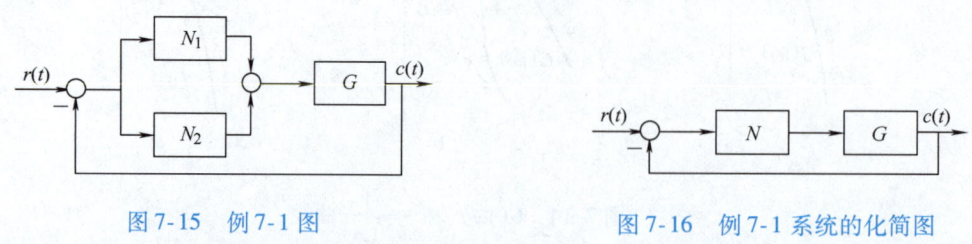

图 7-15 例 7-1 图   图 7-16 例 7-1 系统的化简图

【例 7-2】 图 7-17 所示为含有非线性环节的系统，试将其进行化简。

解： 图 7-17 中的非线性元件被线性元件局部负反馈包围，将线性部分进行等效变换，等效过程如图 7-18 所示。在仅仅考虑系统的封闭回路时，虚框中的结构与前面图 7-9 的典型结构一致。

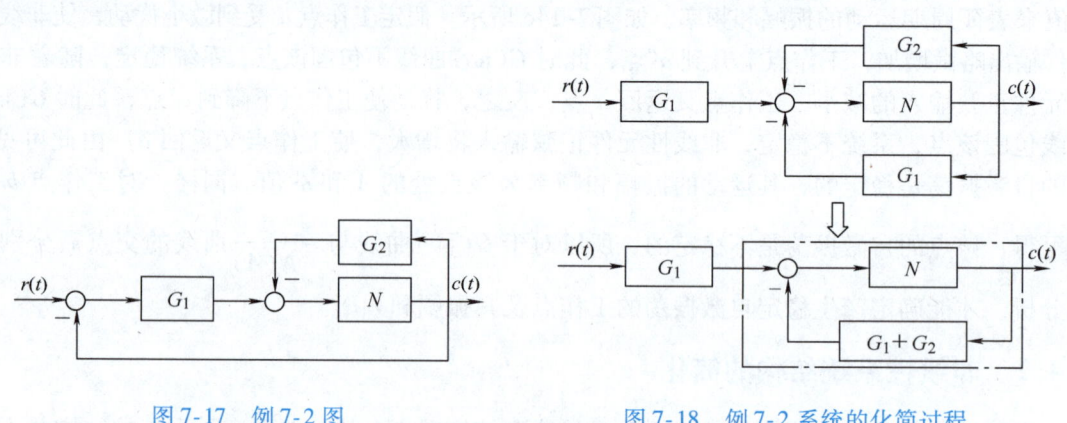

图 7-17 例 7-2 图   图 7-18 例 7-2 系统的化简过程

7.4.3 利用非线性特性改善控制系统的性能

实际应用中的控制系统多少都有着非线性，一般情况下这些非线性特性使系统的控制性能变差，但如果根据非线性元件的特性，在系统中人为地引入一些非线性元件，却有可能改善某些控制系统的性能，即常说的非线性校正。

某系统的控制特性如图 7-19a 中曲线①所示，是二阶振荡曲线。如果增大 K 值，系统快速性较好，但超调量大，振荡次数多；若减小 K 值，超调量减小，振荡次数减少，但系统快速性差。如果要提高稳定性，通过线性校正（添加局部反馈环 αs）得到了曲线②，可见超调量没有了，系统也不振荡了，但快速性是上述几条中最差的。若想兼具曲线①和曲线②的优点，就要在系统中加入非线性环节。如本例中可以在局部反馈通道中加入死区特性，使得系统的响应曲线变为③，在响应起始阶段具有很好的快速性，在快要达到控制目标时通过死区特性的作用使稳定性得以保证。这样用一些极为简便的非线性装置，便能使系统的性能得到较大的改善，成功地解决系统快速性能和振荡性能之间的矛盾。

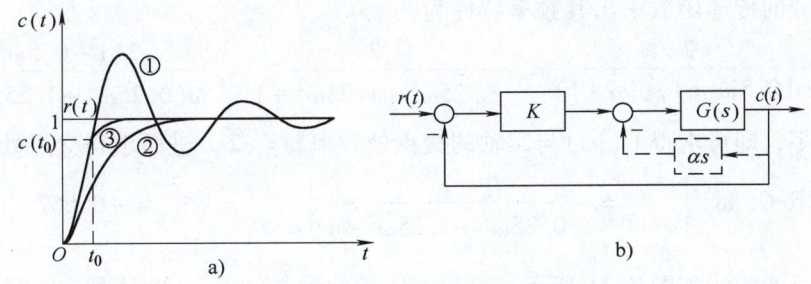

图 7-19 非线性特性改善控制系统图例

7.4.4 综合举例

下面例子中给出了一个含有非线性元件的系统，通过该例的分析求解，进一步掌握非线性系统的分析计算方法。

【例 7-3】 图 7-20 所示的控制系统框图中含有一个继电特性的非线性元件，其参数是 $a=1$，$B=3$，试完成以下要求：

（1）分析系统的稳定性。

（2）若使系统不产生自激振荡，该继电特性应如何调整。

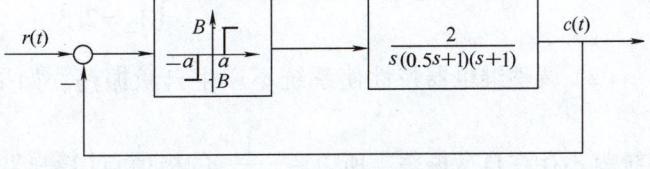

图 7-20 例 7-3 的控制系统框图

解：根据题设要求，分别给出分析过程及结果。

（1）将继电器特性的参数代入式(7-27)中得到

$$N(A) = \frac{4B}{\pi A}\sqrt{1-\left(\frac{a}{A}\right)^2} = \frac{12}{\pi A}\sqrt{1-\left(\frac{1}{A}\right)^2}$$

所以

$$-\frac{1}{N(A)} = \frac{-\pi A}{12\sqrt{1-\left(\frac{1}{A}\right)^2}}$$

可见

$$\begin{cases} -\dfrac{1}{N(A)} = -\infty & A \to 1 \\ -\dfrac{1}{N(A)} = -\infty & A \to \infty \end{cases}$$

根据 $\dfrac{\partial\left[1-\dfrac{1}{N(A)}\right]}{\partial\left(\dfrac{a}{A}\right)} = 0$，求得 $-\dfrac{1}{N(A)}$ 的极值发生

在 $\dfrac{a}{A} = \dfrac{1}{\sqrt{2}}$ 处，即 $A = \sqrt{2}\,a = \sqrt{2}$，极值为 $-\dfrac{\pi}{6}$。因此可以画出 $-\dfrac{1}{N(A)}$ 的曲线如图 7-21 所示。

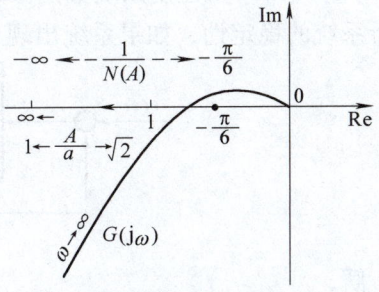

图 7-21 例 7-3 中 $G(j\omega)$ 和 $-\dfrac{1}{N(A)}$ 曲线

由线性部分的传递函数求出其频率特性为

$$G(j\omega) = \frac{2}{j\omega(0.5j\omega+1)(j\omega+1)} = -\frac{3}{0.25\omega^4+1.25\omega^2+1} - j\frac{2(1-0.5\omega^2)}{\omega(0.25\omega^4+1.25\omega^2+1)}$$

令式中虚部为零,即可求得 $G(j\omega)$ 与实轴的交点处频率 $\omega = \sqrt{2}$,进而求得交点处值为

$$\text{Re}G(j\omega)\bigg|_{\omega=\sqrt{2}} = -\frac{3}{0.25\omega^4+1.25\omega^2+1}\bigg|_{\omega=\sqrt{2}} = -\frac{2}{3} \approx -0.667$$

同样画出 $G(j\omega)$ 的曲线如图 7-21 所示。可见 $G(j\omega)$ 曲线与 $-\dfrac{1}{N(A)}$ 曲线相交,说明系统存在自激振荡,其振幅可由下式求得:

$$-\frac{1}{N(A)} = \frac{-\pi A}{12\sqrt{1-\left(\dfrac{1}{A}\right)^2}} = -\frac{2}{3}$$

得

$$\begin{cases} A_1 = 1.1 \\ A_2 = 2.3 \end{cases}$$

(2) 调整继电器特性使系统不产生自激振荡。如果 $G(j\omega)$ 曲线与 $-\dfrac{1}{N(A)}$ 曲线不相交,系统就不存在自激振荡,所以 $-\dfrac{1}{N(A)}$ 的极值点$\left(\text{该点处有}\dfrac{a}{A}=\dfrac{1}{\sqrt{2}}\right)$应小于 $G(j\omega)$ 与实轴的交点,即

$$-\frac{1}{N(A)} = \frac{-\pi A}{4B\sqrt{1-\left(\dfrac{a}{A}\right)^2}} = \frac{-\pi\left(\dfrac{a}{A}\right)}{4\dfrac{B}{a}\sqrt{1-\left(\dfrac{a}{A}\right)^2}} = -\frac{\pi}{2\beta} < -\frac{2}{3}$$

因此有 $\beta < \dfrac{3\pi}{4}$,即 $\beta < 2.36$。又因为 $\beta = \dfrac{B}{a}$,所以如果 β 取 2,则 $B=3$,$a=1.5$,$\dfrac{1}{N(A)} = -0.785$,显然与 $G(j\omega)$ 曲线不相交,系统不会产生自激振荡。

【例 7-4】 某控制系统如图 7-22 所示,其中 $K=20$,死区继电器特性 $M=3$,$a=1$。请分析系统的稳定性,如果系统出现自激振荡,请进行消除。

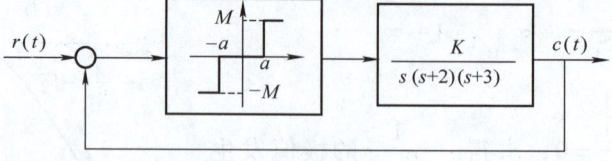

图 7-22 例 7-4 系统图

解:
分析:

$$-\frac{1}{N(A)} = \frac{-\pi A}{4M\sqrt{1-\left(\dfrac{a}{A}\right)^2}} = \frac{-\pi A}{12\sqrt{1-\left(\dfrac{1}{A}\right)^2}}$$

$G(j\omega)$ 的奈奎斯特曲线如图 7-23 所示。

有：$A = a = 1$ 所以 $-\dfrac{1}{N(A)} \to -\infty$

当 $A \to \infty$ 时，同样 $-\dfrac{1}{N(A)} \to -\infty$

若 $A = \sqrt{2}a = \sqrt{2}$，$-\dfrac{1}{N(A)}\Big|_{\max} = \dfrac{-\pi a}{2M} = -0.524$

又 $G(j\omega) = \dfrac{K}{j\omega(j\omega+2)(j\omega+3)} = \dfrac{K[-5\omega - j(6-\omega^2)]}{\omega(\omega^4 + 13x^2 + 36)}$

若 $\mathrm{Im}\, G(j\omega) = \dfrac{-K(6-\omega^2)}{\omega(\omega^4 + 13x^2 + 36)} = 0$，则有 $\omega = \sqrt{6}$。

而 $\mathrm{Re}\, G(j\omega)\Big|_{\omega=\sqrt{6}} = \dfrac{K(-5\omega)}{\omega(\omega^4 + 13x^2 + 36)}\Big|_{\omega=\sqrt{6}} = -\dfrac{2}{3} <$

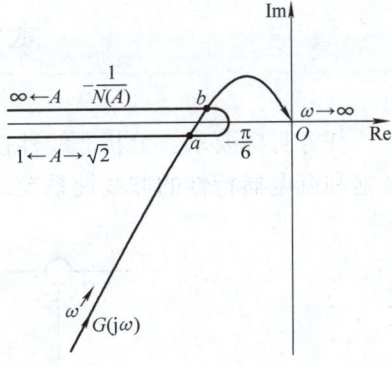

图 7-23　例 7-4 的奈奎斯特曲线

$-0.667 < -0.524$，所以得到 $\mathrm{Re}\, G(j\omega)\Big|_{\omega=\sqrt{6}} < -\dfrac{1}{N(A)}$，而且 $G(j\omega)$ 轨迹与负倒描述函数有两个交点：a——不稳定自振交点，b——稳定自振交点。

而如果要求系统稳定，则要求 $\mathrm{Re}\, G(j\omega)\Big|_{\omega=\sqrt{6}} > -\dfrac{1}{N(A)}\Big|_{\max}$，可以采用以下的方法。

方法 1：改变 $G(j\omega)$，对 K 进行调整。

$\mathrm{Re}\, G(j\omega)\Big|_{\omega=\sqrt{6}} = \dfrac{K(-6\omega)}{\omega(\omega^4 + 13x^2 + 36)}\Big|_{\omega=\sqrt{6}} > -\dfrac{\pi}{6} \to K < 15.72$

方法 2：改变 $N(A)$，调整死区继电器特性的死区 a 或输出幅值 M。

因为 $A = \sqrt{2}a = \sqrt{2}$，$-\dfrac{1}{N(A)}\Big|_{\max} = -\dfrac{\pi a}{2M}$

所以 $\mathrm{Re}\, G(j\omega)\Big|_{\omega=\sqrt{6}} = -\dfrac{2}{3} > -\dfrac{\pi a}{2M} \to \dfrac{a}{M} < 2.36$

设取 $a = 1$、$M = 2$，$-\dfrac{1}{N(A)}\Big|_{\max} = -\dfrac{\pi a}{2M} = -\dfrac{\pi}{4} = -0.785$

本 章 小 结

1. 任何物理系统在某种程度上都存在一定的非线性。对于非线性系统或元件的微分方程则采用"小偏差法"，该方法适用在系统平衡工作点附近，因非线性引起的较小偏差描述较准确，但对于较严重的非线性情况，该方法就不适用。

2. 当系统的非线性程度较严重时，必须对非线性系统进行专门的研究和处理。在实际控制系统中最常见典型非线性特性有：死区特性、饱和特性、间隙特性、继电器特性等。

3. 研究非线性控制系统的方法有很多种，本章只介绍了描述函数法。描述函数法就是对典型非线性环节或元件用描述函数建立数字模型——描述函数，然后借助线性理论中的频域法对系统进行类似的分析。描述函数法的适用条件有一定的限制，即它只适用于静态的典型非线性环节，且系统的线性部分必须有低通滤波特性。

4. 控制系统中的固有非线性因素一般会对系统的工作产生不良的影响，但有时人为地加入某些非线性特性能使系统的控制性能得到改善。

本章知识技能综合训练

任务目标要求：分析非线性控制系统的稳定性及稳定参数确定。图 7-24 所示为具有死区饱和继电器特性的非线性系统结构图。

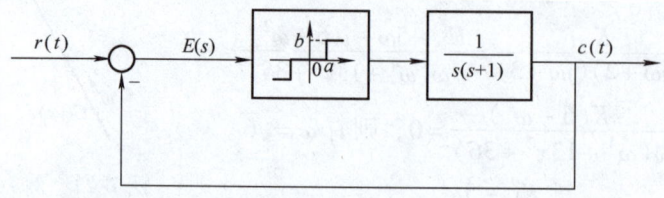

图 7-24 具有继电器特性的非线性系统结构图

要求：1）用描述函数分析系统稳定性。
2）设定 a、b 参数使系统稳定。
综合训练任务书见表 7-2。

表 7-2 综合训练任务书

训练题目		
任务要求	1）应用描述函数对系统稳定性进行分析 2）在系统稳定前提下确定非线性元件参数 a、b	
训练步骤	1）非线性元件特性	描述函数：
		负倒描述函数：
	2）系统稳定性分析	$G(j\omega)$ 曲线与 $-\dfrac{1}{N(A)}$ 曲线：
		系统稳定条件：
		a、b 参数关系：
检查评价		

思考题与习题

7-1 根据要求求取非线性特性的描述函数。
（1）试求图 7-25 所示的非线性元件的描述函数。
（2）试求出 $y(t) = x^3(t)$ 的描述函数。

7-2 化简图 7-26 所示的含有非线性元件的结构图。

7-3 根据图 7-27 中给出的 $G(j\omega)$ 曲线与 $-\dfrac{1}{N(A)}$ 曲线图，试判断系统的稳定性及是否产生自激振荡。

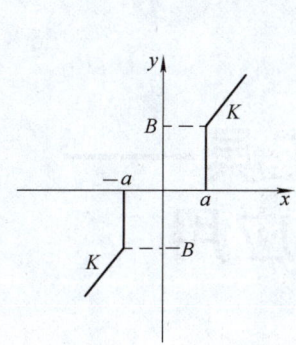

图 7-25 习题 7-1 图

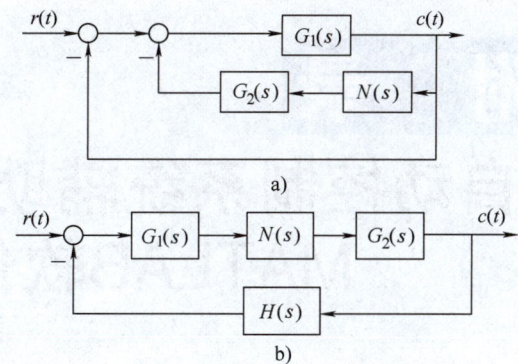

图 7-26 习题 7-2 图

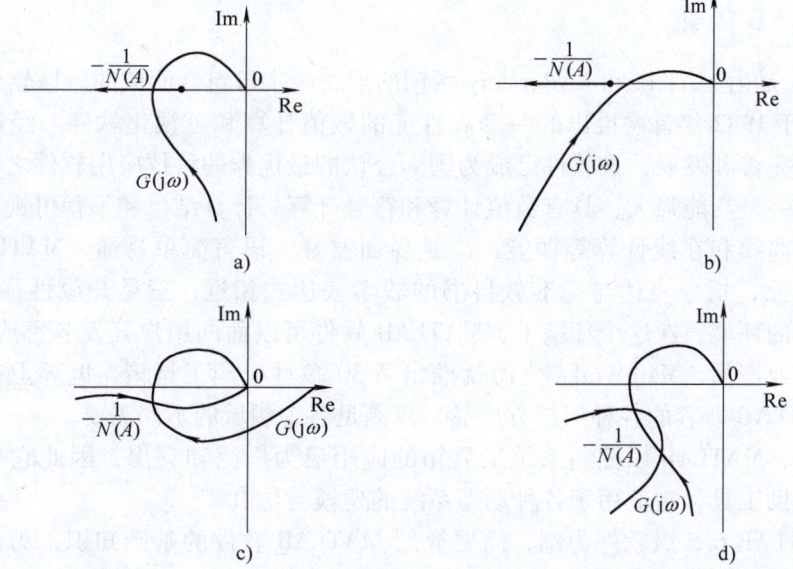

图 7-27 习题 7-3 图

7-4 已知非线性系统结构图如图 7-28 所示，试分析系统的稳定性，如存在自激振荡，确定其振荡频率和振幅。

7-5 已知非线性系统结构图如图 7-29 所示，其中 $a=1$, $K=2$。
（1）试求使系统稳定的边界值 K；
（2）如 $K=15$，系统是否存在自激振荡，如有请确定其振荡频率和振幅。

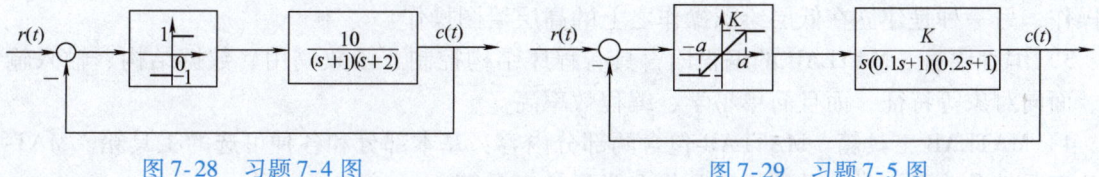

图 7-28 习题 7-4 图　　　　图 7-29 习题 7-5 图

附录

自动控制系统辅助分析工具——MATLAB软件及其应用

一、MATLAB 概述

1. MATLAB 简介

"MATLAB"是由 MATrix 和 LABoratory 两词的前三个字母组合而成的。该软件是由美国 MathWorks 公司于 1982 年首次推出的一套高性能的数值计算和可视化软件。经过广大科技工程人员的不断完善和发展,该软件已成为国际公认的最优秀的科技应用软件之一。该软件具有三大特点:一是功能强大,具有数值计算和符号计算、计算结果和编程可视化、数学和文字统一处理、离线和在线计算等功能;二是界面友好、语言简单易懂,MATLAB 以复数处理作为计算单元,指令表达与标准教科书的数学表达式相近;三是开放性强,MATLAB 提供了一个开放的环境,在这个环境下,MATLAB 软件可以面向用户开发各种应用工具箱、模块集及相关商业产品,MathWorks 公司就推出了 30 多种应用工具箱,世界上很多公司也开发出了与 MATLAB 兼容的各种第三方产品,以满足各个领域的不同需要。

在控制领域,MATLAB 以控制系统工具箱的应用最为广泛和突出,因此它是控制系统首选的计算机辅助工具,它适用于各种动态系统的建模与仿真。

本书以 MATLAB 6.5 版软件为例,简要介绍 MATLAB 软件的基础知识,为读者在今后的学习工作中更加有效地应用 MATLAB 软件来解决实际问题提供准备。

2. MATLAB 的主要功能

1)数值计算和符号计算功能。MATLAB 以矩阵作为数据操作的基本单位,软件本身包含十分丰富的数值计算函数。另外,MATLAB 和著名的符号计算语言 Maple 相结合,使得MATLAB 具有符号计算功能。

2)绘图功能。MATLAB 提供了两个层次的绘图操作:一种是对图形句柄进行的低层绘图操作,另一种是建立在低层绘图操作之上的高层绘图操作。

3)编程语言。MATLAB 的编程语言具有程序结构控制、函数调用、数据结构、输入输出、面向对象等特征,而且简单易学、编程效率高。

4)MATLAB 工具箱。MATLAB 包含两部分内容:基本部分和各种可选的工具箱。MAT-LAB 工具箱分为两大类:功能性工具箱和学科性工具箱。

二、MATLAB 的安装与启动

1. MATLAB 的安装

安装 MATLAB 6.5 系统，需运行计算机操作系统自带的应用程序 setup.exe，然后按照安装提示从 MATLAB 软件安装光盘或其他位置找到安装程序，依次操作。在 MATLAB 安装完毕后，操作系统可能会要求系统重新启动。

2. MATLAB 的启动

与一般的 Windows 程序一样，启动 MATLAB 系统有 3 种常见方法。
1）使用 Windows "开始"菜单。
2）运行 MATLAB 系统启动程序 matlab.exe。
3）利用快捷方式。

启动 MATLAB 后，将进入 MATLAB 6.5 集成环境。MATLAB 6.5 集成环境包括 MATLAB 主窗口、命令窗口（Command Window）、工作空间窗口（Workspace）、命令历史窗口（Command History）、当前目录窗口（Current Directory）和启动平台窗口（Launch Pad）等。

当 MATLAB 安装完毕并首次启动时，展现在屏幕上的界面为 MATLAB 的默认界面，如图 1 所示。

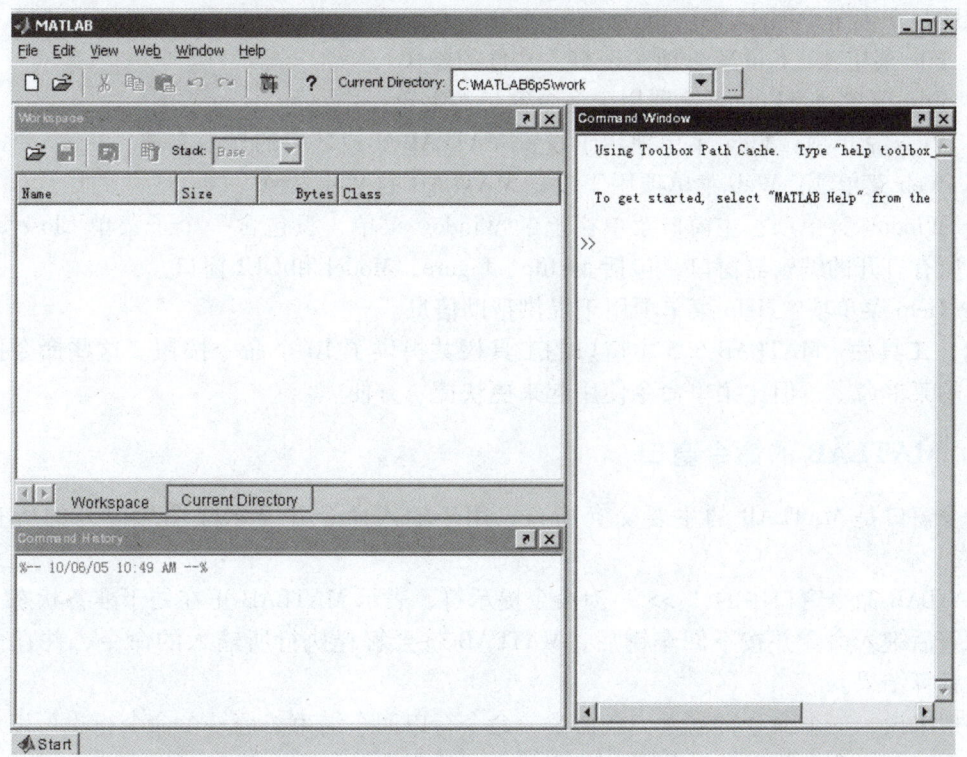

图 1　MATLAB 启动后的默认界面

3. MATLAB 的退出

要退出 MATLAB 系统，也有 3 种常见方法。
1）在 MATLAB 主窗口 File 菜单中选择 Exit MATLAB 命令。
2）在 MATLAB 命令窗口输入 Exit 或 Quit 命令。
3）单击 MATLAB 主窗口的"关闭"按钮。

三、MATLAB 的命令窗口

1. MATLAB 的主工作窗口

MATLAB 主窗口是 MATLAB 的主要工作界面。主窗口除了嵌入一些子窗口外，还主要包括菜单栏和工具栏，如图 2 所示。

图 2　MATLAB 的菜单栏和工具栏

（1）菜单栏　在 MATLAB 6.5 主窗口的菜单栏，共包含 File、Edit、View、Web、Window 和 Help 6 个菜单项。
1）File 菜单项：File 菜单项实现有关文件的操作。
2）Edit 菜单项：Edit 菜单项用于命令窗口的编辑操作。
3）View 菜单项：View 菜单项用于设置 MATLAB 集成环境的显示方式。
4）Web 菜单项：Web 菜单项用于设置 MATLAB 的 Web 操作。
5）Window 菜单项：主窗口菜单栏上的 Window 菜单，只包含一个子菜单 Close all，用于关闭所有打开的编辑器窗口，包括 M-file、Figure、Model 和 GUI 窗口。
6）Help 菜单项：Help 菜单项用于提供帮助信息。

（2）工具栏　MATLAB 6.5 主窗口的工具栏共提供了 10 个命令按钮。这些命令按钮均有对应的菜单命令，但比菜单命令使用起来更快捷、方便。

2. MATLAB 的命令窗口

命令窗口是 MATLAB 的主要交互窗口，用于输入命令并显示除图形以外的所有执行结果。

MATLAB 命令窗口中的" >> "为命令提示符，表示 MATLAB 正在处于准备状态。在命令提示符后键入命令并按下回车键后，MATLAB 就会解释执行所输入的命令，并在命令后面给出计算结果。

一般来说，一个命令行输入一条命令，命令行以回车结束。但一个命令行也可以输入若干条命令，各命令之间以逗号分隔，若前一命令后带有分号，则逗号可以省略。

例如：

$$p = 15,\ m = 35$$
$$p = 15;\ m = 35$$

如果一个命令行很长，一个物理行之内写不下，可以在第一个物理行之后加上3个"·"并按下回车键，然后接着下一个物理行继续写命令的其他部分。3个"·"称为续行符，即把下面的物理行看作该行的逻辑继续。

在MATLAB里，有很多的控制键和方向键可用于命令行的编辑。

3. MATLAB 的工作空间窗口

工作空间是MATLAB用于存储各种变量和结果的内存空间，如图3所示。在该窗口中显示工作空间中所有变量的名称、大小、字节数和变量类型说明，可对变量进行观察、编辑、保存和删除。

4. MATLAB 的当前目录窗口和搜索路径

（1）当前目录窗口　当前目录是指MATLAB运行文件时的工作目录，只有在当前目录或搜索路径下的文件、函数可以被运行或调用，如图4所示。

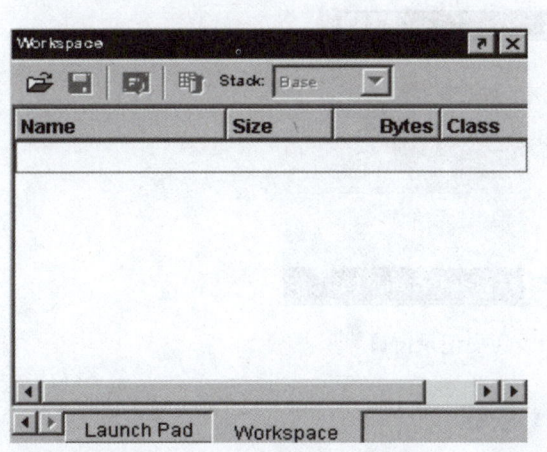
图3　MATLAB的工作空间窗口

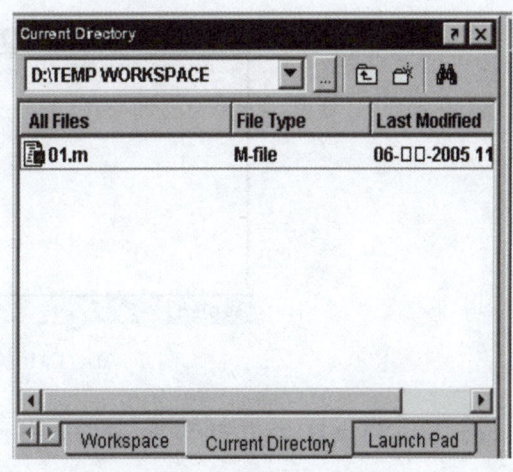
图4　当前目录窗口

在当前目录窗口中可以显示或改变当前目录，还可以显示当前目录下的文件并提供搜索功能。将用户目录设置成当前目录也可使用cd命令。

例如，将用户目录"c:\mydir"设置为当前目录，可在命令窗口输入命令"cd c:\mydir"。

（2）MATLAB 的搜索路径　当用户在MATLAB命令窗口输入一条命令后，MATLAB按照一定次序寻找相关的文件。基本的搜索过程如下。

1）检查该命令是不是一个变量。
2）检查该命令是不是一个内部函数。
3）检查该命令是否是当前目录下的M文件。
4）检查该命令是否是MATLAB搜索路径中其他目录下的M文件。

用户可以将自己的工作目录列入MATLAB搜索路径，从而将用户目录纳入MATLAB系统统一管理。

设置搜索路径的方法有：

1）用 path 命令设置搜索路径。

例如，将用户目录"c:\mydir"加到搜索路径下，可在命令窗口输入命令"path(path,'c:\mydir')"。

2）用对话框设置搜索路径。

在 MATLAB 的 File 菜单中选"Set Path"命令或在命令窗口执行"pathtool"命令，将出现搜索路径设置对话框。通过"Add Folder"或"Add with Subfolder"命令按钮将指定路径添加到搜索路径列表中。

在修改完搜索路径后，需要保存搜索路径。

5. MATLAB 的命令历史记录窗口

在默认设置下，历史记录窗口中会自动保留从安装 MATLAB 软件起所有用过的命令的历史记录，并且还标明了使用时间，从而方便用户查询。而且，通过双击命令可进行历史命令的再运行。如果要清除这些历史记录，可以选择 Edit 菜单中的"Clear Command History"命令，也可以在历史记录窗口中单击右键，执行"Delete Entire History"命令项，如图 5 所示。

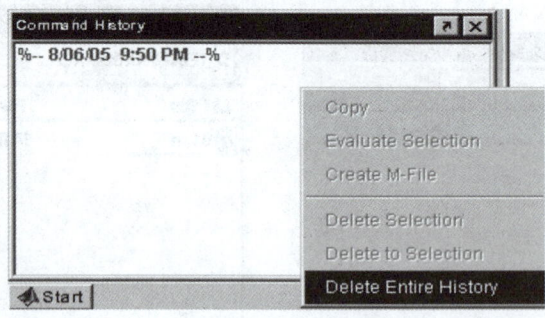

图 5　MATLAB 的命令历史记录窗口

6. MATLAB 的启动平台窗口和 Start 按钮

MATLAB 6.5 的启动平台窗口可以帮助用户方便地打开和调用 MATLAB 的各种程序、函数和帮助文件。

MATLAB 6.5 主窗口左下角还有一个 Start 按钮，单击该按钮会弹出一个菜单，选择其中的命令可以执行 MATLAB 产品的各种工具，并且可以查阅 MATLAB 包含的各种资源。如图 6 所示。

7. MATLAB 的帮助系统

MATLAB 为用户提供了丰富完善的帮助系统。进入帮助窗口可以通过以下 3 种方法。

1）单击 MATLAB 主窗口工具栏中的 Help 按钮。

2）在命令窗口中输入 helpwin、helpdesk 或 doc。

3）选择 Help 菜单中的"MATLAB Help"选项。

通过帮助窗口，读者可以获取有关 MATLAB 信息和资料，并得到解决相关问题。

附录　自动控制系统辅助分析工具——MATLAB软件及其应用

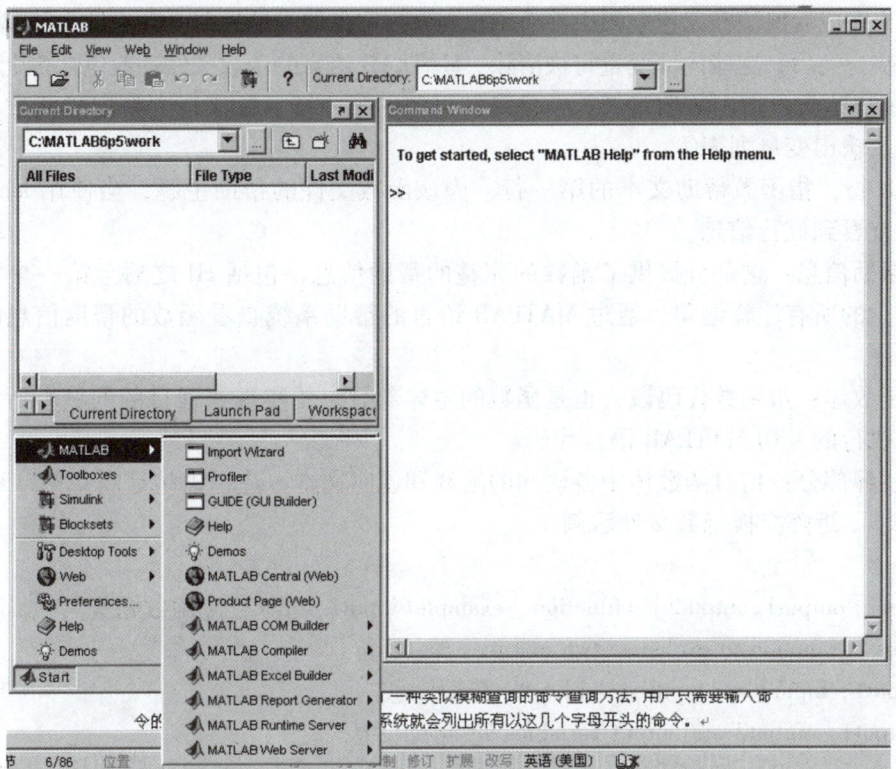

图6　MATLAB 的启动平台窗口

四、MATLAB 中的命令函数和 M 文件

当用户实现一些简单命令时，由于需要输入语句不多，可以在命令窗口中一行一行输入，并能立刻显示结果，这是 MATLAB 的一个优点。但是，如果要大量输入语句，并且要实现复杂功能，反复调用修改的程序时，这种功能就显得有点不足了，这个时候，必须利用 MATLAB 语言编写程序文件，即一种以".m"为扩展名的 MATLAB 程序（简称 M 文件）。

1. M 文件概述

所谓 M 文件就是用 MATLAB 语言编写的，可在 MATLAB 语言环境下运行程序源代码文件。由于 MATLAB 软件是基于 C 语言开发而成的，因此，M 文件的语法与 C 语言十分相似。M 文件可以在 MATLAB 的程序编辑器中编写，也可以在其他的文本编辑器中编写，并以".m"为扩展名加以存储。在运行文件时只需在 MATLAB 命令窗口下键入该文件名即可。

M 文件可以根据调用方式的不同分为两类：函数文件（Function File）和命令文件（Script File）。

(1) 函数文件　MATLAB 语言中，如果 M 文件的第一个可执行以 function 开始，该文件就是函数文件，每一个函数文件都定义一个函数。事实上，MATLAB 提供的函数命令大部分都是由函数文件来定义的。从使用的角度看，函数是一个"黑箱"，把一些数据送进去，经加工处理，把结果送出来。从形式上看，函数文件区别于命令文件之处在于：命令文件的变量在文件执行完成后保留在工作空间中,而函数文件内定义的变量只在函数文件内部起作用,当函数文件执行完后,这些内部变量将被清除。MATLAB 语言的函数文件一般包含 5 个部分。

1)函数题头:指函数的定义行,是函数语句的第一行,在该行中将定义函数名、输入变量列表及输出变量列表等。

2)H1 行:指函数帮助文本的第一行,为该函数文件的帮助主题,当使用 lookfor 命令时,可以查看到该行信息。

3)帮助信息:这部分提供了函数的完整的帮助信息,包括 H1 之后至第一个可执行行或空行为止的所有注释语句,通过 MATLAB 语言的帮助系统查看函数的帮助信息时,将显示该部分。

4)函数体:指函数代码段,也是函数的主体部分,是实现编程目的的核心所在,它包括所有可执行的一切 MATLAB 语言代码。

5)注释部分:指对函数体中各语句的解释和说明文本,注释语句是以"%"引导的。

【例 1】 矩阵交换函数文件示例。

解:

function[output1,output2] = function—example(input1,input2)% 函数题头
% This is function to exchange two matrices % H1 行
% input1,input2 are input variables % 帮助信息
% output1,output2 are output variables % 帮助信息
output1 = input2; % 函数体
output2 = input1; % 函数体
% The end of this example function
[a,b] = function...example(a,b)
a =
8 1 6
3 5 7
4 9 2
b =
1 1 1
1 2 3
1 3 6

通过【例 1】可以看到,通过使用函数对矩阵 a、b 进行了相互交换。在该函数题头中,"function"为 MATLAB 语言中函数的标示符,而 function...example 为函数名,input1、input2 为输入变量,而 output1、output2 为输出变量,实际调用过程中,可以用有意义的变量替代使用。题头的定义是有一定的格式要求的,输出变量是由中括号标识的,而输入变量是由小括号标识的,各变量间用逗号间隔。**应该注意到,函数的输入变量引用的只是该变量的值而非其他值**,所以函数内部对输入变量的操作不会带回到工作空间中。

函数体是函数的主体部分,通过这个例子可以看到:MATLAB 语言中将一行内"%"后所有文本均视为注释部分,在程序的执行过程中不被执行,并且"%"出现的位置也没有明确的规定,可以是一行的首位,这样,整行文本均为注释语句,也可以是在行中的某个

位置,这样其后所有文本将被视为注释语句,这也展示了 MATLAB 语言在编程中的灵活性。

尽管在上面介绍了函数文件的 5 个组成部分,但是并不是所有的函数文件都需要全部的这 5 个部分,**实际上,5 部分中只有函数题头是一个函数文件所必需的,而其他的 4 个部分均可省略。当然,如果没有函数体则为一空函数,不能产生任何作用。**

在 MATLAB 语言中,存储 M 文件时文件名应当与文件内主函数名相一致,这是因为在调用 M 文件时,系统查询的是相应的文件而不是函数名,如果两者不一致,则打不开目的文件,或者打开的是其他文件。鉴于这种查询文件的方式与以往程序设计语言不同,在其他的语言系统中,函数的调用都是指对函数名本身的,所以,建议在存储 M 文件时,应将文件名与主函数名统一起来,以便于理解和使用。

(2) 命令文件　命令文件是 M 文件中最简单的一种,不需要输入、输出参数,用命令语句可以控制 MATLAB 工作空间的所有数据。运行过程中,产生的所有变量均是全局变量,这些变量一旦生成,就一直保存在内存空间中,除非用户运行 clear 命令将它们清除。

运行一个命令文件等价于从命令窗口中按顺序运行文件里的命令。由于命令文件只是一串命令的集合,因此程序不需要预先定义,而只是像在命令窗口中输入命令那样,依次将命令编辑在命令文件中即可。

【例 2】　分别建立命令文件和函数文件,将华氏温度°F 转换为摄氏温度°C。

解:

命令文件:

首先建立命令文件并以文件名"f2c.m"存盘。

```
clear;                    % 清除工作空间中的变量
f = input('Input Fahrenheit temperature:');
c = 5 * (f - 32)/9
```

然后在 MATLAB 的命令窗口中输入"f2c",将会执行该命令文件,执行情况为:

Input Fahrenheit temperature:73

c =

　　22.7778

函数文件:

首先建立函数文件 f2c.m。

```
function c = f2c(f)
c = 5 * (f - 32)/9
```

然后在 MATLAB 的命令窗口调用该函数文件。

```
clear;
y = input('Input Fahrenheit temperature:');
x = f2c(y)
```

输出情况为:

Input Fahrenheit temperature:70

c =

　　21.1111

x =
   21.1111

(3) 函数的调用

1) 调用形式。

[输出实参表] = 函数名（输入实参表）

在调用的过程中，如果是函数文件，一定要注意参数的顺序，如果是命令文件的话，只需要在命令窗口中输入文件名即可。

【例3】 average 函数用于计算矢量中单元的平均值。

解：

Function y = average(x)

% average 函数计算矢量中单元的平均值

% y = average(x), 其中 x 是矢量, y 是计算出的矢量中单元的平均值

% 非矢量输入将导致错误

[m,n] = size(x); % 判断输入量的大小

if(~((m==1)|(n==1))|(m==1&n==1))

% 判断输入是否为矢量

error('必须输入矢量')

end

y = sum(x)/length(x); % 计算

然后在 MATLAB 的命令窗口运行以下命令，便可求得 1~1000 的平均值。

   z = 1:1000;
  average(z)

输出为：

ans =

500.5000

2) 嵌套调用和递归调用。

在函数定义的过程中，可以调用别的函数，也可以调用自身。调用别的函数称为嵌套，调用自身称为递归，递归可以认为是特殊的嵌套，在调用过程中一定要注意调用的结束条件。调用是程序设计的一个亮点，有很多意想不到的优点，比如用递归调用解决汉诺塔问题就是一个典型的例子。

【例4】 下面是一个模仿计算器的例子，能够实现两个数的加法，减法，乘法，除法。

解：

首先，要建立一个函数文件，文件的名称与函数的名称要一样，本例中命名这个函数为 jisuan.m。先打开 MATLAB 的文本编辑器，然后在文本编辑器中输入如下的内容：

function [add,mul,ji,sang] = jisuan(a,b)

   add = a + b;
   mul = a - b;
   ji = a * b;
   sang = a/b;

到此为止，这个文件就建好了，该文件以文件名"jisuan. m"保存，如图 7 所示。

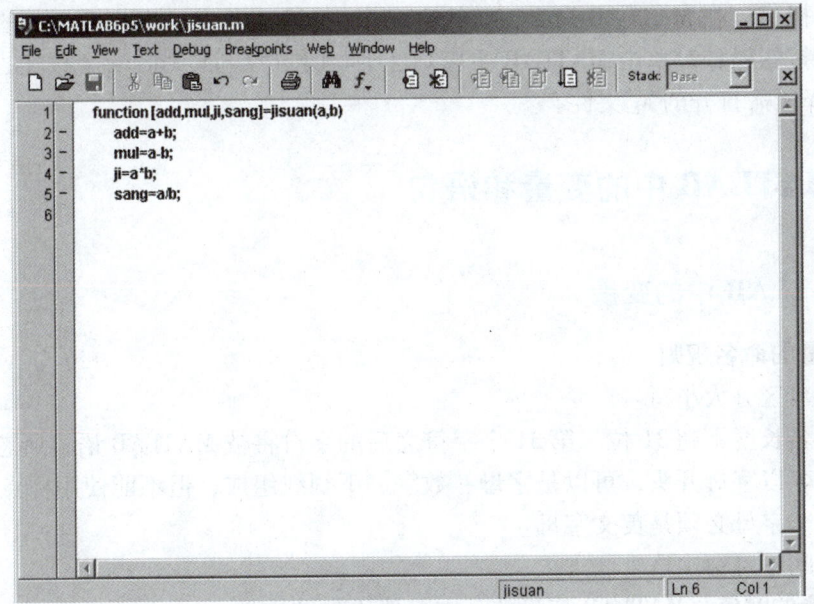

图 7　计算器函数文件的建立

然后，在命令窗口中输入：

>>[he,ca,ji,sang] = jisuan(1,2)

则计算机给出的计算结果为：

he = 3

ca = - 1

ji = 2

sang = 0. 5000

2. M 文件的建立与打开

M 文件是一个文本文件，它可以用任何编辑程序来建立和编辑，而一般常用且最为方便的是使用 MATLAB 提供的文本编辑器。

(1) 建立新的 M 文件　为建立新的 M 文件，启动 MATLAB 文本编辑器有以下 3 种方法。

1) 菜单操作。从 MATLAB 主窗口的 File 菜单中选择 New 菜单项，再选择 M-file 命令，屏幕上将出现 MATLAB 文本编辑器窗口。

2) 命令操作。在 MATLAB 命令窗口输入命令 edit，启动 MATLAB 文本编辑器后，输入 M 文件的内容并存盘。

3) 命令按钮操作。单击 MATLAB 主窗口工具栏上的 New M-File 命令按钮，启动 MATLAB 文本编辑器后，输入 M 文件的内容并存盘。

(2) 打开已有的 M 文件　打开已有的 M 文件，也有 3 种方法。

1) 菜单操作。从 MATLAB 主窗口的 File 菜单中选择 Open 命令，则屏幕出现 Open 对话框，在 Open 对话框中选中所需打开的 M 文件。在文档窗口可以对打开的 M 文件进行编辑修改，编辑完成后，将 M 文件存盘。

2) 命令操作。在 MATLAB 命令窗口输入命令：edit 文件名，则打开指定的 M 文件。

3) 命令按钮操作。单击 MATLAB 主窗口工具栏上的 Open File 命令按钮，再从弹出的对话框中选择所需打开的 M 文件。

五、MATLAB 中的变量和语句

1. MATLAB 中的变量

（1）变量的命名规则

1) 变量名区分大小写。
2) 变量名长度不超 31 位，第 31 个字符之后的字符将被 MATLAB 语言所忽略。
3) 变量名以字母开头，可以是字母、数字、下划线组成，但不能使用标点。
4) 第一个字母必须是英文字母。
5) 字母间不可留空格。

（2）变量的赋值 MATLAB 变量的基本赋值语句结构是：

$$变量名 = 表达式$$

MATLAB 不需要指定变量类型，MATLAB 语言会自动依据所赋予变量的值或对变量所进行的操作来识别变量的类型。在赋值过程中，如果赋值变量已存在时，MATLAB 语言将使用新值代替旧值，并以新值类型代替旧值类型。这些功能使得 MATLAB 易学易用，使用者可专心致力于编写程序，而不必被一些形式上的问题所干扰。

（3）变量的作用域 与其他的程序设计语言相同，在 MATLAB 语言中也存在变量作用域的问题。在未加特殊说明的情况下，MATLAB 语言将所识别的一切变量视为局部变量，即仅在其使用的 M 文件内有效。若要将变量定义为全局变量，则应当对变量进行说明，即在该变量前加关键字"global"。**一般来说全局变量均用大写的英文字符表示。**

（4）内存变量的删除与修改 MATLAB 工作空间窗口专门用于内存变量的管理。在工作空间窗口中可以显示所有内存变量的属性。当选中某些变量后，再单击 Delete 按钮，就能删除这些变量。当选中某些变量后，再单击 Open 按钮，将进入变量编辑器。通过变量编辑器可以直接观察变量中的具体元素，也可修改变量中的具体元素。

clear 命令用于删除 MATLAB 工作空间中的变量。who 和 whos 这两个命令用于显示在 MATLAB 工作空间中已经驻留的变量名清单。who 命令只显示出驻留变量的名称，whos 在给出变量名的同时，还给出它们的大小、所占字节数及数据类型等信息。

（5）常见的数学函数 MATLAB 中常见的数学函数如表 1 所示。

表 1 常见的数学函数

sin(x):正弦函数	acos(x):反余弦函数	sinh(x):超越正弦函数	acosh(x):反超越余弦函数
cos(x):余弦函数	atan(x):反正切函数	cosh(x):超越余弦函数	atanh(x):反超越正切函数
tan(x):正切函数	atan2(x,y):四象限的反正切函数	tanh(x):超越正切函数	
asin(x):反正弦函数		asinh(x):反超越正弦函数	

(6) 适用于向量的常用函数　MATLAB 中常见的适用于向量的函数如表 2 所示。

表 2　适用于向量的常用函数

min(x):向量 x 的元素的最小值	length(x):向量 x 的元素个数
max(x):向量 x 的元素的最大值	sum(x):向量 x 的元素总和
mean(x):向量 x 的元素的平均值	dot(x,y):向量 x 和 y 的内积
median(x):向量 x 的元素的中位数	prod(x):向量 x 的元素总乘积
std(x):向量 x 的元素的标准差	cumsum(x):向量 x 的累计元素总和
diff(x):向量 x 的相邻元素的差	cumprod(x):向量 x 的累计元素总乘积
sort(x):对向量 x 的元素进行排序	cross(x,y):向量 x 和 y 的外积
norm(x):向量 x 的欧氏长度	

2. MATLAB 中的运算

(1) 基本算术运算　MATLAB 的基本算术运算有：+(加)、-(减)、*(乘)、/(右除)、\(左除)、^(乘方)。

注意：运算是在矩阵意义下进行的，单个数据的算术运算只是一种特例。

1) 矩阵加减运算。假定有两个矩阵 A 和 B，则可以由 $A+B$ 和 $A-B$ 实现矩阵的加减运算。运算规则是：若 A 和 B 矩阵的维数相同，则可以执行矩阵的加减运算，A 和 B 矩阵的相应元素相加减。如果 A 与 B 的维数不相同，则 MATLAB 将给出错误信息，提示用户两个矩阵的维数不匹配。

2) 矩阵乘法。假定有两个矩阵 A 和 B，若 A 为 m×n 矩阵，B 为 n×p 矩阵，则 $C = A \times B$ 为 m×p 矩阵。

3) 矩阵除法。在 MATLAB 中，有两种矩阵除法运算：\ 和 /，分别表示左除和右除。如果 A 矩阵是非奇异方阵，则 $A\backslash B$ 和 B/A 运算可以实现。$A\backslash B$ 等效于 A 的逆左乘 B 矩阵，也就是 $inv(A)*B$；而 B/A 等效于 A 矩阵的逆右乘 B 矩阵，也就是 $B*inv(A)$。

对于含有标量的运算，两种除法运算的结果相同，如 3/4 和 4\3 有相同的值，都等于 0.75。又如，设 $a=[10.5, 25]$，则 $a/5 = 5\backslash a = [2.1000\ 5.0000]$。对于矩阵来说，左除和右除表示两种不同的除数矩阵和被除数矩阵的关系。对于矩阵运算，一般 $A\backslash B \neq B/A$。

4) 矩阵的乘方。一个矩阵的乘方运算可以表示成 A^x，要求 A 为方阵，x 为标量。

(2) 点运算　在 MATLAB 中，有一种特殊的运算，因为其运算符是在有关算术运算符前面加点，所以叫点运算。点运算符有 .*、./、.\和 .^。两矩阵进行点运算是指它们的对应元素进行相关运算，要求两矩阵的维参数相同。

(3) 关系运算　MATLAB 提供了 6 种关系运算符：<(小于)、< =(小于或等于)、>(大于)、> =(大于或等于)、==(等于)、~ =(不等于)。关系运算符具有如下运算法则。

1) 当两个比较量是标量时，直接比较两数的大小。若关系成立，关系表达式结果为 1，否则为 0。

2) 当参与比较的量是两个维数相同的矩阵时，是将两矩阵相同位置的元素按标量关系运算规则逐个进行比较，从而得出结果。最终的关系运算的结果是一个维数与原矩阵相同的矩阵，它的元素由 0 或 1 组成。

3)当参与比较的一个是标量,而另一个是矩阵时,则把标量与矩阵的每一个元素按标量关系运算规则逐个比较,并得出比较结果。最终的关系运算的结果是一个维数与原矩阵相同的矩阵,它的元素由 0 或 1 组成。

(4) 逻辑运算　MATLAB 提供了 3 种逻辑运算符:&(与)、|(或)和~(非)。逻辑运算的运算法则如下。

1)在逻辑运算中,确认非零元素为真,用 1 表示;零元素为假,用 0 表示。

2)设参与逻辑运算的是两个标量 a 和 b。a&b 时,若 a、b 全为非零,则运算结果为 1,否则为 0。a|b 时,只要 a、b 中有一个非零,运算结果就为 1。~a 时,若 a 是零,则运算结果为 1;若 a 非零,则运算结果为 0。

3)若参与逻辑运算的是两个同维矩阵,那么运算将对矩阵相同位置上的元素按标量规则逐个进行。最终运算结果是一个与原矩阵同维的矩阵,其元素由 1 或 0 组成。

4)若参与逻辑运算的一个是标量,一个是矩阵,那么运算将在标量与矩阵中的每个元素之间按标量规则逐个进行。最终运算结果是一个与矩阵同维的矩阵,其元素由 1 或 0 组成。

5)逻辑非是单目运算符,也服从矩阵运算规则。

注意:在算术、关系、逻辑运算中,算术运算优先级最高,逻辑运算优先级最低。

3. 字符串

字符串是用单撇号括起来的字符序列。例如,'Central South University'。若字符串中的字符含有单撇号,则该单撇号字符应用两个单撇号来表示。

六、用 MATLAB 绘制响应曲线

1. 二维数据曲线

(1) 绘制单根二维曲线　在 MATLAB 中可以使用 plot 函数绘制曲线。plot 函数的基本调用格式为

$$\text{plot}(x,y)$$

其中 x 和 y 为长度相同的向量,分别用于存储 x 坐标和 y 坐标数据。

【例 5】　在 $0 \leq x \leq 2\pi$ 区间内,绘制曲线 $y = 2e^{-0.5x}\cos(4\pi x)$。

解:

程序如下:

x = 0:pi/100:2 * pi;
y = 2 * exp(-0.5 * x). * cos(4 * pi * x);
plot(x,y);

程序结果如图 8 所示。

(2) 绘制多根二维曲线

1) plot 函数的输入参数是矩阵形式

① 当 **x** 是向量,**y** 是有一维与 **x** 同维的矩阵时,则可以绘制出多根不同颜色的曲线。曲线条数等于 **y** 矩阵的另一维数,**x** 为这些曲线共同的横坐标。

② 当 **x**、**y** 是同维矩阵时，则以 **x**、**y** 对应列元素为横、纵坐标分别绘制曲线，曲线条数等于矩阵的列数。

③ 对只包含一个输入参数的 plot 函数，当输入参数是实矩阵时，则按列绘制每列元素值相对其下标的曲线，曲线条数等于输入参数矩阵的列数。

④ 当输入参数是复数矩阵时，则按列分别以元素实部和虚部为横、纵坐标绘制多条曲线。

2）含多个输入参数的 plot 函数含多个输入参数的 plot 函数的调用格式为

plot(x1,y1,x2,y2,…,xn,yn)

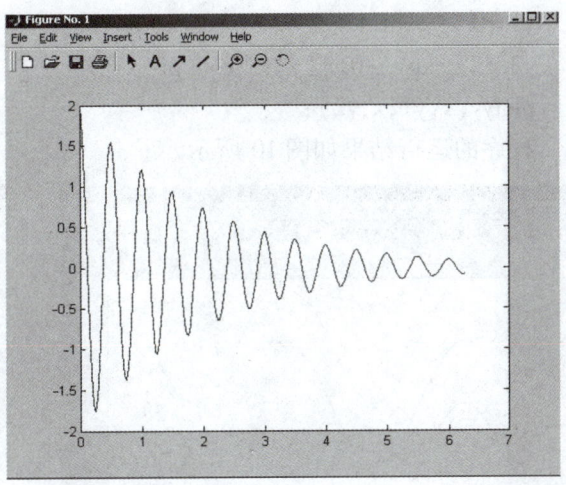

图 8 例 5 的程序运行结果

① 当输入参数都为向量时，**x1** 和 **y1**，**x2** 和 **y2**，…，**xn** 和 **yn** 分别组成一组向量对，每一组向量对的长度可以不同。每一向量对可以绘制出一条曲线，这样可以在同一坐标内绘制出多条曲线。

② 当输入参数有矩阵形式时，配对的 **x**、**y** 按对应列元素为横、纵坐标分别绘制曲线，曲线条数等于矩阵的列数。

【例 6】 参照图 9，分析下列程序绘制的曲线的形状。

解：

x1 = linspace(0,2*pi,100); % 把[0,2π]区间分成间距相等的 100 等份，得到向量 x1
x2 = linspace(0,3*pi,100); % 把[0,3π]区间分成间距相等的 100 等份，得到向量 x2
x3 = linspace(0,4*pi,100); % 把[0,4π]区间分成间距相等的 100 等份，得到向量 x3
y1 = sin(x1);
y2 = 1 + sin(x2);
y3 = 2 + sin(x3);
x = [x1;x2;x3]′;
y = [y1;y2;y3]′;
plot(x,y,x1,y1 - 1);

3）具有两个纵坐标标度的图形。在 MATLAB 中，如果需要绘制出具有不同纵坐标标度的两个图形，可以使用 plotyy 绘图函数。调用格式为

plotyy(x1,y1,x2,y2)

其中"x1，y1"对应一条曲线，"x2，y2"对应另一条曲线。横坐标的标度相同，纵坐标有两个，左纵坐标用于"x1，y1"数据对，右纵坐标用于"x2，y2"数据对。

【例 7】 已知 $0 \leq x \leq 2\pi$，用不同标度在同一坐标内绘制曲线 $y1 = 0.2e^{-0.5x}\cos(4\pi x)$ 和 $y2 = 2e^{-0.5x}\cos(\pi x)$。

解：

程序如下：

x = 0:pi/100:2*pi;

y1 = 0.2 * exp(-0.5 * x). * cos(4 * pi * x);
y2 = 2 * exp(-0.5 * x). * cos(pi * x);
plotyy(x,y1,x,y2);

程序的运行结果如图 10 所示。

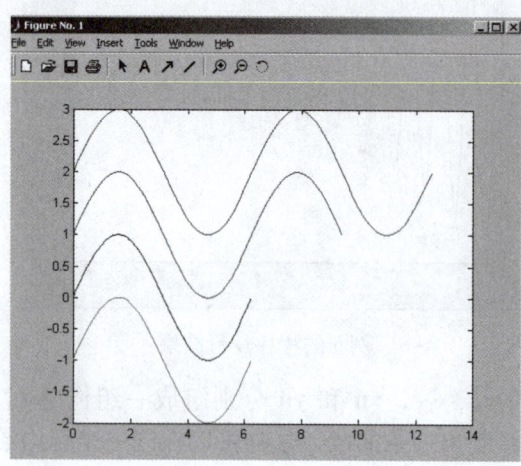

图 9　例 6 的程序运行结果

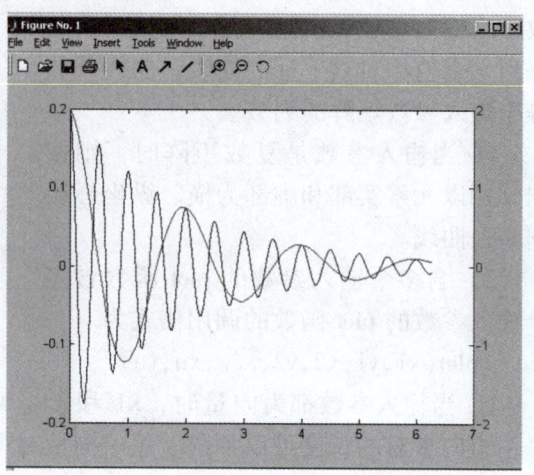

图 10　例 7 的程序运行结果

2. 图形保持

hold on/off 命令控制是保持原有图形还是刷新原有图形，不带参数的 hold 命令在两种状态之间进行切换。

【例 8】　采用图形保持，在同一坐标内绘制曲线 y1 = $0.2e^{-0.5x}\cos(4\pi x)$ 和 y2 = $2e^{-0.5x}\cos(\pi x)$。

解：
程序如下：
x = 0:pi/100:2 * pi;
y1 = 0.2 * exp(-0.5 * x). * cos(4 * pi * x);
plot(x,y1)
hold on
y2 = 2 * exp(-0.5 * x). * cos(pi * x);
plot(x,y2);
hold off

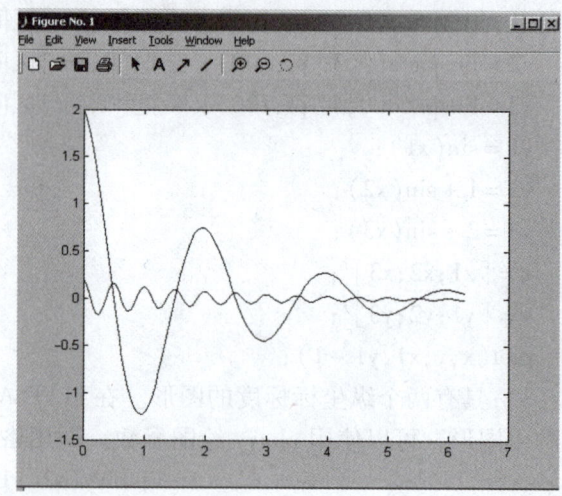

图 11　例 8 的程序运行结果

程序的运行结果如图 11 所示。

3. 设置曲线样式

MATLAB 提供了一些绘图选项，用于确定所绘曲线的线型、颜色和数据点标记符号。其中颜色控制字符如表 3 所示，线型控制字符如表 4 所示；点型控制字符如表 5 所示。它们可以组合使用。例如，"k:"表示黑色的点线；"b-."表示蓝色点划线；"y:d"表示黄色虚线并用菱形符标记数据点;"bp"表示蓝色实线,并用五角星符标记数据点。当选项省略时,MATLAB 规定,线型一律用实线,颜色将根据曲线的先后顺序依次出现。

表 3　颜色控制字符

字符	颜色
b/blue	兰色
c/cyan	青色
g/green	绿色
k/black	黑色
m/magenta	洋红
r/red	红色
w/white	白色
y/yellow	黄色

表 4　线型控制字符

字符	线型
-	实线
:	点线
-.	点划线
--	虚线
无	不绘制图线

表 5　点型控制字符

字符	点型	字符	点型
.	点	v	顶点指向下方的三角形
o	圆圈	<	顶点指向左边的三角形
x	差号×	>	顶点指向右边的三角形
+	十字标号	^	顶点指向上方的三角形
*	星号	p	五角星
s	方块	h	六角星
D	钻石形	无	无点

要设置曲线样式可以在 plot 函数中加绘图选项,其调用格式为

$$plot(x1,y1,选项1,x2,y2,选项2,\cdots,xn,yn,选项n)$$

【例 9】　在同一坐标内,分别用不同线型和颜色绘制曲线 $y1 = 0.2e^{-0.5x}\cos(4\pi x)$ 和 $y2 = 2e^{-0.5x}\cos(\pi x)$,并标记两曲线交叉点。

解:

程序如下:

x = linspace(0,2 * pi,1000);
y1 = 0.2 * exp(-0.5 * x). * cos(4 * pi * x);
y2 = 2 * exp(-0.5 * x). * cos(pi * x);
k = find(abs(y1 - y2) < 1e - 2);　　　　% 查找 y1 与 y2 相等点(近似相等)的下标
x1 = x(k);　　　　　　　　　　　　% 取 y1 与 y2 相等点的 x 坐标
y3 = 0.2 * exp(-0.5 * x1). * cos(4 * pi * x1);　　% 求 y1 与 y2 值相等点的 y 坐标
plot(x,y1,x,y2,'k:',x1,y3,'bp');

程序运行结果如图 12 所示。

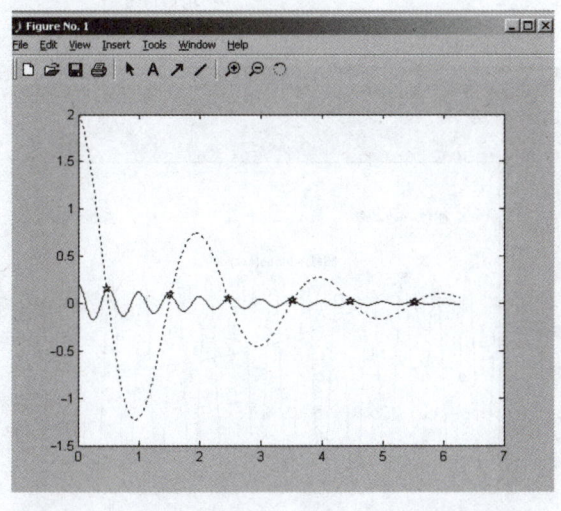

图 12　例 9 的程序运行结果

4. 图形标注与坐标控制

(1) 图形标注 有关图形标注函数的调用格式为

title(图形名称)
xlabel(x 轴说明)
ylabel(y 轴说明)
text(x,y,图形说明)
legend(图例1,图例2,…)

函数中的说明文字，除使用标准的 ASCII 字符外，还可使用 LaTeX 格式的控制字符，这样就可以在图形上添加希腊字母、数学符号及公式等内容。例如，text(0.3,0.5,'sin({\omega}t+{\beta})')将得到标注效果 sin(ωt+β)。

【例 10】 在 $0 \leqslant x \leqslant 2\pi$ 区间内，绘制曲线 $y1 = 2e^{-0.5x}$ 和 $y2 = \cos(4\pi x)$，并给图形添加图形标注。

解：
程序如下：

```
x = 0：pi/100：2 * pi;
y1 = 2 * exp（ - 0.5 * x）;
y2 = cos（4 * pi * x）;
plot（x，y1，x，y2）
title（'x from 0 to 2 {\ pi}'）;              %加图形标题
xlabel（'Variable X'）;                       %加 X 轴说明
ylabel（'Variable Y'）;                       %加 Y 轴说明
text（0.8，1.5，'曲线 y1 = 2e^{ - 0.5x}'）;    %在指定位置添加图形说明
text（2.5，1.1，'曲线 y2 = cos（4 {\ pi} x）'）;
legend（y1，y2）;                             %加图例
```

程序运行结果如图 13 所示。

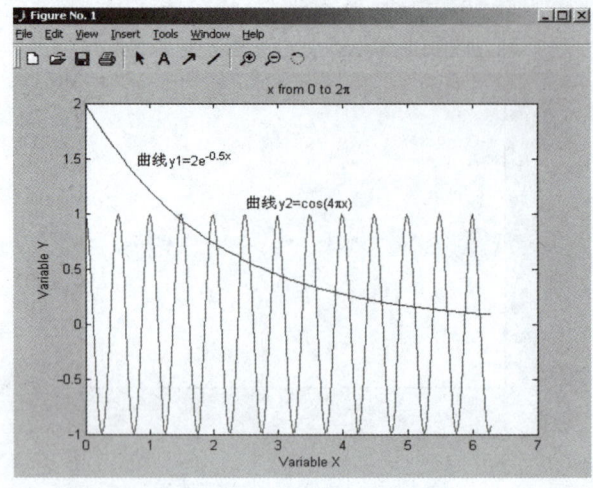

图 13　例 10 的程序运行结果

（2）坐标控制及给坐标加网络线　坐标控制 axis 函数的调用格式为

$$axis([xmin\ xmax\ ymin\ ymax\ zmin\ zmax])$$

axis 函数功能丰富，常用的格式还有如下几种。

axis equal：纵、横坐标轴采用等长刻度。

axis square：产生正方形坐标系（默认为矩形）。

axis auto：使用默认设置。

axis off：取消坐标轴。

axis on：显示坐标轴。

给坐标加网格线用 grid 命令来控制。grid on/off 命令控制是画还是不画网格线，不带参数的 grid 命令在两种状态之间进行切换。

给坐标加边框用 box 命令来控制。box on/off 命令控制是加还是不加边框线，不带参数的 box 命令是在两种状态之间进行切换。

【例 11】　在同一坐标中，可以绘制 3 个同心圆，并加坐标控制。

解：

程序如下：

```
t = 0:0.01:2*pi;
x = exp(j*t);              %圆的极坐标方程 e^(jt),其中 j 为虚单位
y = [x;2*x;3*x];           %分别设半径为 1,2,3 的圆
plot(y)
grid on;                   %加网格线
box on;                    %加坐标边框
axis equal;                %坐标轴采用等刻度
```

程序运行结果如图 14 所示。

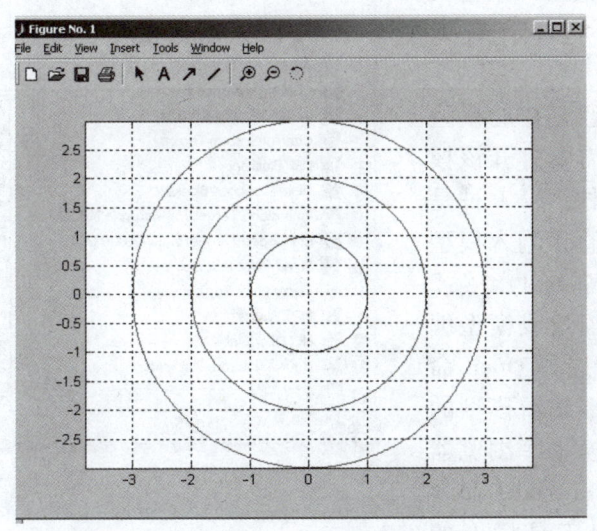

图 14　例 11 的程序运行结果

七、Simulink 仿真软件介绍

1. Simulink 基础操作

Simulink 是 MATLAB 的重要组成部分，提供建立系统模型、选择仿真参数和数值算法、启动仿真程序对该系统进行仿真、设置不同的输出方式来观察仿真结果等功能。

（1）Simulink 的启动与退出

1）Simulink 的启动。在 MATLAB 的命令窗口输入 simulink 或单击 MATLAB 主窗口工具栏上的 Simulink 命令按钮即可启动 Simulink。Simulink 启动后会显示 Simulink 模块库浏览器（Simulink Library Browser）窗口，如图 15 所示。

在 MATLAB 主窗口 File 菜单中选择 New 菜单项下的 Model 命令，在出现 Simulink 模块库浏览器的同时，还会出现一个名字为 untitled 的模型编辑窗口。或者在启动 Simulink 模块库浏览器后再单击其工具栏中的 Create a new model 命令按钮，也会弹出模型编辑窗口。利用模型编辑窗口，可以通过鼠标的拖放操作创建一个模型。

模型创建完成后，从模型编辑窗口的 File 菜单项中选择 Save 或 Save As 命令，可以将模型以模型文件的格式（扩展名为 .mdl）存入磁盘。

如果要对一个已经存在的模型文件进行编辑修改，需要打开该模型文件。其方法有 3 种：第 1 种是在 MATLAB 命令窗口直接输入模型文件名（不要加扩展名 .mdl）。第 2 种是在模块库浏览器窗口或模型编辑窗口的 File 菜单中选择 Open 命令，然后选择或输入欲编辑模型的名字。第 3 种是单击模块库浏览器窗口工具栏上的 Open a model 命令按钮或模型编辑窗口工具栏上的 Open model 命令按钮。

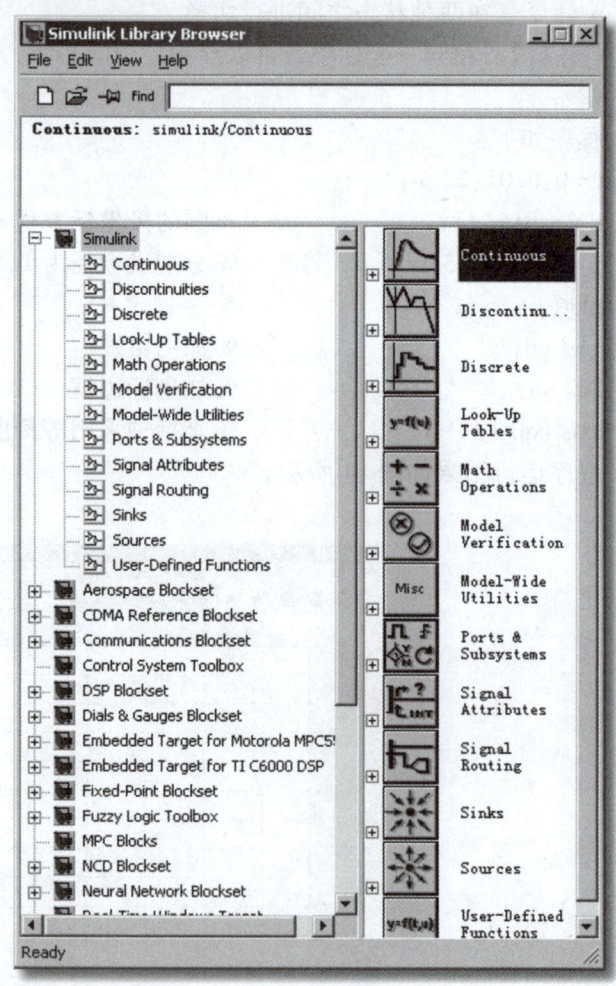

图 15　Simulink 模块库浏览器
（Simulink Library Browser）窗口

2）Simulink 的退出。为了退出 Simulink，只要关闭所有模型编辑窗口和 Simulink 模块库

浏览器窗口即可。

(2) 系统仿真模型

1) Simulink 的基本模块。Simulink 的模块库提供了大量模块。单击模块库浏览器中 Simulink 前面的"+"号，将看到 Simulink 模块库中包含的子模块库。单击所需要的子模块库，在右边的窗口中将看到相应的基本模块，选择所需基本模块，可用鼠标将其拖到模型编辑窗口。同样，在模块库浏览器左侧的 Simulink 栏上单击鼠标右键，在弹出的快捷菜单中单击 Open the 'Simulink' Libray 命令，也可打开 Simulink 基本模块库窗口。单击其中的子模块库图标，打开子模块库，查找仿真所需要的基本模块。

2) 模块的编辑。功能模块的基本编辑操作，包括模块的移动、复制、删除、转向、改变大小、模块命名、颜色设定、参数设定、属性设定、模块输入输出信号设置等。

在模型窗口中，选中模块，则其 4 个角会出现黑色标记。此时可以对模块进行以下的基本操作。

移动：选中模块，按住鼠标左键将其拖曳到所需的位置即可。若要脱离线而移动，可按住 Shift 键，再进行拖曳。

复制：选中模块，然后按住鼠标右键进行拖曳，即可复制同样的一个功能模块。

删除：选中模块，按 Delete 键即可。若要删除多个模块，可以同时按住 Shift 键，再用鼠标选中多个模块，按 Delete 键即可。也可以用鼠标选取某区域，再按 Delete 键就可以把该区域中的所有模块和线等全部删除。

转向：为了能够顺序连接功能模块的输入和输出端，功能模块有时需要转向。在菜单 Format 中选择 Flip Block 即可旋转 180°，选择 Rotate Block 即可顺时针旋转 90°。或者直接按 Ctrl + F 键执行 Flip Block，按 Ctrl + R 键执行 Rotate Block 命令。

改变大小：选中模块，对模块出现的 4 个黑色标记进行拖曳即可。

模块命名：先用鼠标在需要更改的名称上单击一下，然后直接更改即可。名称在功能模块上的位置也可以变换 180°，可以用 Format 菜单中的 Flip Name 来实现，也可以直接通过鼠标进行拖曳。Hide Name 可以隐藏模块名称。

颜色设定：Format 菜单中的 Foreground Color 可以改变模块的前景颜色；Background Color 可以改变模块的背景颜色；而模型窗口的颜色可以通过 Screen Color 来改变。

参数设定：用鼠标双击模块，就可以进入模块的参数设定窗口，从而对模块进行参数设定。参数设定窗口包含了该模块的基本功能帮助，为获得更详尽的帮助，可以点击其上的 help 按钮。通过对模块的参数设定，就可以获得需要的功能模块。

属性设定：选中模块，打开 Edit 菜单的 Block Properties 可以对模块进行属性设定。包括 Description 属性、Priority 优先级属性、Tag 属性、Open function 属性和 Attributes format string 属性。

模块的输入输出信号设置：模块处理的信号包括标量信号和向量信号。标量信号是一种单一信号；而向量信号为一种复合信号，是多个信号的集合，它对应着系统中几条连线的合成。默认情况下，大多数模块的输出都为标量信号，对于输入信号，模块都具有一种"智能"的识别功能，能自动进行匹配。某些模块通过对参数的设定，可以使模块输出向量信号。

3) 模块的连接。Simulink 模型的构建是通过"线"将各种功能模块进行连接而构成的。用鼠标可以在功能模块的输入与输出端之间直接连线。所画的线可以改变粗细、设定标签，也可以对线进行折弯、分支等操作。

改变粗细：线所以有粗细是因为线引出的信号可以是标量信号或向量信号，当选中 Format 菜单下的 Wide Vector Lines 时，线的粗细会根据线所引出的信号是标量还是向量而改变，如果信号为标量则为细线，若为向量则为粗线。选中 Vector Line Widths 则可以显示出向量引出线的宽度，即向量信号由多少个单一信号合成。

设定标签：只要在线上双击鼠标，即可输入该线的说明标签。也可以通过选中线，然后打开 Edit 菜单下的 Signal Properties 进行设定，其中 signal name 属性的作用是标明信号的名称，设置这个名称反映在模型上的直接效果就是与该信号有关的端口相连的所有直线附近都会出现写有信号名称的标签。

线的折弯：按住 Shift 键，再用鼠标在要折弯的线处单击一下，就会出现圆圈，表示折点，利用折点就可以改变线的形状。

线的分支：按住鼠标右键，在需要分支的地方拉出即可以。或者按住 Ctrl 键，并在要建立分支的地方用鼠标拉出即可，方法如图 16 所示。

4）模块的参数和属性设置

① 模块的参数设置。Simulink 中几乎所有模块的参数都允许用户进行设置，只要双击要设置的模块或在模块位置按鼠标右键，并在弹出的快捷菜单中选择相应模块的参数设置命令就会弹出模块参数对话框。该对话框分为两部分，上面一部分是模块功能说明，下面一部分用来进行模块参数设置。

同样，先选择要设置的模块，再在模型编辑窗口 Edit 菜单下选择相应模块的参数设置命令也可以打开模块参数对话框。

② 模块的属性设置。选定要设置属性的模块，然后在模块位置按鼠标右键，并在弹出的快捷菜单中选择 Block Properties，或先选择要设置的模块，再在模型编辑窗口的 Edit 菜单下选择 Block Properties 命令，将打开模块属性对话框。该对话框包括 General、Block annotation 和 Callbacks 3 个可以相互切换的选项卡。其中选项卡中可以设置 3 个基本属性：Description（说明）、Priority（优先级）和 Tag（标记）。

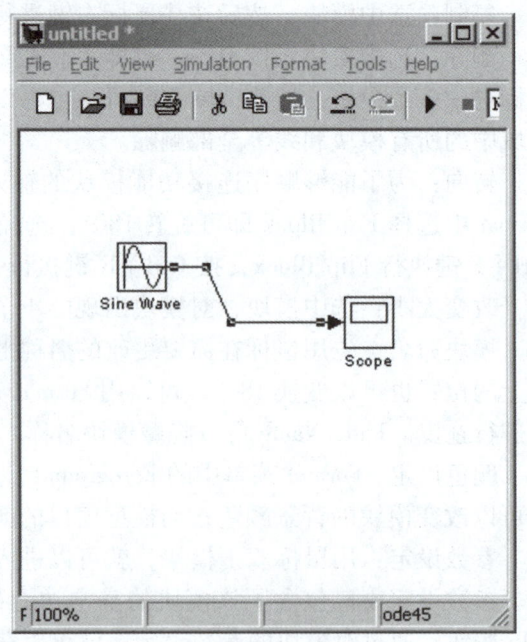

图 16　线的分支

2. 系统的仿真

（1）设置仿真参数　打开系统仿真模型，从模型编辑窗口的 Simulation 菜单中选择 Simulation Parameters 命令，打开一个仿真参数对话框，在其中可以设置仿真参数。仿真参数对话框包含 5 个可以相互切换的选项卡：

1) Solver 选项卡。用于设置仿真起始和停止时间，选择微分方程求解算法并为其规定参数，以及选择某些输出选项，其对话框窗口如图 17 所示。

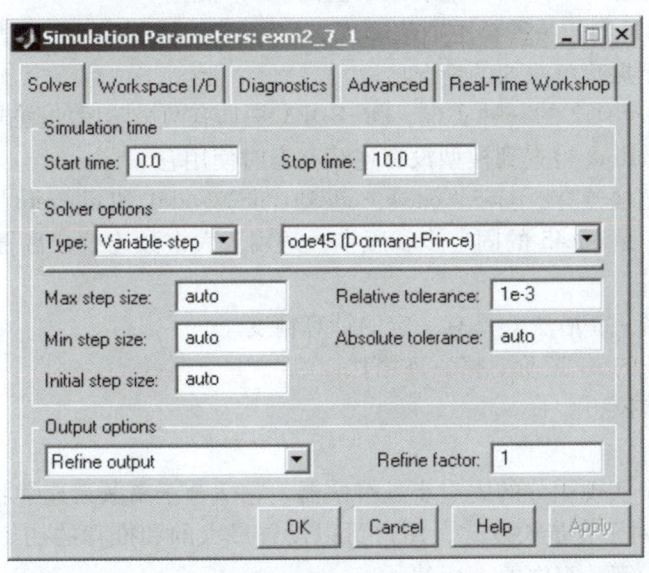

图 17　Solver 选项卡

① 仿真时间（Simulation time）。**注意这里的时间概念与真实的时间并不一样，只是计算机仿真中对时间的一种表示。**比如 10s 的仿真时间，如果采样步长定为 0.1，则需要执行 100 步，若把步长减小，则采样点数增加，那么实际的执行时间就会增加。一般仿真开始时间设为 0，而结束时间视不同的因素而选择。总的说来，执行一次仿真要耗费的时间依赖于很多因素，包括模型的复杂程度、解法器及其步长的选择、计算机时钟的速度等。

仿真步长模式：用户在 Type 后面的第一个下拉选项框中指定仿真的步长选取方式，可供选择的有 Variable．step（变步长）和 Fixed．step（固定步长）两种方式。变步长模式可以在仿真的过程中改变步长，提供误差控制和过零检测。固定步长模式在仿真过程中提供固定的步长，不提供误差控制和过零检测。用户还可以在第二个下拉选项框中选择对应模式下仿真所采用的算法。

变步长模式解法器有：ode45，ode23，ode113，ode15s，ode23s，ode23t，ode23tb 和 discrete。

ode45：默认值，四/五阶龙格-库塔法，适用于大多数连续或离散系统，但不适用于刚性（stiff）系统。它是单步解法器，也就是，在计算 $y(t_n)$ 时，它仅需要最近处理时刻的结果 $y(t_{n-1})$。一般来说，面对一个仿真问题最好是首先试试 ode45。

ode23：二/三阶龙格-库塔法，它在误差限要求不高和求解的问题不太难的情况下，可能会比 ode45 更有效。也是一个单步解法器。

ode113：是一种阶数可变的解法器，它在误差容许要求严格的情况下通常比 ode45 有效。ode113 是一种多步解法器，也就是在计算当前时刻输出时，它需要以前多个时刻的解。

ode15s：是一种基于数字微分公式的解法器（NDFs），也是一种多步解法器。适用于刚性系统，当用户估计要解决的问题是比较困难的，或者不能使用 ode45，或者即使使用效果也不好时，就可以用 ode15s。

ode23s：它是一种单步解法器，专门应用于刚性系统，在弱误差允许下的效果好于 ode15s。它能解决某些 ode15s 所不能有效解决的 stiff 问题。

ode23t：是梯形规则的一种自由插值实现。这种解法器适用于求解适度 stiff 的问题而用户又需要一个无数字振荡解法器的情况。

ode23tb：是 TR. BDF2 的一种实现，TR. BDF2 是具有两个阶段的隐式龙格-库塔公式。

discrete：当 Simulink 检查到模型没有连续状态时使用它。

固定步长模式解法器有：ode5，ode4，ode3，ode2，ode1 和 discrete。

ode5：默认值，是 ode45 的固定步长版本，适用于大多数连续或离散系统，不适用于刚性系统。

ode4：四阶龙格-库塔法，具有一定的计算精度。

ode3：固定步长的二/三阶龙格-库塔法。

ode2：改进的欧拉法。

ode1：欧拉法。

discrete：是一个实现积分的固定步长解法器，它适合于离散无连续状态的系统。

② 步长参数。对于变步长模式，用户可以设置最大的和推荐的初始步长参数，默认情况下，步长自动地确定，它由值 auto 表示。

Maximum step size（最大步长参数）：它决定了解法器能够使用的最大时间步长，它的默认值为"仿真时间/50"，即整个仿真过程中至少取 50 个取样点，但这样的取法对于仿真时间较长的系统，则可能带来取样点过于稀疏，仿真结果失真的现象。一般建议对于仿真时间不超过 15s 的系统采用默认值即可，对于超过 15s 的每秒至少保证 5 个采样点，对于超过 100s 的，每秒至少保证 3 个采样点。

Initial step size（初始步长参数）：一般建议使用"auto"默认值即可。

③ 仿真精度的定义（对于变步长模式）。定义有以下几种。

Relative tolerance（相对误差）：它是指误差相对于状态的值，是一个百分比，默认值为 1e.3，表示状态的计算值要精确到 0.1%。

Absolute tolerance（绝对误差）：表示误差值的门限，或者是说在状态值为零的情况下，可以接受的误差。如果它被设成了 auto，那么 Simulink 为每一个状态设置初始绝对误差为 1e.6。

④ Mode（固定步长模式选择）。有以下几种模式供选择。

Multitasking：若选择这种模式，当 Simulink 检测到模块间非法的采样速率转换，它会给出错误提示。所谓的非法采样速率转换是指两个工作在不同采样速率的模块之间的直接连接。在实时多任务系统中，如果任务之间存在非法采样速率转换，那么就有可能出现一个模块的输出在另一个模块需要时却无法利用的情况。通过检查这种转换，Multitasking 将有助于用户建立一个符合现实的多任务系统的有效模型。Simulink 提供了两个这样的模块：unit delay 模块和 zero. order hold 模块。对于从慢速率到快速率的非法转换，可以在慢输出端口和快输入端口插入一个单位延时 unit delay 模块。而对于快速率到慢速率的转换，则可以插入一个零阶采样保持器 zero. order hold。

Singletasking：这种模式不检查模块间的速率转换，它在建立单任务系统模型时非常有用，在这种系统中就不存在任务同步问题。

Auto：在这种模式下，Simulink 会根据模型中模块的采样速率是否一致，自动决定切换到 multitasking 还是 singletasking 模式。

⑤ 输出选项

Refine output：这个选项可以理解成精细输出，其意义是在仿真输出太稀松时，Simulink 会产生额外的精细输出，这一点就像插值处理一样。用户可以在 refine factor 中设置仿真时间步间插入的输出点数。要想产生更光滑的输出曲线，改变精细因子比减小仿真步长更有效。精细输出只能在变步长模式中才能使用，并且在 ode45 下效果最好。

Produce additional output：它允许用户直接指定产生输出的时间点。一旦选择了该项，则在它的右边出现一个 output times 编辑框，在这里用户指定额外的仿真输出点，它既可以是一个时间向量，也可以是一个表达式。与精细因子相比，这个选项会改变仿真的步长。

Produce specified output only：它的意思是让 Simulink 只在指定的时间点上产生输出。为此解法器要调整仿真步长，以使之和指定的时间点重合。这个选项在比较不同的仿真时可以确保它们在相同的时间输出。

2）Workspace I/O 选项卡。用于管理对 MATLAB 工作空间的输入和输出，其参数设定界面如图 18 所示。

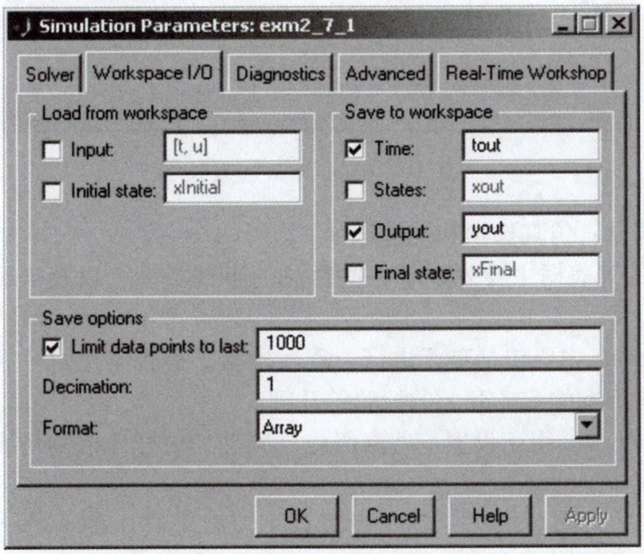

图 18　Workspace I/O 选项卡

Load from workspace：选中前面的复选框即可从 MATLAB 工作空间获取时间和输入变量，一般时间变量定义为 t，输入变量定义为 u。Initial state 用来定义从 MATLAB 工作空间获得的状态初始值的变量名。

Save to workspace：用来设置存往 MATLAB 工作空间的变量类型和变量名，选中变量类型前的复选框使相应的变量有效。一般存往工作空间的变量包括输出时间向量（Time）、状态向量（States）和输出变量（Output）。Final state 用来定义将系统稳态值存往工作空间所使用的变量名。

Save options：用来设置存往工作空间的有关选项。Limit rows to last 用来设定 Simulink 仿真结果最终可存往 MATLAB 工作空间的变量的规模，对于向量而言即其维数，对于矩阵而言即其秩；Decimation 设定了一个亚采样因子，它的默认值为 1，也就是对每一个仿真时间点产生值都保存，而若为 2，则是每隔一个仿真时刻才保存一个值。Format 用来说明返回数据的格式，包括矩阵 matrix、结构 struct 及带时间的结构 struct with time 等。

3）Diagnostics 选项卡。用于设置在仿真过程中出现各类错误时发出警告的等级，其参数设置对话框如图 19 所示。

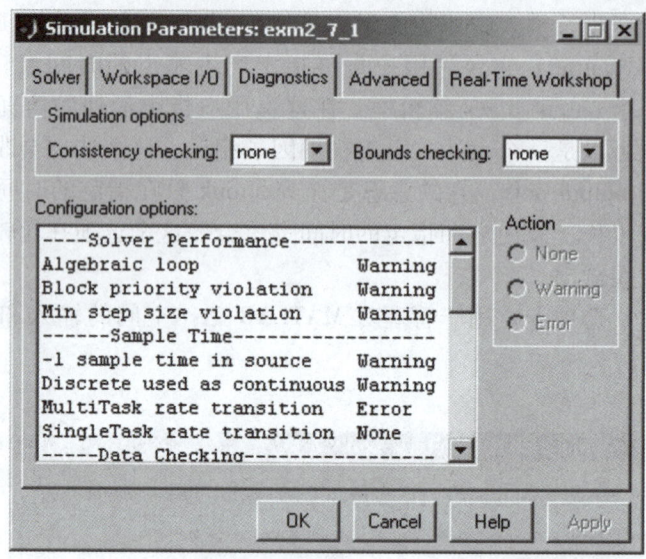

图 19　Diagnostics 选项卡

此页分成两个部分：仿真选项和配置选项。

① 配置选项下的列表框主要列举了一些常见的事件类型，以及当 Simulink 检查到这些事件时给予的处理。

② 仿真选项 options 主要包括是否进行一致性检验、是否禁用过零检测、是否禁止复用缓存、是否进行不同版本的 Simulink 的检验等几项。

4）Advanced 选项卡。用于设置一些高级仿真属性，更好地控制仿真过程，其对话框如图 20 所示。

5）Real-time Workshop 选项卡。用于设置若干实时工具中的参数。如果没有安装实时工具箱，则将不出现该选项卡，其对话框如图 21 所示。

（2）仿真结果分析　仿真的结果分析主要是通过仿真的波形和数值，从仿真结果中寻找规律，发现问题。可以从波形中找到事物发展的趋势，从而验证自己的设想。

设置完仿真参数之后，从 Simulation 中选择 Start 菜单项或单击模型编辑窗口中的 Start Simulation 命令按钮，便可启动对当前模型的仿真。此时，Start 菜单项变成不可选，而 Stop 菜单项变成可选，以供中途停止仿真使用。从 Simulation 菜单中选择 Stop 项停止仿真后，Start 项又变成可选。

为了观察仿真结果的变化轨迹可以采用 3 种方法。

① 把输出结果送给 Scope 模块或者 XY Graph 模块。

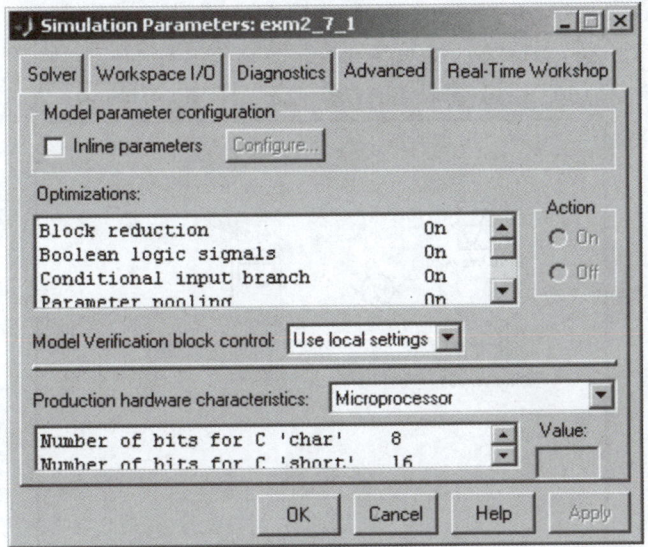

图 20　Advanced 选项卡

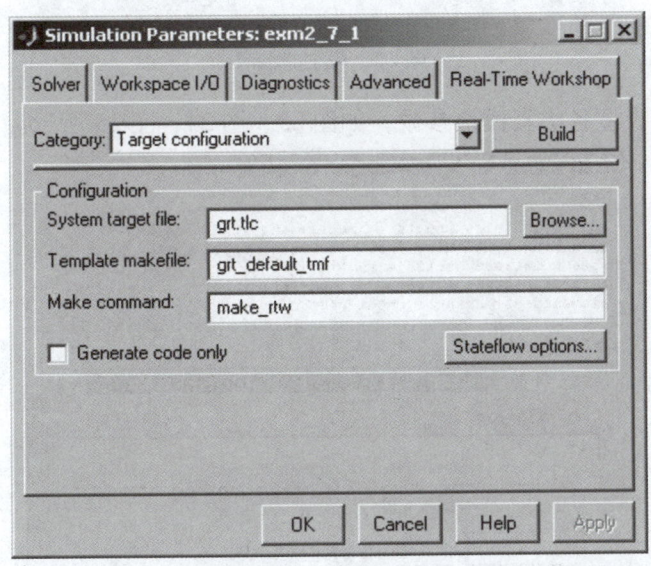

图 21　Real-time Workshop 选项卡

②把仿真结果送到输出端口并作为返回变量，然后使用 MATLAB 命令画出该变量的变化曲线。

③把输出结果送到 To Workspace 模块，从而将结果直接存入工作空间，然后用 MATLAB 命令画出该变量的变化曲线。

3. 仿真实例

【例 12】　用 Simulink 实现信号 $y=\sin(x)$ 和 $y=\cos(x)$ 的和。

解：

1）选择模块。根据需要选择相应的仿真模块，放入仿真模型窗口，如图 22 所示。

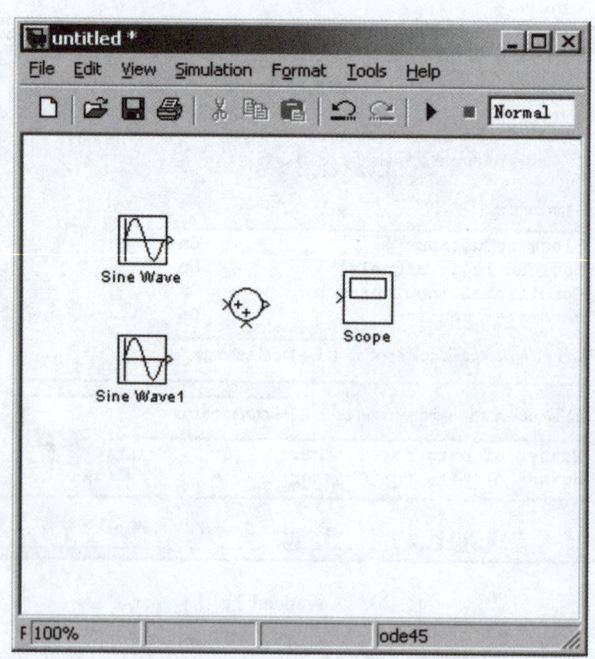

图22　模块选择图

2）设置参数。设置各仿真模块参数，如图23、图24、图25所示。

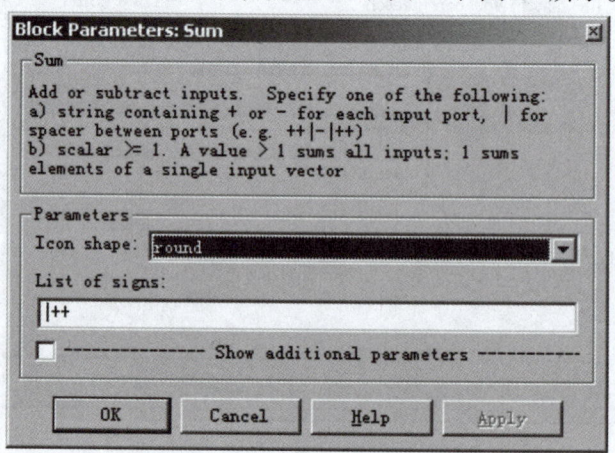

图23　加法器的属性设置

3）连线。根据需要将各仿真模块连接起来，组成仿真模型系统，如图26所示。然后按照前面所讲的方法设置仿真参数，进行仿真，其结果如图27所示。

【例13】　对一个正弦信号进行积分处理，试建立系统仿真模型并进行处理。

解：

操作过程如下：

① 在MATLAB主菜单中，选择File菜单中New菜单项的Model命令，打开一个模型编辑窗口。

② 将所需模块添加到模型中，如图28所示。

附录 自动控制系统辅助分析工具——MATLAB软件及其应用

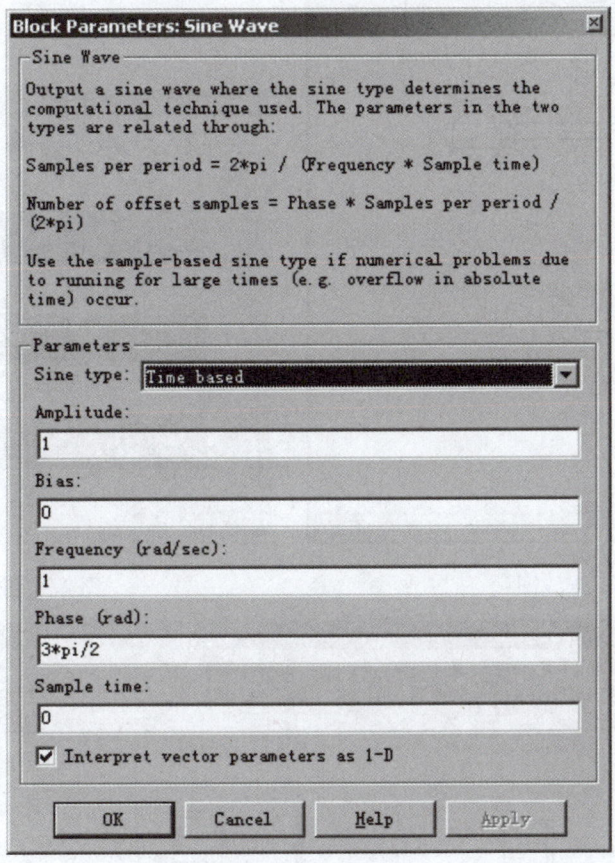

图 24　信号源的属性设置

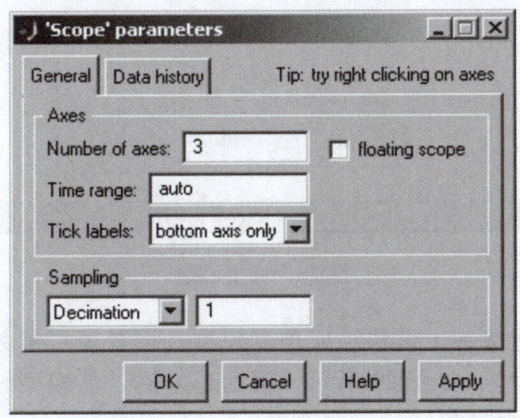

图 25　示波器的参数设置

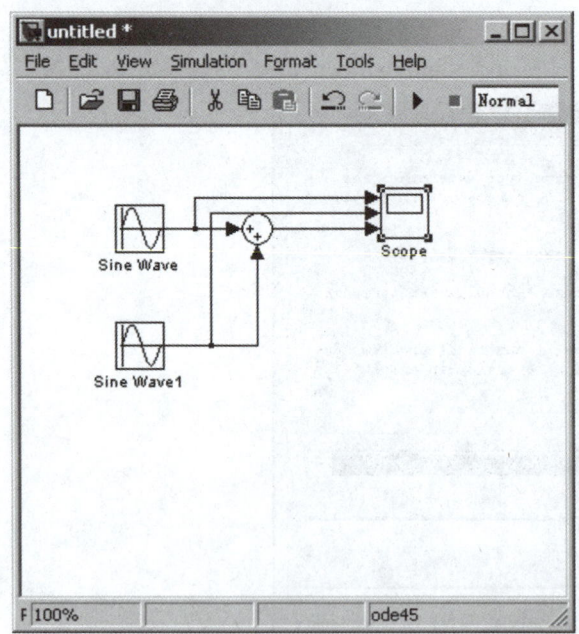

图 26 连线图

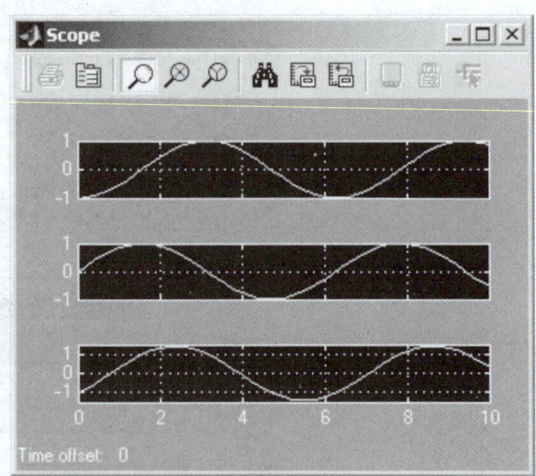

图 27 仿真结果

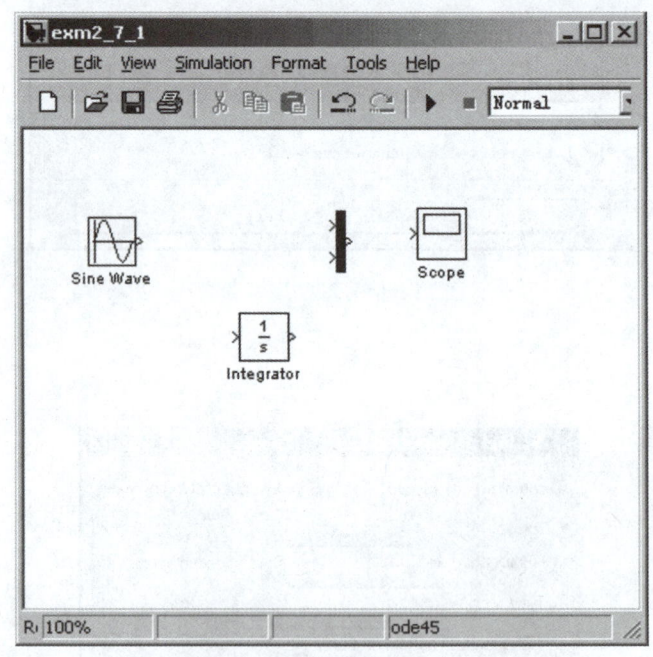

图 28 模型添加

③ 设置模块参数并连接各个模块组成仿真模型。设置模块参数后，用连线将各个模块连接起来组成系统仿真模型，如图 29 所示。模型建好后，从模型编辑窗口的 File 菜单中选择 Save 或 Save as 命令将它存盘。

④ 执行主菜单"Simulation" / "Start"命令或单击工具栏上的"▶"图标，开始仿真。

⑤ Simulink 默认的仿真时间为 10s，结束仿真后，单击 Scope 模块，就可以看到仿真结

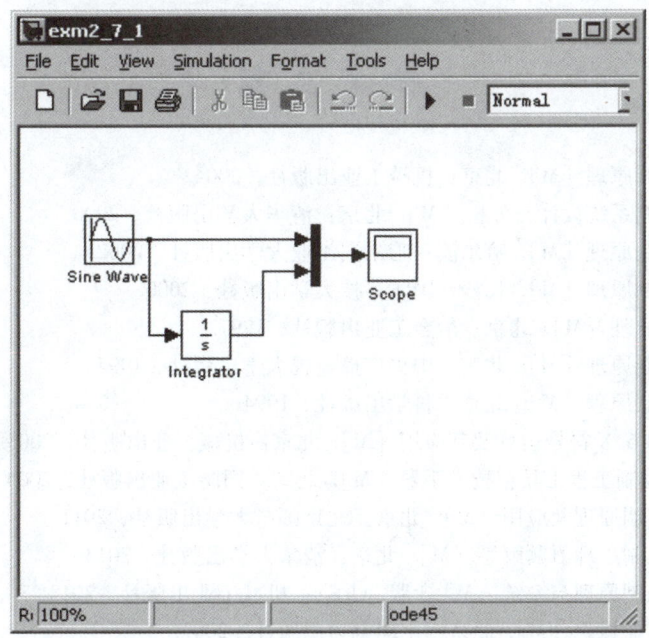

图 29　连线图

果如图 30 所示，其中深色线表示正弦波形，浅色线表示正弦波积分后的输出波形。

至此，可以总结出利用 Simulink 进行系统仿真的步骤如下。

① 建立系统仿真模型，这包括添加模块、设置模块参数以及进行模块连接等操作。

② 设置仿真参数。

③ 启动仿真并分析仿真结果。

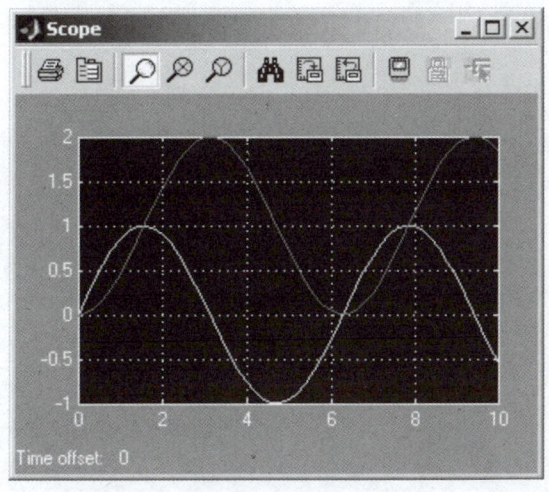

图 30　仿真结果

参 考 文 献

[1] 宋丽蓉. 自动控制原理 [M]. 北京：机械工业出版社，2004.
[2] 薛定宇. 反馈控制系统设计与分析 [M]. 北京：清华大学出版社，2000.
[3] 张晋格. 自动控制原理 [M]. 哈尔滨：哈尔滨工业大学出版社，2002.
[4] 刘明俊. 自动控制原理 [M]. 长沙：国防科技大学出版社，2000.
[5] 任哲. 自动控制原理 [M]. 北京：冶金工业出版社，1997.
[6] 孙虎章. 自动控制原理 [M]. 北京：中央广播电视大学出版社，1994.
[7] 梅晓榕. 自动控制原理 [M]. 北京：科学出版社，1994.
[8] 刘宏友. MATLAB 6.X 符号运算及其应用 [M]. 北京：机械工业出版社，2003.
[9] 魏巍. MATLAB 控制工程工具箱技术手册 [M]. 北京：国防工业出版社，2004.
[10] 郝建豹. 自动控制原理及应用 [M]. 北京：北京师范大学出版社，2011.
[11] 卢京潮. 自动控制原理习题解答 [M]. 北京：清华大学出版社，2013.
[12] 孔凡才. 自动控制原理与系统 [M]. 3 版. 北京：机械工业出版社，2013.
[13] 韩璞. 自动化专业概论 [M]. 北京：中国电力出版社，2007.
[14] 邹见效. 自动控制原理 [M]. 北京：机械工业出版社，2020.